建筑 · 城规

设计教学
前沿论丛

邻里范式

技术与文化视野中的城市建筑学

谭峥 江嘉玮 陈迪佳 著

中国 上海

同济大学出版社
TONGJI UNIVERSITY PRESS

图书在版编目(CIP)数据

邻里范式：技术与文化视野中的城市建筑学/谭峥，江嘉玮，陈迪佳著.—上海：同济大学出版社，2020.7

(建筑·城规设计教学前沿论丛/吴江主编)

ISBN 978-7-5608-9283-2

Ⅰ.①邻… Ⅱ.①谭… ②江… ③陈… Ⅲ.①城市建筑-建筑设计-研究 Ⅳ.①TU984

中国版本图书馆CIP数据核字(2020)第102030号

邻里范式——技术与文化视野中的城市建筑学

谭　峥　江嘉玮　陈迪佳　著
出 品 人：华春荣
责任编辑：武　蔚
助理编辑：周原田
责任校对：徐春莲
封面设计：张　微
版式设计：朱丹天

出版发行：同济大学出版社
地址：上海市杨浦区四平路1239号
电话：021-65985622
邮政编码：200092
网址：http://www.tongjipress.com.cn
经销：全国各地新华书店

印刷：上海安枫印务有限公司
开本：787mm×1092mm　1/16
字数：368 000
印张：14.75
版次：2020年7月第1版　2020年7月第1次印刷
书号：ISBN 978-7-5608-9283-2
定价：88.00元

本书若有印刷质量问题，请向本社发行部调换。

代序

"弗兰肯斯坦式"城市
(2016年"弗兰肯斯坦之人造城的故事"讲话稿节选)

张永和

弗兰肯斯坦与人造城

《弗兰肯斯坦》(*Frankenstein*)是英国作家玛丽·雪莱(Mary Shelley)的一本小说,故事的主角——弗兰肯斯坦是一名科学家。他对科学有着坚定的信念,这个信念就是:科学可以使得人类有能力创造各式各样的东西,甚至包括人。他做实验,造了一个人,造出来的这个人跟他的想象差了一丁点儿,是一个科学怪人……这是一个文学故事,弗兰肯斯坦把不同人的肢体片段缝接在一起,面目狰狞,并带来了一系列的问题,包括伦理道德问题、社会问题,还有科学怪人的感情问题。

当然今天我讲的问题不是人造人,而是人造城。谈到城市,有一个背后的问题,就是我们作为人对城市以及城市生活是怎样想象的,这是一个最重要的出发点。换句话说,我们想要过什么样的城市生活?我们想要的城市是什么样的?再有,今天在中国,城市应该是什么样的?这个问题是不是有价值?还是应该只是接受现实,就是说城市只能是这个样子,即使我们也许不喜欢现在的城市,但也没办法。

如果我们对新的中国城市存有一定的质疑,觉得有某些问题的话,并且大家也知道城市是规划出来的,也是想象出来的,那是不是可以问一个问题:我们的想象是不是出错了,为什么规划出来的城市是这样的?当然,最终还是要回到现实,如果是有问题的,那我们还要不要维持这个想象,或者说我们是否接受这样的城市状态?

俯瞰北京，大家可能觉得也没什么问题，因为已经看惯了这种城市景观，现代城市不都是这样的嘛，一大堆高楼。这个景观有问题吗？咱们现在先不用下这个结论，起码这个景象初看不出什么规律。我发现了一个有趣的现象，就是中国的城市规划都包含“高低错落”的考虑。这个“高低错落”也就被赋予了特殊的价值，变成审美上非常明确的东西。相反，巴黎完全是一个平的城，只有一根“棍子”伸上去，就是埃菲尔铁塔，但是我没有听到一个游客批评巴黎为什么不高低错落。并不是说哪个对，哪个好，只是本来有选择的事情被绝对化了，变得没有选择了。我看巴黎这样的城，它的天际线更像一个被重新设计过的地平线，而中国城市实际上是想展现出一个“奇观”。这两个方向是不一样的。

规划指标与千篇一律

有一些看不见的东西将城市形态量化或抽象了。我指的是城市规划的种种指标，这些指标一开始让人觉得特别神秘，简单来说，城市的每一地块都是由若干个指标来进行量化地描述或控制的。指标背后的一个重要逻辑是经济，今天的城市是经济发展的一个重要工具，当城市完成了促进经济发展的任务，它又承担起橱窗的功能，成为一个巨型的形象工程。对城市的视觉规划更多和后者有关。

具体谈谈这些指标。这些数字能定义的东西很多，其中有一个挺有意思的，就是拥挤。今天的城市，哪座城市不拥挤？我想半天也想不出来。几乎是每座城市都有车辆拥挤问题。现在汽车优先的城市只有两种状态：街上没车和街上堵车，没有车流量正好的时候，没有不堵车的城市。如果说人的拥挤，是一个什么概念呢？我还真的不太知道怎么去定义，有 3 个数字跟拥挤感特别有关系：容积率、密度，第三个是规划不限定的，可是非常重要的一个空间指标——尺度。

作为建筑师，我常被人问：为什么中国城市千篇一律？潜台词是你们建筑师怎么不把它设计得不那么千篇一律。其实千篇一律是必然的产物。“律”就是规律，在今天所有中国城市是同样的经济和开发模式，同样的一套规划条件，同样的空间结构，同样的指标，同样的审美趣味，城市怎么会不一样？

城市空间是人的空间

那么，理想的街道是多宽？卢森堡建筑师罗伯·克里尔（Rob Krier）在 1980 年代就明确地说过，理想的街道宽度就是：一个人站在街道中间看得清两边的橱窗。实际上，街道的性质也被他顺带定义了：第一个是步行，显然不是在说开车；第二个是商业街，两边一定有商业活动，是有城市内容的。这里面还描述了一个城市空间的定义和质量：它有明确的边界定义（即围合），有几何形状，有适当的尺度等，所以你能感知得到这个空间。如果是一条街道，两边连续的建筑界面就构成一个叫作“街墙”（street wall）的立面，古典欧洲城市的审美，跟街墙很有关系。我觉得很奇怪的一点是，尽管中国现在进口大量的外国概念，但是“街墙”这个非常重要的城市设计概念却一直缺失。

我觉得未来的城市更应该首先考虑人。波士顿原本的一条高架公路，现在被降到地底下去，地面上建成了公园，而不仅仅是一个装饰性的绿化。这个项目叫“大开挖”（Big Dig），投入近 160 亿美元，施工时间超过 15 年，加上设计时间约 22 年。我看到一篇中国的评论文章是批评这个工程的，说花这么多钱、那么多时间，波士顿的交通改观了吗？波士顿的交通也许没改观，但“大开挖”的目的首先不是改观波士顿的交通，是还城予人，要把地面上的空间腾出来给老百姓用。“大开挖”代表了一种观念的改变。

调整指标与调整程序

我提议调整一些规划指标：提高覆盖率；不退红线，街道和建筑之间不需要过渡；集中绿地做公园；日照、景观和户型的大小关联起来设计。举例来说，如果一套房子是东西向的，但户型特别大，房间多，窗外又有景观，朝向就不是太重要。还可以效仿柏林做垂直分区：街道这层的功能是商业加公共空间，服务于城市；上面几层办公；再往上是住宅。垂直分区，实际上就是一种混合功能的方式。

中国现在的城市规划、建筑、城市设计之间的顺序，我觉得是不合理的，特别是我们还有详细规划这个环节，每个房子的形状就应该定了，而不应该是做建筑时又重新设计一遍，那还要前面的规划干什么呀，更无法保证城市空间的整体质量，这也是我的一个困惑。城市设计是改进城市空间质量的手段，不能当室外装修做，应该放到建筑设计前面去。我在上海为诺华制药做了园区设计，我们做的城市设计就是把每个房子的轮廓完全定好，不管怎样的建筑师进来，都必须跟着这个游戏规则走，这样做出来的园区是统一中带变化，不会乱。现在抽象的规划控制指标很严，但对具体的城市空间和建筑形态的控制是不够的。

向简·雅各布斯学习

简·雅各布斯（Jane Jacobs）不是建筑师，也不是规划师，没有受过太多的教育，念了两年大学就不念了。美国在战后的一轮城市化大拆大建，把老房子整片地推掉，终于有一天推土机到了简·雅各布斯家门口。她住在曼哈顿的格林尼治村，为了捍卫自己的家园，她不但发言，做了很多研究，还写了一本叫《美国大城市的死与生》（*The Death and Life of Great American Cities*）的书。她成了一名社会活动家，把邻居们都组织起来，最后，不但格林尼治村保下来了，还使得美国所有城市以后的发展都变了样，都按照她的思路走了。如果今天我给自己的讲话重新起一个题目的话，就是——向简·雅各布斯学习。

规划指标控制下的城市

前言

本书的策划缘起于近年在同济大学与张永和教授合作开设的“中国语境的新城市主义”系列研究型专题设计课程，它是研究团队关于“新城市主义”（The New Urbanism）理论与其他相关当代城市理论的研究论文与设计教学成果的修编集结。全书紧紧围绕新技术与文化条件下的“邻里单位”——这一由美国规划学者克莱伦斯·佩里（Clarence Perry）提出的经典模型，通过术语考古、案例研究与信息图解、情景策划、形式导则编制实验等分析方法，提出在城市物质基础设施所构成的中微观尺度进行社区形态研究与批判的思路。

新城市主义是最近30年来对全球城市设计实践产生深远影响的西方城市设计理论，它不仅覆盖了空间管理与环境建构等建筑学的本体讨论，其衍生讨论也延伸到人类学、社会学、行为学与生态学等广泛的学科领域。新城市主义的本质是一种关于生活圈的城市学，是通过空间规范等技术手段构建具有自更新活力的本地化生活环境的一系列经验的总结。

新城市主义的策略与方法在我国当前的城市设计中影响深远。例如，小街区、密路网、公交主导、步行优先、友好的街道界面，已经成为大量城市新开发地区设计导则的默认正确选项，而这正是新城市主义倡导的做法。一些城市密集推出对街道、生活圈、滨水区、历史风貌区的指导性设计图则，并推出繁复的正负面清单，而这也正是新城市主义的操作对象。与此同时，新城市主义范式也在实践中遭遇困扰，比如本土形式的界定、适宜密度的衡量、开放街区的组织等问题依然是无法定调的争议焦点。新城市主义已经影响中国20年，然而这一理论依然处于引介状态，尚未被系统地审辩与反思。

新城市主义以建筑类型学与城市形态学为理论根基，以形式导则为手段，探索将最新的城市研究成果纳入社区规划与设计的制度性环境中去的方法。这一制度环境的主要要素就是涉及空间管理的一系列法规、指标与导则。在西方这些导则都可以归为“区划法”及其当代衍生品。在我国的城市管理与设计语境中，以控制性详细规划为主导的城市空间形态管控方法形成于 1990 年代，经历近 30 年的发展演变后，也在新的城镇化要求下面临挑战。本书围绕“重构中国的当代城市性”这一主题，旨在于中国复杂社会与经济条件的背景下提出合理的城市形态导引方法。本书的最后部分（第三篇）以研究型设计教学所探索的新型城市设计导则为基础，通过实验性的空间发展引导策略来重构中国制度语境下的新邻里形制，并作为当前现实的镜像。

2014 年，《国家新型城镇化规划（2014 － 2020 年）》正式发布。我国已进入全面建成小康社会的决定性阶段，正处于经济转型升级、加快推进社会主义现代化的重要时期，也处于城镇化深入发展的关键时期。随后，关于“街区制”的讨论随着相关政策的出台迅速公共化。其中，2016 年发布的《中共中央国务院关于进一步加强城市规划建设管理工作的若干意见》提出“新建住宅要推广街区制，原则上不再建设封闭住宅小区”。在最新的深圳前海、通州新城与雄安新区的前期规划与风貌导则制定中，精细化的城市形态管控的迫切需求日益凸显。在这样的新常态下，过去的快速城市化过程中所形成的一些权宜性的通行做法可能无法指导未来的城镇化建设与更新。因此，本书试图对主要的城市设计术语与概念进行追溯与厘定，正本清源，以相对清晰明确的新城市主义理论体系为底本，批判地吸纳景观城市主义、城市形态学、城市人类学与策划学的方法，提出在基础设施条件下针对中国当代语境的城市设计范式。

本书的内容分为 3 个部分——学理、范式与教学实践，分别对应城市学理论与术语的综述、邻里范本模型的剖析与设计方法的实验性教学探索，每一部分独立成篇。本书汇聚了作者团队近 5 年来在城市设计理论领域的重要研究成果与理论发现，这些成果的内容来源非常多样，既包括了传统的城市设计实践、期刊论文、教案策划、书籍篇章等，也包括了团队在近期的策展、博客、公共论坛等各种媒体中所开展的活动。为了适应经典纸媒的要求，本书对这些成果都做了相应的修编。部分内容曾以论文形式发表于国内外重要的专业期刊并获得优秀论文奖。

本书的主要贡献在于提出以城市物质基础设施的空间化、公共化与场所化为核心的一系列城市设计方法，并以之作为新型邻里空间设计与破解治理困境的路径。在这一基础上，全书通过思辨与实证的结合，通过不同案例的铺陈，介绍并分析不同类型的城市社区在应对自身危机、重构自身空间、实现自身文化表达过程中的经验。对于教学与理论工作者，这是一本评述代表性城市设计理论的参考书；对于城市设计实践者、政策制定者与热心于社区空间共建的公众，这是一部集结了大量操作方法与理论工具的手册。

目录

第一篇　学理

“邻里”是城市建筑学的重要研究对象，也是兼具物质与社会凝聚力的人类聚落基本形式。对邻里的讨论将贯穿本书的所有讨论。脱胎于朴素的邻里观念，由规划师、社会活动家精心构建的“邻里单位”是城市史中重要的规划工具，也是透视20世纪中期新市镇运动与城市更新运动内核的锁钥，这一工具起源于规划师在20世纪初社区设计实践中的一些共识，并逐步发展为被国家政策接受的社区组织范式。

不同的城市主义学说均以不同的态度审视邻里，并形成各自的城市空间观。从1990年代开始活跃的新城市主义理论就是一种继承并发展了邻里单元观念的规范性理论。在新城市主义活跃的同时，景观城市主义以城市的广义景观为操作场域，建立起了被建筑批评家弗兰普顿（Kenneth Frampton）称为“巨型地形”的新空间范式。后者以城市基础设施为具体研究对象，尝试建立脱离传统建筑学的建成环境研究体系。基础设施已经成为社会科学介入空间研究的重要领域。看似针锋相对的新城市主义与景观都市主义并非不可调和，它们对“形式”的合法性来源有不同的看法，但对后工业时代的空间危机具有共同的敏感度。

本篇从学理层面阐述“邻里”这一概念的渊源与演进。主要包含：①以邻里为研究对象的新城市主义的话语现状；②邻里的空间物质支撑条件——基础设施；③邻里的发展历程——佩里发展邻里单位概念的过程；④理论层面的城市建筑学与操作层面的新城市主义之间的关系。与城市建筑学相关的理论曾经蜂拥进入中国学术圈，但是在激流冲击之后，它们本身的内核与谱系也得以更清晰地呈现。本篇将西方建筑学与城市学的诸多观念向中国建筑实践施加影响的30余年历史置入全球后现代（当代）城市学的探索路径中，以若干条关键线索为例，展示碰撞中的城市学思想的源流与印迹。

第一章　多面新城市主义[1]

新城市主义是21世纪初被误解较深的一种城市学思想与方法体系。首先，它不以“标新立异”为原则，新城市主义是一种承认持续性优先于突变性的思想体系，它以经典的城镇与社区形态为蓝本，倡导一种新传统的构建。其次，它也非“主义”，即使新城市主义有其自身所推崇的基本价值与立场，但它并不明显倾向任何一种意识形态，也主动抵制倒向任何一种政治派别。但是，在新城市主义中能够找到许多学界习以为常的“良好的城市空间”的渊源，也与许多其他的建筑与规划主张共享价值。如果熟悉美国中小城镇的社区更新案例，就可以发现新城市主义是一种扎根基层、已经植入集体无意识的自觉共识。那么，究竟什么是新城市主义？

1　本章内容最初以《新城市主义的三种面孔——规范、方法与参照》为题发表于《新建筑》（2017年第4期），收入本书后有较大删改。

1　新城市主义：新在何处？

作为城市设计准则的新城市主义诞生于1991年。那一年，在加利福尼亚州优胜美地国家公园的阿瓦尼旅店，一批规划师、建筑师与政府决策咨询师聚集在一起，激辩理想社区的设计规范，讨论的议题从区域与邻里一直到街道与建筑形式，此次聚会形成的共识后来被命名为“阿瓦尼原则”（Ahwahnee Principles），恰巧此时会议的参加人之一彼得·卡兹（Peter Katz）正在撰写一本名为《新城市主义》（*The New Urbanism*）的专著，阿瓦尼原则由此得名“新城市主义”（The New Urbanism）。自此，从1993年到1995年，共有3届“新城市主义大会”分别在亚历山德里亚、洛杉矶与旧金山召开，阿瓦尼原则遂扩充为《新城市主义宪章》（*Charter of the New Urbanism*）。新城市主义在1990年代末被学者引介到中文学术圈，经由设计实践、媒体宣传与学术推广等多种途径的渗透，已经在思想与政策层面深刻地融入了中国的城市规划、城市设计与建筑设计发展进程。作为城市设计准则的新城市主义，已经转变为作为价值共识的新城市主义（图1-1）。

“新城市主义”这一概念在近年的专业话语中至少会以3种面孔出现。其一，新城市主义是一种规范性理论，它描绘了一种理想的城市状态[1]。其二，新城市主义提供了一些能够直接指导城市设计实践的方法与策略，这包括精明增长方法、市镇风貌管理、公交主导发展模式、步行域（Ped-shed）规划、交通稳静化（Traffic Calming）策略等。其三，新城市主义是一个发源于美国的城市设计思潮，它借鉴了欧洲的城市形态学与类型学知识，并为解决西方第二次世界大战后的城市弊病提出有针对性的行动纲领。因此，广义的新城市主义几乎包容一切良好的城市设计标准，而狭义的新城市主义是指导特定行动的特殊理论，在缺乏深度综述与解析的情况下，很难对本土的规划与设计实践产生借鉴意义。

1 规范性理论与描述性理论相对应，前者是在承认信息不完备、认知有局限的前提下陈述的一种理想状态，即规定现实“应该”或“最好”按照一个特定的规律运作。规范性理论一般用于辅助研究者在信息不对称条件下，对现实问题作出诊断与较优的决策。

新城市主义往往表现为对欧洲工业化之前的城市空间体验的推崇，并可进一步简化为一系列土地开发与空间设计策略，这使得学界困惑于它的内在悖论：新城市主义是否只是保守主义城市设计的别称？新城市主义是否普遍化了特殊情况？进一步地，新城市主义

图1-1 第一次新城市主义大会的与会人员合影

究竟在哪些方面已经渗透进中国当代的城市设计理论中？最重要的是，新城市主义究竟“新”在何处？1996年出版的《新城市主义宪章》中的开篇《新城市主义之“新”在何处？》试图用一系列共识来回答外界对这一思想的质疑：

（1）郊区化、内城衰落、城市碎片化、场所个性丧失是相互联系的城市病症，这些病症从1970年代开始发作，到20世纪末已经全面浸润，因此需要一个统一的解决方案，而这一方案的“一揽子解决”的特性就是新城市主义的“新”之所在。

（2）城市空间是根据尺度分层级的，这些层级从区域（region）开始，到城市（city），市镇（town），邻里、分区与走廊（neighborhood, district and corridor），最后到街块、街道与建筑（block, street and building）。

（3）工业化、标准化的生产与消费模式是抹杀空间多样性的罪魁祸首，而且为了迎合汽车优先的出行习惯，场地地景的丰富性被抹平，本土文化与自然生态的多样性被破坏。与之相对应的是，新城市主义相信当代的信息与创意产业可能是旧城复兴的推手。

（4）物质规划框架无法凭一己之力解决社会与经济层面的多种问题；但是，解决以上问题必须需要一个一以贯之的物质规划框架。

这些共识性的前提将在之后的讨论中反复出现，一方面，这些前提条件可以进一步推导为可以为中国城市研究学者所用的推论；另一方面，每一条假设都必须在具体的实践与理论环境中被审视检验。逐条梳理以上的前提，可以发现新城市主义面对的是一个业已发展成熟的城市化区域，因此它是一个“后城市化”时代的纲领，它直面的是现代城市中最日常、最普遍的元素——无限扩张的标准化住区、衰落的旧城、高速公路网络、巨大的停车设施、办公塔楼与集中式购物中心、毫无识别性的街道，等等。它既探索这种状态发生的原因，又在尊重现实的条件下寻找解决这些问题的策略与方法。如果说一个20年前提出的主张依然有当下意义的话，是因为日新月异的技术依然在拓展公共生活的形式与边界，也在异化人们的生存状态，而新城市主义只是在努力保持公共领域的尊严。只要现实世界中身体间与空间中的接触与交往依然在主导着社会关系的演化，以实体空间为研究对象的城市学理论就会持续存有当代价值。

2 区域城市学与发展的“边界”

美国的城市化与其现代化并不同步。由于土地广袤、资源丰富而人口相对稀少，其城市化进程在前期依赖资源配置与工业化，因此滞后于现代化步伐，后来在美国内战后又因借第二次工业革命的后劲而急速超越欧洲，芝加哥与纽约等大都会都是在 19 世纪后期才崛起的。在超越的过程中，投机式的城市水平扩张与垂直增高缺乏管控，大量模式化的空间与场所被复制、克隆，均质的人工造物覆盖在多样的地理环境上而对环境缺乏协调。因此到 20 世纪初，美国大城市的各种弊病相继爆发，高密度的人口与工业集聚对社会、环境与健康形成了巨大压迫。建筑评论家路易斯·芒福德（Lewis Mumford）早在 1920 年代就意识到城市生态与城市发展的有机属性，他认为区域是城市发展的单元，大都市与其所处的整个腹地是一个整体，他主张对城市化进行边界控制，以抵抗城市的无限制中心化趋势，并保留各个地方的本土文化。芒福德对当时主持纽约基础建设的摩西（Robert Moses）的规划思想多有批判，指出其所建设的大都市是一种“巨型机器”，与此同时，他也是一个现代主义者，与阿尔瓦·阿尔托（Alvar Aalto）保持良好关系，反对模仿历史形式，对技术文明持拥抱态度[1]。

芒福德所反对的是一种对发展欲望不加控制的城市化状态，但是第二次世界大战改变了美国的战略格局，旺盛的军工生产力和对未来战争状态的担忧要求整个城市呈扁平化发展，这种城市蔓延的景象与芒福德的花园城市理想是南辕北辙。这种情况一直持续到 20 世纪末，高速公路抹平城乡差别，标准化的购物中心与工业园区侵蚀着城市郊区，低密度住宅无序蔓延，都会中心的金融塔楼无节制地疯狂生长，公共开放空间匮乏，街景单调庸俗……当代城市学家彼得·罗（Peter Rowe）认为，美国已经形成了广大的非市区、非郊野的“中间景观”（middle landscape）。中间景观由 4 部分构成：独立住宅区、购物中心与商业街区、办公园区以及高速公路本身。

中国的都会区是否已经达到了新城市主义所描述的那种充满中间景观的状态？这是一个颇具争议的问题。如果仅仅从字面上理解“郊区化”“城市蔓延”“内城衰落”“城市碎片化”等，那么中国大多数的大都会区似乎不存在这些问题，甚至会被认为是经典新城市主义所推崇的理想范本。巨大的人口密度差距，完全不同的土地制度与发展周期的相位差都可以是否定新城市主义借鉴意义的理由。但是如

1 芒福德论述的地域主义（Regionalism）是一种建筑学与城市学理论的结合。他从《棍与石》（*Sticks and stones: A Study of American architecture and civilization*）一书开始，一直到《城市的文化》，持续对地域主义做定义。他对布扎（Ecole Des Beaux-Arts）、国际式（International Style）、新纪念性（New Monumentality）都持批判态度，他反对拼凑乡土形式或嫁接乡土材料的纳粹式“乡愁地域主义”，主张从本土的气候、地理与材料文化中寻找新的地域形式，他认为加州旧金山湾区的建筑文化（Bay Region Style）最好地表达了地域主义的建筑学范式。他认为真正的地域主义是连接人类与土地的桥梁，而非加深这一鸿沟。同时，芒福德的地域主义城市学反对大城市主导的全球化与功能化，主张各个小城镇的区域自治，并提倡超越行政区划来构建区域的共同体。这种观点在今天来看非常超前。近期西方马克思主义城市学中的区域城市观、空间公正观与网络社会观，建筑学的批判地域主义与建构学观念，都明显地与芒福德的理论有继承与发展关系。即使“区域”的范围常常游移，它也可以简单化理解为都会区（metropolitan area），即依靠中心城市、城际铁路、共享方言与文化所形成的不对应行政范围的通勤圈。

果将中间景观视为一种快速城市化之后的城市状态与学术新语境，那么可以说中国的几大都会区都已经达到了这种状态。以上海为例，根据“六普”数据，2000 年到 2010 年的 10 年间，内外环间与郊区人口增加 600 万，而这些增加的人口多居住于 1990 年代住宅商品化改革后所建的小区中。这些小区的形态多遵从标准的设计规范与市场偏好，其空间缺乏多样性，空间质量也不如人意。封闭的居住区之外是碎片化的城中村与产业园区。与此同时，内环内人口出现负增长，到 2010 年年底为 300 万余，是上海总常住人口的 14%。由于白领工作依然集中于中心城区，职住分离使得城市的潮汐式通勤压力增大。从这个意义上来说，上海等中国大都会所面临的问题与 20 世纪末的美国是类似的，都急需在不断蔓延的都会区中建立若干紧凑的生活圈，都需要在一个无差别、无个性的环境中建构身份与特征。

对于中国是否进入到“后城市化状态”的争论常常被简单地偷换为城市发展的“边界”问题——人口是否需要控制，边界是否需要管控，密度是否需要限制（限低或限高），乃至建筑形态是否需要控制导引，等等。可以看到两种不同的观点，分别来自区域科学领域与物质规划领域。在区域科学领域，陆铭教授的“首位城市论”具有一定的代表性。“首位城市论”认为，在中国这样一个全世界人口最多，并且正处于城市化和全球化进程中的国家，首位城市（即上海）的人口规模也达到全世界最大是符合经济规律的，或者说，城市发展并无“边界”控制的必要。相应地，在物质规划领域，大多数学者的观点是城市化的空间组织方式必须有所控制，这种控制其实就是“边界”的延伸，这不一定表现为人口控制，但是需要制定各种空间发展导引。但是，这个问题的讨论在当下是困难的，因为在各种空间对象的定义（比如何为“都会区”）极其模糊，描述与分析物质环境的概念极其有限的情况下，很难协调这两种立场迥异的观点。

大致上，以上罗列的两派观点都忽视了城市的结构与类型的复杂性，忽略了社区观念史的丰富性，忽略了边界概念的尺度与范畴。城市总体人口与功能的自然扩张和局部体量与边界的控制未必矛盾，城市的每一个组成部分也有体量与功能的发展极限，生态环境与基础设施也有其服务能力的上限。要解决这一问题，或许需要回到彼得·罗的方法，观察城市建成环境产生的过程，清空长期以来由区划法等先验模型构建的思维惯式，运用当代城市人类学[1]的方法深入到物质环境内部，从日常状态中寻找城市发展的安全边界。

1　城市人类学（或称都市人类学）从1970年左右开始成为一个独立的人类学研究领域，它主要研究城市的贫困问题，城乡关系，邻里关系，社团的功能和结构，亲属关系在城市中的持续性，角色差异的分化，族群和族群。后来又逐渐加入社会底层问题、性别问题与网络社群问题。“机构”是一种组织人类活动的特定场所，是人类学的重要研究对象与概念。

3　术语的迷雾

近年来，关于存量城市环境更新的研究渐渐成为显学，讨论城市建成环境成为一种跨越多个学科领域的潮流，但是建成环境研究繁荣的另一面是其学术交流效率的低下。由于建成环境的讨论涉及日常的空间概念，大众话语的灵活与含混反而阻碍了建成环境研究的学科发展。它依然缺乏基本的、精确的术语体系，以形成可借以推演并讨论的知识结构。许多描述日常空间的概念含混不清，即使如“街区”“街块”“街道”“街廓”这样看似无须解释的概念也无法在专业内部达成共识。同时，术语的混乱也是学科冲突的反映，来自不同学科背景的专业人士携带着各自的背景知识涌入各类城市与社区更新运动中，然而在初期的新鲜感潮退后，不同领域的知识的不兼容更为明显。逐渐地，规范性理论在解决术语困境中的意义逐渐凸显。

3.1　城市主义

在当代以英语为主的学术语境中，来自拉丁语系词源的“城市主义”（urbanism）与英美本土的“城市设计”（urban design）或“市政设计”（civic design）一直存在着词义的差别。在拉丁语中，对于城市的泛称是“civitas”，与“city”一词同源，但是“civitas”泛指一切具备城市外形的聚落，不涉及对特定的文化特征的描述。与“urbanism”同源的“urbanus”指一种城市化的行为方式，其原义是城市中心的蔓延拓展区，亦有“精细”“优雅”等含义。1867年，西班牙工程师伊德方斯·塞尔达（Ildefons Cerdà）创造了“城市化”（urbanización）一词，用以描述关于城市空间企划的科学。1910年，法语中出现了与“urbanización”含义相近的概念——“urbanisme”，后来又发展成为了现代英语中的“urbanism”。城市主义在1933年的《雅典宪章》（*Charter of Athens*）中被正式表达为由4大功能构成的人居环境。然而直到第二次世界大战后，英语中更多使用的是偏向工具性的“urban design”或“civic design”[1]。在1980年代，借由欧洲新理性主义运动的介绍，尤其是阿尔多·罗西（Aldo Rossi）的《城市建筑学》（*The Architecture of the City*）与克里尔兄弟（Rob Krier与Leon Krier）的理论的译介，国内一度用相对含混的“城市建筑学”来泛指以城市为场域的建筑学研究，“城市主义”一词真正频繁地出现于建筑学是在近20年，尤其以新城市主义运动（the New Urbanism）的推动为代表，也因借了日常城市主义（Everyday

1　市政设计（civic design）概念的出现要先于城市设计（urban design），是20世纪前期用以涵盖所有市政公共设施设计的范畴，包括公共景观设计、市政广场设计、公共基础设施设计等，是市政空间（civic space）的对应概念。城市设计则是在现代主义建筑师赛特（Josep Lluís Sert）担任哈佛设计学院院长时建立“城市设计系”后逐步推广的。城市设计脱胎于现代主义思潮，是功能主义的延伸。而城市主义的概念明显来自于新城市主义对经典欧洲大陆城市主义的回访，是一系列反思现代主义的运动推动下的产物。

Urbanism）、景观城市主义（Landscape Urbanism）与后城市主义（Post-Urbanism）等理论流派的推波助澜。一般来说，城市设计与城市规划学科都侧重对对象的功能的改造行为而相对忽略对对象的范式与价值的理解，而城市主义却始终保持了它在拉丁语系中的意义，即使它在进入英语语系后与城市设计或城市规划的含义发生了一定的重叠，但是它的价值预判始终没有丧失（图 1-2）。

通过谷歌 Ngram 工具与多方文献的互证，城市主义一词有两次使用高潮，一次在 1970 年代，一次在 2000 年后。1970 年代的高潮是由于当时的城市规划实践热潮，大量的规划实践催生了相关的文献出版。2000 年后该词的高使用频次来自话语与知识层面的激烈讨论。城市主义这一概念是由第二次世界大战以后的一些建筑师、规划师与地理学者的主张、策略与实践来定义的。随着欧美对现代主义城市规划模式的反思逐渐深入，城市主义发展成为一个独立的知识领域。建筑学与城市主义在文献中往往都指向一种自我参照、独立自主的知识体系。如果说建筑学的自主性（autonomy）指它作为一种学科的清晰边界与自我进化，那么相似地，城市主义的自主性指它所预设的价值观来自整个城市的发展经验（西方）以及与之相联系的文化习惯，尤其是文艺复兴之后与人本主义思想相关的城市营造与更新经验，它认为关于城市的知识可以从城市的现代化历程的规律中提炼[1]。

1 建筑学的自主性来源于建筑学科所隐含的内外之别，即建筑学在历史上始终存在一个内部的学科性知识与外部的非学科性知识，建筑学可以依靠其内部先例与范式，不假以外部参考就可以借助自身理性独立发展。而自主性的含义取决于如何定义内外边界。一般来说，感性直觉、社会文化、现实功用都不属于建筑学的学科内部需要考虑的问题。

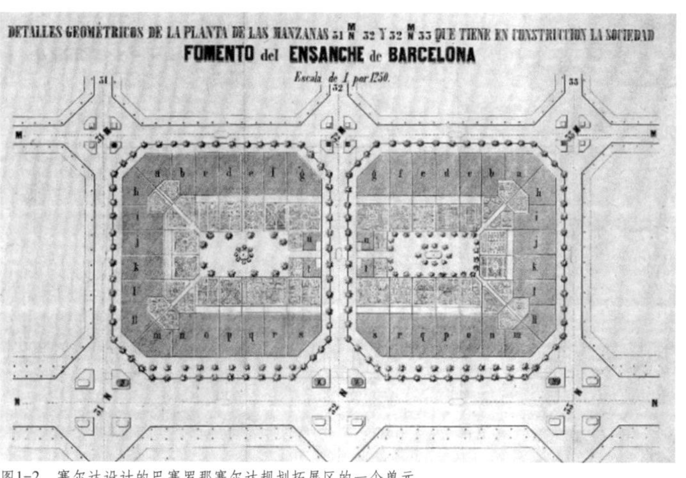

图1-2 塞尔达设计的巴塞罗那塞尔达规划拓展区的一个单元

密歇根大学建筑规划学院前院长道格拉斯·凯尔博（Douglas Kelbaugh）教授在《论三种城市主义形态》（*Three Urbanisms and the Public Realm*）一文中定义了三种当代城市主义流派：新城市主义、日常城市主义与后城市主义。凯尔博教授认为，这三种城市主义涵盖了当代城市研究的最前沿方向。新城市主义倡导严谨规划的、公交优先并且功能混合的城市环境；日常城市主义倡导开放的、包容的、平民主义的生活形态；后城市主义倡导体验式的、非主流的、夸张破碎的城市形式。即使这三种城市主义流派的主张针锋相对，它们的共同出发点是关注高度城市化与工业化基本完成之后的社区形态，尤其是美国的郊区化与内城衰败问题。同时，以实体建筑为主的建成环境是这三种城市主义的主要关注内容，这可能也是道格拉斯·凯尔博未将更加关注基础设施因素的景观城市主义列入主要城市主义流派的原因。

1980年代，钱学森曾经提出过“城市学”的概念，按照钱学森对城市学的学科定位及学科发展目标，城市学是研究城市发展、变化和运行规律的基础理论，是人居科学与城乡规划学之间的中间学科。如果城市学最终完成其构建，将覆盖城市主义与新城市主义的内容，甚至可以作为“urbanism”的法定翻译。与城市学相似的是，城市主义关注城市的形态结构与全球化时代的人类栖居环境，它研究城市自身的复杂性并在此基础上构思对策，致力于修补在技术与经济高度发展下被撕裂的城市肌理，建设城市的整体文化与生态环境，关注公共领域与场所营造。它和建筑学、城市规划、城市设计、市政工程、社会学等专业都有一定的关系，但又具有特定的学科背景与知识框架。城市主义是认知与实践统一的城市学，是城市科学的行动性理论。

3.2　新城市主义的跨文化困境

凯文·林奇认为城市理论有3种类型——功能性理论、规范性理论与决断性理论。新城市主义是完整地表现了功能、规范与行动统一的当代城市研究与实践方法。比如，新城市主义者希望重拾一种普遍的城市范式，他们认为欧洲的传统小城镇与美国郊区化之前的城市更具有宜居性与普适性，这种城市范式在历史中已经被反复验证。所以，其目标是修正现代区划造成的反城市倾向，复兴一种超越历史的城市特征。对于研究对象，他们主张邻里与区域是用以描述城市空间结构的基本概念，而且这种描述也能够发展为适用于所有城市化区域的普适方法。尽管新城市主义是一种跨学科的运动与实践，城市的物理形态依然是所有新城市主义者的关注核心，即通过物质形态的改造来影响社会，这也是人文主义规划先驱帕特里克·吉迪斯（Patrick Geddes）与其跟随者路易斯·芒福德的理念。

城市主义是一个欧美历史语境中产生的学术范畴，而新城市主义思想的广泛传播则为广义城市主义蒙上了一层北美文化色彩。它所推崇的“城市性”是为美国规划师想象中的欧洲传统城镇景观及其空间组织形式背书的，历史相对匮乏的中西部城市多数有着与发达的经济并不相称的市镇面貌，从并不丰富的本土与遥远的历史形式中寻找普遍路径是一种当然的选择。它其实表达了缺乏历史积淀与公共空间传统的美国城市在寻求自身的空间正当性路途上的焦虑，而这种焦虑是所有资本主义内部后发展地区的共同焦虑，与此对应地，中国的多数城市所怀有的焦虑是与此相似的。

新城市主义的思想有不同的源头，它在向国际现代建筑协会（International Congresses of Modern Architecture，简称 CIAM）宣战的同时也在向它致敬，新城市主义协会（Congress for the New Urbanism，简称 CNU）的命名与会议形式都来自对前者的模仿。另外的源头包括由路易斯·芒福德发扬光大的地域主义，简·雅各布斯与威廉·怀特（William H. Whyte）的街道行为学，克里尔兄弟的建筑类型学等，部分分析方法来自城市形态学与人文地理学。虽然新城市主义正式确立于 1993 年 CNU 首次大会，而在实践层面上的确立则以同年“滨海城”（Seaside）的落成为标志。在诞生之初，它将矛头直指美国 20 世纪后期的城市发展弊病——郊区蔓延、汽车依赖、街道凋敝、空间割裂、区划僵化等。它对空间形成机制的探索代表了明显的价值立场，这也使得它的体系中那些可供实证的部分无法被客观地审视。

新城市主义包括两大流派，一般被称作“传统邻里式发展”（Traditional Neighborhood Development，简称 TND）与“公交主导式发展”（Transit Oriented Development，简称 TOD）。其领军人物分别为杜安尼（Andrés Duany）与卡尔索普（Peter Calthorpe）。两大流派都以步行环境创建为其主张的核心，反对泛滥的高速公路与私人汽车，推崇公共生活与场所的营造。虽然两大流派所倚重的策略不同，但是都奉路易斯·芒福德的地域主义为圭臬。1920 年代，芒福德是新成立的“美国区域规划协会”的代言人，主张建立一种功能自足的区域性城市（类似霍华德的“花园城市”）以及在此基础上形成的区域城市（Regional City）。建筑理论家楚尼斯（Alexander Tzonis）和勒费夫尔（Liane Lefaivre）将芒福德的理论称作“批判的地域主义”，因为这种地域主义不是全球化的对立面，而是积极应对全球化的策略。

由于新城市主义是在应对美国城市蔓延与郊区化的过程中发展起来的，其现当代美国城市语境与中国城市化现实的差异是解读其思想渊源的障碍。差异之一就是密度，在多数美国城镇中，三层以上的联排住宅、低层公寓或临街商业排屋即被视为高密度，而这类建筑在国内是作为中低密度对待的。近 10 年来，学界呼吁应该建立立足于亚洲高密度城市环境的城市主义研究领域。香港与新加坡等高密度城市的建设经验也在支持这一呼吁。但是，密度既是量的参数，也是质的表征，代表了具有不同体验与特征的城市环境。密度可以表达为容积率、覆盖率、开发强度等不同的参数，也与土地细分方式、场所的连通性、交通机动性、城市中的人群交往强度、空间可达性等参数互相影响。过高的密度可能与住宅匮乏、交通拥阻、空气污染等负面体验相伴，但是空间的集约使用与垂直向的布局优化能够缓解高密度的负面影响。香港与新加坡的经验固然有相当的参考价值，但是由于中国大陆的制度与文化的特殊性，简单援引一些高密度地区的规划经验的意义有限。何况香港与新加坡的高密度生活质量是建立在非常精致的公共空间管理制度下的，如果缺乏一个有厚度的公共空间基层与严苛的日常管理，高密度城市的生活是极度无趣的。就如芒福德早已经指出的，柯布西耶（Le Corbusier）的“伏瓦生式”（Voisin）的高层塔楼群只是“垂直的郊区”，这样的密度并没有应有的空间质量[1]。

1 伏瓦生式的高层塔楼群是1922年建筑师柯布西耶所提出的巴黎现代城计划中的十字形平面巨型塔楼，后来成为现代主义城市的典型形象。主张中低密度花园城市的芒福德对柯布西耶的塔楼城市持反对态度。事实上伏瓦生住宅是柯布着力创造的标志性城市形象，具有宣言功能，并非是用于实施的方案。

学科差异也是文化差异的一部分。在国内目前的学科体系下，新城市主义并没有直接对应的学科，所谓“城市学”更是停留在概念层面，这使得新城市主义的许多原则在教学、科研与实践层面无法对接国内的学术分工。在教学中，它的学科位置靠近城市设计，但其教学需要大量的阅读与思辨作为基础。如果安排为设计类课程，它需要通识类的讲座与研讨作为知识储备；如果只作为讲座课，它又缺乏必要的实践与操作环节。在科研中，它注重研究与设计实践的结合，一方面，重视规范性知识的建立，是“诊断—干预—反馈—再干预”循环往复的完整链条；另一方面，它的诸多方法、策略与工具被广泛地引介并运用于中国的各种城市规划与设计实践中，例如街区制原则、公交都市原则、15 分钟生活圈原则，等等。然而，它本身的知识来源、历史演进与内部结构却很少被探究。

3.3 新城市主义的跨制度困境

城市主义思想是建立在对当代区划法（Zoning Ordinance）的持续反思上的。美国的区划法的建立初衷是抵御私人开发的逐利性所带来的公共利益损失与环境质量恶化，它是以市场行为为协调对象的法规性文件，明确界定了保证公共利益（如日照、通风、通行、临街面等）条件下所允许的建筑用途、容量与形态。它对细碎的多物权主体构成的街区制城市形态具有有效的调控作用，法规性文件可以下探到直接面对单一业权的人本尺度城市改造。新城市主义的“形式导则”虽然以批判区划法的刻板单一为前提，但是依然尊重以私人物权为主体的城市环境。新城市主义的“精明增长”规范即是一种改良发展了的区划法。与此不同的是，国内的“控制性详细规划”是一个计划经济残余明显的技术规范，主要针对大地块的统一开发。大地块中公域与私域缺乏明确界定，或为一个庞大的集体（如业委会）所有，而业委会常常过于庞大而无法实行有效的民主自治[1]，许多城市试图学习并推行的“法定图则”也依然无法脱离控制性详细规划的框架。因此，如何在中国的制度、市场与文化环境中发掘空间管控的制度潜力，并将研究转化为城市干预中建设主体自觉运用的原则与工具，需要进一步研究（图 1-3、图 1-4）。

1 这一情况在大城市中十分普遍，以上海为例，郊区大型居住区的空间治理长期困扰住户与公共部门，个别小区居住规模达万户以上，如上海康城人口近5万，相当于霍华德主张的单个花园城市人口，在2017年之前是社区治理的“老大难”。相似规模的美国大城市（如纽约）社区往往是纯租赁社区，先期基础设施安排也较为完善，其治理难度有区别，如纽约布朗克斯区的帕克切斯特社区，居民达到4万，但是被城市道路分割为数个街区，且有完善的地铁与商业设施，由于以租赁为主、自持为辅，整个社区在一个统一的物管机构统辖下，其社区生活质量高于周边城市地段。

在很大程度上，美国的城乡空间观念来自托马斯·杰弗逊（Thomas Jefferson）的平等主义思想，其正交网格化的城乡一体的环境正是由 1785 年他主导的《土地条例》所决定的，该条例规定了美国广大中西部地区的土地划分网格与模数，促进了土地测量系统与土地开发投机模式的高度融合。在 20 世纪中叶，这种均质化的城乡图景被建筑师弗兰克·劳埃德·赖特（Frank L. Wright）吸收进了他的“广亩城市”方案中。赖特反对柯布西耶的塔楼与多层街道，他相信只有低密度的、以私人住宅为基础的城市建设模式才是民主的，并符合美国的传统[2]（图 1-5）。但是，这一土地开发模式是无法产生出中世纪欧洲城市的复杂性的，而后者却是作为公共知识分子的美国城市规划师一直追求的。从 19 世纪末期发端的城市美化运动，到当代的新城市主义者，一代代的城市学者一直在探索抗拒无限蔓延的美式城乡网格的策略，以创造更具场所性与环境质量的城市空间。

2 在20世纪初，如赖特这样的建筑师在使用城市（urban）、郊区（suburban）和乡村（rural）这类词汇中普遍感到非常困惑，因为既有的形容欧洲的城市或乡村状态的术语无法概括整个美洲的土地使用情况，赖特发明了“usonia”这一词汇来形容美国的低密度、水平延展的区域城市化状态，这也代表了美国城市化的独立传统。

英美虽然同属普通法系，但是英国的土地制度存有很多中世纪的传统，大量土地通过长期租约租给承租人使用，而且规定何种人士可

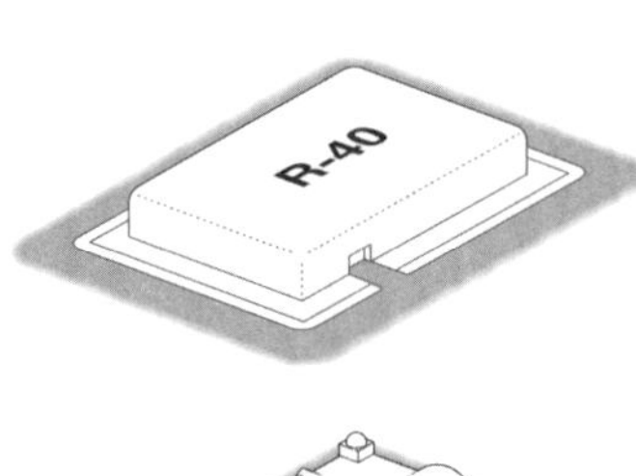

Conventional Zoning
Density use, FAR (floor area ratio), setbacks, parking requirements, maximum building heights specified.

传统区划
密度规划，容积率（FAR），退界，停车需求，建筑高度控制等。

Zoning Design Guidelines
Conventional zoning requirements, plus frequency of openings and surface articulation specified

区划设计导则
传统区划导则，加上建筑开口与界面的具体规定。

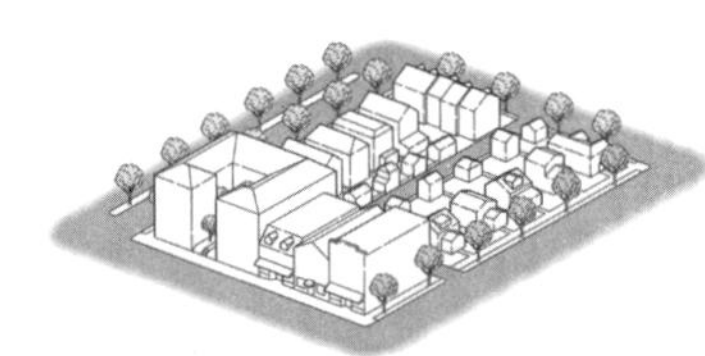

Form-Based Codes
Street and building types (or mix of types), build-to lines, number of floors, and percentage of built site frontage specified.

基于形式的准则
街道与建筑类型（或者类型组合），界面控制，层数控制，临街面比例控制等等。

图1-3 “形式导则”与传统的区划法及区划设计导则的区别

Conclusion X
overlapping of retail and public space

商业自身成为公共空间/与其他公共空间结合

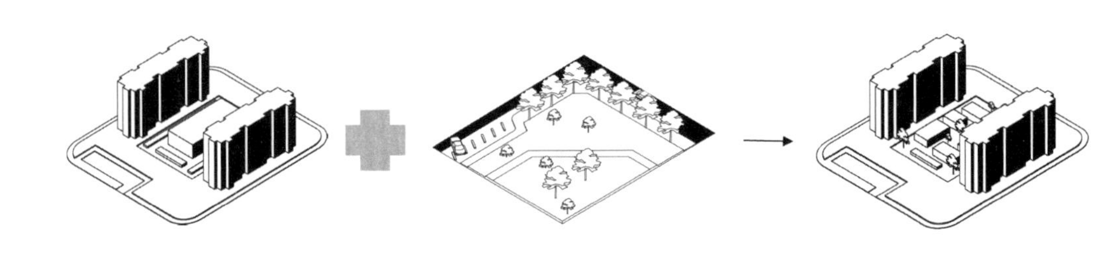

开放性商业（例：花鸟市场）　　街角公园　　花鸟市场社区花园

图1-4 分析古北新区所得到的“形式导则”

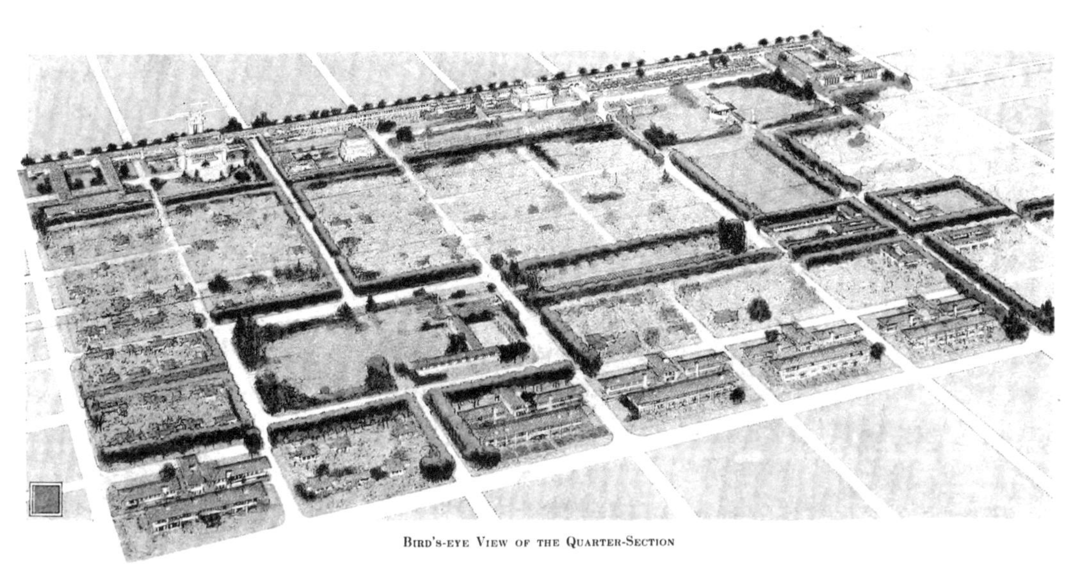

图1-5 赖特的“广亩城市”方案的局部鸟瞰

以以何种方式使用土地，而美国的多数可开发用地在私人的自由保有权下，传统上土地很少附属如英国那样的种种租约条件，土地使用人随时抱有投机的心态，土地利用以利益最大化为原则[1]。在1916年《纽约区划决议》出台以前，如果结构与环境控制技术允许，纽约的高层建筑可以不受限制地任意增高[2]。人们对土地没有传统欧洲那般的社区归属感。在这种缺乏集体协同的普遍个人主义心态下，城市规划与设计的主要任务是在一个丛林资本主义的城市文化中构建公共场所，凝聚集体共识，均衡空间质量，推动社区生活。

1 英美法系的土地持有状态称“保有权”，英国的保有权有较多来自中世纪封建制度的遗存，土地的保有状态比较复杂，土地的使用受到各种限制。而美国的保有权相对简单，对城市规划来说就是存在大量均一持有状态的地块，这也决定了美国的城镇格局。

2 1916年所颁布的《纽约区划决议》的编制工作开始于1913年，最初是以控制建筑高度与退界为目的的。推动决议颁布的主要有两类人：开发商经营者群体与建筑师规划师群体。1916年《纽约区划决议》是历史上第一部以市域全境为规范对象的区划法，它将全市区分为不同的区（zone），对每个区分门别类，制定相对应的建筑开发规范。本书第二篇会对这一决议另做介绍。

4 从规范到方法——以邻里单位为例

“邻里单位”（Neighborhood Unit）诞生于20世纪初期对城市美化运动的批判。这一思想在1910年代就成为建筑师与规划师实践中不成文的原则，是20世纪初的美国建筑师与规划师所奉行的普遍的社区组织形式，与霍华德的花园城市模型有着密切关系。1912年12月，芝加哥城市俱乐部举办了一次针对1/4平方英里社区（即约800米边长的方形地块）的规划设计竞赛，结果在39份竞赛方案中，有一份来自建筑师威廉·德拉蒙德（William E. Drummond）的方案以“邻里单位”为题，此方案尝试对城市基本单位的各个描述参数作出理论与实践上的定义，并且对一个由邻里单位构成的城市进行基本的描绘。有意思的是，德拉蒙德曾经在赖特事务所工作，但是他的城市设计思想同赖特有着根本的区别。以“四联宅社区”（Quadruple House）与“广亩城市”为代表，赖特的城市思想是以去中心化、平等主义与个人主义为要旨的，这种思想源起于托马斯·杰弗逊的田园主义理想，在现代主义传播时将美国传统环境观念套上了技术与科学的外衣[1]。

1929年，规划师克莱伦斯·佩里（Clarence Perry）在规划报告《纽约及周边的区域规划》（*Regional Plan of New York and Its Environs*）中对邻里单位作出了更详尽的定义。佩里给出了邻里单位所需遵守的6大规则，并绘制了一系列图解以说明邻里单位的典型形态。与此同时，建筑师克莱伦斯·斯泰恩（Clarence Stein）在社区设计实践层面推动了邻里单位概念的普及。他的拉德本社区（Radburn）与绿带社区（Greenbelt）是邻里单位概念的范本。1931年，佩里对邻里单位的定义被胡佛政府接纳，在政府的住宅政策中逐渐推广，成为社区规划与地产开发的标准模式。1954年，在邻里单位运动开展20余年之际，芒福德回顾了这一运动的社会背景，从社会发展史的角度论证了邻里在不同地域与社会形态中的表现形式，并区分了邻里的自然形态与实验形态。芒福德观察到了社会机构的连锁化经营对邻里生活的推动，也论述了建筑学在邻里形态设计中的重要作用。邻里单位运动的影响力持续40年，并在1980年代兴起的新城市主义运动中被再次拾起，成为当代社区设计与城市设计的重要理论源泉（图1-6）。

由于国际现代建筑协会与美国联邦政府层面的推动，邻里单位模型在美国第二次世界大战前后的住区建设中的影响与地位不可替代，甚至对中国当代的社区形态有着深远的影响。1946年开始制定的《大上海都市计划》就已经采用了邻里单位的思想，并在闸北西区4平方公里土地上率先规划了7个邻里单位。当代中国的大型封闭式社区是新中国成立初期的苏联式工人新村商品化后的产物，但是从形态源流上辨析，它依然脱胎于邻里单位。改革开放后，封闭式小区成为中国城市建设的标准配置，也是物权观念与社区自治观念渐入人心的标志。封闭式小区通过统一有序的建筑形式与会员式的集体服务来满足中产阶级的空间需求，部分实现了佩里的邻里单位所设定的社区生活质量。但是，与此同时，市政部门忽视了封闭式小区之外的公共街道的经营，私有与公有区域的环境质量差别被恣意拉大。因此，研究邻里单位的发展史及其变体是展望中国语境的新型城镇化道路的必要功课。

1 托马斯·杰弗逊（美国第三任总统）认为城市是滋生腐败的温床，而乡村生活可以保持公民的纯良与自由。在1785年的土地条例（Land Ordinance of 1785）中，他将这一思想转化为土地划分制度，他将全国的土地均分为6英里（约9.7公里）见方的乡镇单元，并且规定所有的道路必须以半英里、1/4英里（以此类推）等网格布置。

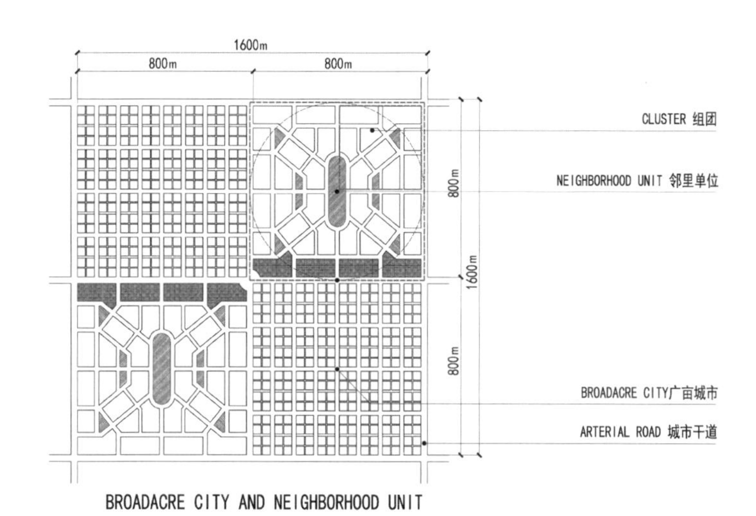

图1-6 邻里单位在1平方英里（1600米边长的方形地块）城区中的形态演示

西方对邻里单位的再学习与反思主要出现在1980年代末期，与新城市主义理念的涌现不乏关联，但是也有从其他视角反思的声音存在。许多对邻里单位的反思都认为它是一种中产阶级社区环境的营造手段，是一种设计工具而非社会真实组织形式的反映。一些规划史学者对邻里单位逐步成为住宅开发商的生产工具的过程颇多感慨。虽然建筑学与城市主义内部的批评比较温和细致，但外部学科的批评却相当猛烈。政治地理学家大卫·哈维（David Harvey）认为邻里单位与新城市主义一脉相承，都是一种“形式上的乌托邦”，而非“过程上的乌托邦”，它在解放了空间的自主权的同时却忽视了社区内部复杂的政治经济状况。大卫·哈维的批评其实已经在芒福德1954年的文章中被论述过，芒福德对邻里的建筑学价值的关注是在适当范围内的，与后期新城市主义中的“传统邻里式发展”流派有许多不同。这里也可以看到，建筑学在当代西方城市研究中经常背负着过重的文化与社会责任负担，由此，来自公共知识分子的文化与社会批评往往被偷换成对学科问题自身的批评。

自20世纪中叶以来，除了对已有的资本主义现代城市观念的批判，西方已经很难提出任何基于城市空间的模型图解。一方面，是因为城市研究已经日趋成熟，略显幼稚的图解式空间模型已经无法指导真实的城市空间运作。另一方面，由于学科分工的进一步细化，本应属于建筑学的知识也被剥除学科核心，市政、景观、设备与工程类知识都已经不为建筑师所掌握。于是在 21 世纪，景观城市主义开始登上历史舞台，在广义的“景观”概念下关注无法被几何秩序统领的各种建成环境领域，尤其是后城市化环境的更新潜能。

当世界随着各种社交网络连为一体，人们的线下线上生活逐渐贯通，现实中的邻里关系几乎成为一种无关紧要的社会关系，同时随着邻里关系空间属性的淡化，城市设计与建筑学的学科基石正在遭受前所未有的挑战。从 1980 年代开始，以城市社会学、城市地理学为引擎的后现代主义城市理论开始涌现，这些理论强调社会关系与空间关系的断裂，与以邻里单位为代表的空间决定性的社区范式有天然的抵触。但是，当代城市理论往往是一种用暗喻来归纳城市现象的便捷工具，它们把新的社区形式归因于某一种社会机制，现实中这些社会机制并不能超越物质环境，它们总需要附着在具体的空间形式上才能发生作用。举例来说，所有的物流系统最终都必须落实到具体的生产、分配、消费与回收终端上，而每一个终端行为必然是社会行为，也必须占据实体空间，这是空间始终占据城市研究中心的原因之一。因此，来自社会学与政治学理论的批判工具更多时候能为现实中的设计实践提供反思与验证依据，但很难提供规范理论与操作方法，也无法凝聚各种利益相关方的共识。它们只有与细致的空间研究相结合，并借助于一定的抽象与复现工具，才能进一步影响城市设计实践。

5 新城市主义的本土发展

5.1 工具性转向

新城市主义在初创时只是一个秉持相似理念的建筑师、规划师、开发商与活动家的松散集合，这些初创者中的某些人物已经在近年逐渐降低活跃度。至 20 世纪末，新城市主义的工作重心已经从肇建组织与编写纲领转移到大量的实践活动与理论建构。在实践上，新城市主义希冀通过修改本地的区划法编制（尤其是形式导则编制）来介入建造活动，适用的对象不仅限于郊区，也包括对中心城区的更新。在理论上，对区划、条例与其他各种城市规章制度的溯源愈加深入，为新城市主义介入城市设计政策的制定铺垫了理论基础。新城市主义者使用改良的区划法原则、形式导则与类型手册来指导社区的建筑设计，许多建筑师对此颇有微词，认为这种控制性的形式导则阻碍了形式创新。景观城市主义对新城市主义的批判最激烈，主要由于两者对形式的认知有着根本差异，前者是反对用某种几何秩序来设计城市的。新城市主义者并非不知道这些批评，只是他们更在意从政策与法规层面来引导真正的建筑创新，而非仅仅是形式语言的创新。在许多城市的具体政策制定中，形式导则的规定相对宽松，也为建筑创新预留了较大空间。在实践中，新城市主义与景观城市主义的工具往往被交叉使用，一些学者也认为两者的出发点是一致的。

5.2 新城市主义的本土境遇

新城市主义依次通过不同的途径进入中国的城市建设语境中——学者的引介与推动，商业化的居住区开发活动，规划技术层面的规则制定，国家层面的政策推动，国家级新区的建设示范（依序进行）。如果对中文学界的文献逐一梳理，可以看到这些途径作用于自土地制度破冰以后的不同时期。目前所知的对新城市主义的早期译介来自沈克宁、胡四晓等具海外背景的学者与建筑师，当时新城市主义还被视为更流行的欧洲“类型学”的一个分支[1]。学者的引用多借助对原典的阅读，文献多限于杜安尼、克里尔、卡尔索普、彼得・卡兹等的宣言式著作。新千年后，讨论开始转向系统的评述。比如桂丹、毛其智分析了新城市主义与欧洲新传统主义的继承与发展关系，指出其本质是边界控制，并强调在“后郊区”（Post Suburb）时代恢复传统社区认同与协调复杂的利益主体之间的矛盾。随后，沈清基、马强、林中杰等讨论了新城市主义的方法论意义，这包括生态主义、精明增长、传统社区开发与公交主导开发等[2]。

2000 年之后，外资背景设计事务所与地产商营销的合流促使新城市主义迅速地商业符号化，与各种主题公园式的异国情调难分彼此。新城市主义作为后现代主义商业符号的一部分进入公众话语。在新城市主义成为一种极其多产的形式生产工具的同时，需要反思它的本土化与适应性问题，即新城市主义思想如何能够适用于中国的城市。适度的空间体量管控和形式管理，对既有僵化规范的突破，街道活动的激发，公私领域的灵活渗透等几乎成为当前城市设计的共识，这些原则都是新城市主义的具体运用。但是由于狭义的新城市主义自融入商业化开发模式后就不再被建筑学与城市理论界严肃对待，对新城市主义的批评与反思并不深入。理论生产贫乏的另一面是其政策引导上的成功，新城市主义的许多主张在近年成功地进入我国政府的规划技术标准中，近年对小街区密路网的推崇已经从行业共识上升为国家意志

1 比如，海外学者沈克宁的《“DPZ”与城市设计类型学》也将Duany Plater-Zyberk（DPZ）事务所的设计实践归类为类型学的方法应用之一。类型学随着阿尔多・罗西的理论引介被国内学界熟知。但是类型学是一个广泛芜杂的理论体系，除了罗西，克里尔兄弟、翁格斯（Oswald Mathias Ungers）、阿莫尼诺（Carlo Aymonio）等均对类型学有体系化的创见。

2 前文已经介绍，传统社区开发（TND）与公交主导开发（TOD）是新城市主义的两大流派，各自有体系化的设计与评价方法。除此之外，新城市主义在近年越来越强调它的生态主义主张，在方法论上也逐渐向能源与环境设计先导（LEED）评价体系靠拢，强调指标化、菜单式的设计导则。由此它推出了精明增长（Smart Growth）设计原则，主张紧凑、高效、致密空间组织与基于自然主义思想的形态控制法。

（参见2016年的《中共中央国务院关于进一步加强城市规划建设管理工作的若干意见》）。“街区制”及其尚未清晰化的内涵已经成为国家层面的新型城镇化政策。在最新的国家级新区（如深圳前海新区、通州新区、雄安新区等）规划中，新城市主义的原则进一步获得革新并具体化为城市设计导则，许多尚需检验的创新性空间策略也得到长足发展与运用，并有向全国示范推广的趋势。

6 新城市主义的普遍性意义

在新城市主义的三种“面相”中（即规范性理论、城市设计方法、城市学思潮），其规范性理论的本质是支持其他两种面相的基础。仅当新城市主义描绘了一种可以普遍化的社区形式，并仅当它所描绘的理论具有被验证或实践的可能时，它的方法论意义与对本土实践的参照意义才是有效的。那么新城市主义的规范性在何种程度上是成立的呢？它被验证的标准是什么？当代中国的城市设计实践是消解还是强化了新城市主义的指导意义？

回应本章开篇所提出的《新城市主义宪章》设定的四大前提，或许我们可以将新城市主义的意义论证归结为三个问题：①形式是否依然是“一揽子”解决城市问题的基本框架？②当代城市的结构是否依然是分层级的？③重构邻里生活的机制是什么？可以看到，以往的“中国–西方”的概念对立无助于这些问题的解答。正因为中国本身又可以进一步分解为各种各样的“本土”，我们需要重新定义新城市主义的地域语境，比如具体的规划制度、建筑文化、地理条件、文化习惯等，特殊的本土环境才能验证新城市主义的普遍性。考虑密度、发展阶段、土地制度与居住文化等差异，当代城市语境可以为新城市主义提供一些验证与修正的选项，并增强其适应性。

（1）形式是否依然是“一揽子”解决城市问题的基本框架，需要从两方面回答。一方面，以往城市空间发展中的一些弊病是由形式控制的僵化或失误所引起的，这些弊病只能由形式规范自身的变革来解决。另一方面，形式规范的操作对象也在发生改变，它可能是包括空间实体在内的更灵活的动态系统，起源于区划法的复杂形式管控已经无法适应千变万化的城市空间，也不能对建筑师的工作做启示性的指导。对城市的形式管理需要从专家的特权向参与式、动态化与智能化的系统下沉，从描述性的规范向效能化的规范转变。专家的知识也在向普遍、共享的评价体系渗透。

（2）《新城市主义宪章》中规定了空间的层级——建筑、街块、邻里、市镇与区域的层级关系正在消解中，这一层级思想来自城市形态学[1]，也基本符合前现代城镇的形态演变规律，但是尚无法有效归纳不断涌现的新空间类型，例如超级街区与巨形结构。新城市主义需要定义新的空间对象以更有效地描述正在发生的城市事件，也必须接受来自景观城市主义与其他城市学理论的批判与反馈，反思过度关注特定形式与图景的成见。但是，即使构成层级的具体空间对象在变化，层级本身亦不可能消解，因为社会网络依然是依据层级组织的，生活圈、服务域这类由各类基本生活设施的可达性所决定的边界依然存在，社区自身管理与防卫的边界也依然存在，公共部门在社会生活中的作用也将持续强化。

（3）我们必须接纳在景观城市主义、城市社会学与地理学介入之后的新邻里形式的想象，我们需要进一步追踪各种行为机制表达为邻里形式的转译过程。如果这种转译的结果就是一种全新的圈层组织，那么能够满足最基本生存需求的单元可以构成新基础设施条件下的新邻里单位（或生活圈）。无论虚拟的线上生活发达到何种程度，基本的交往与出行还是会需要实体空间中的路径、场所与终端。只要社会对于交往、协作、归属与认同的基本需求不变，新的邻里单位必然会以某种形式表现出来。它会具有坚实的中心与灵活的边界，并且其运作将取决于特定的技术与文化条件。

1 康泽恩（M. R. G. Conzen）等学者开创的城市形态学最早对这一层级关系作出规定。康泽恩用“街块、地块、建筑”三个层次来分析城市的历史演变。

第二章　基础设施视野中的城市建筑学[1]

城市是"形"与"流"两种力量关系互动、错位、碰撞与并置的结果。"形"的研究包含了城市形态中那些逐渐固化并主导社会关系的物理特征与运作机制；"流"的研究包含不断冲击城市固有物理特征的技术与社会力量，以及将全球城市串联在一个空间内的因素。自19世纪开始，交通基础设施成为冲击固有城市形态的最主要力量，铁路、公路与地铁相继扩展了城市的地理范围与运作方式，也改变了社区与建筑的形态。至21世纪，社交媒介、物联网与全球物流链所构成的新型人际网络进一步冲击现有建成环境的物质秩序与相应的社会行为，这迫使城市研究者在当代技术语境中反思社区的本质并探索新基础设施条件下社区形态演进的可能。

1　本章内容最初以《寻找现代性的参量：基础设施建筑学》为题发表于《时代建筑》（2016第2期），收入本书后有较大删改。

1　基础设施与现代性

在《韦氏英语词典》中，"基础设施"（infrastructure）词条的含义是"以使一个国家、一个区域或一个组织正常工作的基本设施"[2]。在城市学与建筑学的讨论中，基础设施是以分配公共资源、协调公共关系、改善公共环境为目的的服务性设施的统称。美国规划师协会在其官方网站罗列了4种主要基础设施——交通、给排水、能源与通信。由中国住房和城乡建设部与国家发展和改革委员会在2017年公布的《全国城市市政基础设施建设"十三五"规划》（后简称"十三五"规划）中，城市市政基础设施包括城市交通系统、城市地下管线系统、城市水系统、城市能源系统、城市环卫系统、城市绿地系统、智慧城市等7个组成部分，相比美国规划师协会的定义增加了环卫系统、绿地系统与智慧城市。《"十三五"规划》中还提出了窄街密路网、综合管廊、海绵城市、垃圾分类、绿道等多种与基础设施空间体系密切

2　《韦氏英语词典》中原文为"the basic equipment and structures (such as roads and bridges) that are needed for a country, region, or organization to function properly"。

相关的政策。近年来，教育医疗体育等公共服务也经常被称为“基础设施”，但与市政基础设施相比，后者往往是一种社会制度安排。为了避免含义的模糊，之后的讨论将参考当代城市学话语中基础设施一词的一般定义，即主要关注物质性的、工程性的基础设施实体。

基础设施在英语中由“infra”（地下的）与“structure”（结构）构成，意指地下的隐蔽设施。基础设施以低调隐匿的状态提供服务，并且它输送的内容——物质、能量、资本与信息是在不断流动的。作为一种没有固定形态的网络系统，基础设施无法被整体认知，因此，观察基础设施有如下方法：我们或将其视为整个网络的局部构筑物，或将其复现为一种可以分析的图示，或在实践中介入它的日常运作以获得反馈。基础设施需要被分解、转译并在互动中逐渐显示其面目。近年来，“基础设施”成为西方建筑师与规划师共同关注的研究领域，正因为基础设施是城市的能量、物质与信息运动显形化的工程体系，它也成为连接宏观（区域或城市尺度）与中观尺度（街区或建筑尺度）的桥梁，促发了一系列简化城市问题、构建清晰研究对象的研究方法。

城市中的基础设施空间构成了城市人类学意义上的“机构”（institution）——地铁、机场、口岸、街道等空间都是同时提供服务并限定行为、施加控制的设施。皮埃尔·帕特（Pierre Patte）的1769年巴黎街道断面图是建筑师第一次将建筑与街道的给排水设施置于一个统一的系统中（图2-1）。帕特不仅通过一个典型局部剖面来表达城市街道的基础设施特性（包括“三块板”式街道与排污设施），也揭示了城市的交往场所与其背后的工作机制的紧密关系：街面上的喷泉纪念碑与地下的给排水设施是一种装置的两面，地下管网借由人行通道与街道连通，喷泉的供水由位于总管中的净水管道提供……即场所文化意义的基础是场所的技术内容。在帕特之后的工业革命时期，基础设施逐渐融入日常景观，城市的林荫大道与串联成网的公园构成了净化城市、维护市民健康的装置物，景观与基础设施融为一体[1]。

19世纪末20世纪初是大都市涌现的时代，也是城市基础设施在社会反思与美学功能中摇摆震荡的时代。在《未来主义宣言》（*The Founding and Manifesto of Futurism*）中，建筑师马里内蒂（Filippo Tommaso Marinetti）热烈地歌颂速度与力量，他声称汽车的发动机部件比萨莫色雷斯的胜利女神更美，喷发热蒸汽的火车头如同咆哮的铁

1　有学者认为帕特的图示并非历史上第一次用剖面表达街道的排水基础设施，葡萄牙工程师德斯桑托斯（Eugenio dos Santos）大约在10年前就运用了类似的表达方法，这说明当时排污设施与街道的结合已经相当成熟。只是德斯桑托斯在图纸中依然以建筑物为中心，其街道也未呈现为一种公共场所。相比之下，帕特的贡献是将给排水设施置于同一总管内，并将街道用水设施与地下给排水设施视为一个整体的两面。

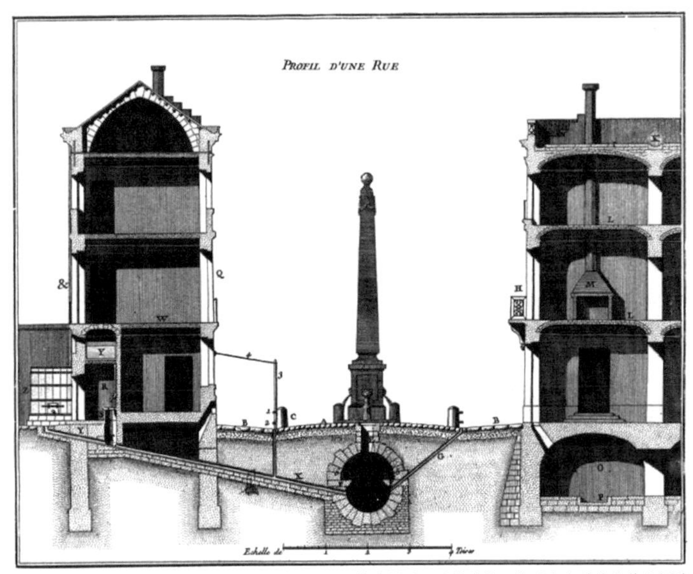

图2-1 皮埃尔·帕特的1769年巴黎街道断面图，精确描绘了建筑的排污管道与街道的总管之间的结合

马。他不遗余力地赞扬各种现代技术，并将机器视为新的美学载体，未来主义的城市意象都是一些基础设施设备的拼合。现代主义建筑师多是巨大速度、强度与尺度的信奉者，吉迪翁（Sigfried Giedion）在《空间、时间与建筑》（*Space, Time and Architecture*）中写道，高速公路之壮美无法在静止中观察得到，只有在驾驶汽车的过程中穿越各种桥、隧、坡，才能体会高速公路的美学。然而，社会学家与历史学家却对城市基础设施的社会功能更敏感，齐美尔（Georg Simmel）在《大都会与精神生活》（*The Metropolis and Mental Life*）中指出：现代人受控于各种精密的计时计数工具，“精确”与“计算”成为社会的公认价值，大都市使人的社会异化为机器的社会。芒福德也在《城市的文化》（*The Culture of Cities*）中对现代城市持续大规模拆建提出了质疑，他相信良好的城市标准并不会一直剧烈改变，而是会逐渐趋向一个常量与共识，随着交通、通信、媒介等基础设施日趋发达，城市与建筑形态反会逐渐趋向恒常，并且会找到合适的尺度、形式与边界——即他所谓的“花园城市状态”。

“现代性”这个词最初是指一些特定历史阶段（如启蒙时代、工业革命时代、大都会时代与两次世界大战之间的现代主义建筑学盛期），但是逐渐用于涵盖所有的与“现代”相关的经验，比如机动性（mobility）、通达性（connectivity）、自由（freedom）、密集（density）

这些与大都市生活密切相关的空间体验。理查德・塞内特（Richard Sennett）、马歇尔・伯曼（Marshall Berman）与戴维・弗里斯比（David Frisby）等当代社会科学学者都对都市这种现代性现场进行过充分论述。塞内特将公共领域的衰落归结于私人汽车对街道这一公共空间的占有。持有类似观点的马克思主义学者马歇尔・伯曼认为，19 世纪不断涌现的林荫大道是资本主义内在矛盾的标志，无数追求理性的个体在城市的笔直大道上奔走，构成一个非理性的整体。街道是一个矛盾体，它既致力于规范化各种交通流的冲突，又必须运输高密度的交通流以实现其价值。不同的车、货、人在街道相遇，出行的自由与碰撞的危险共生，移动的快感与流转的虚无共存，街道成为现代性孕育并发展的现场。

通过对齐美尔、本雅明（Walter Benjamin）与克拉考尔（Siegfried Kracauer）的理论进行再解读，社会学家戴维・弗里斯比对现代性有如下的总结：现代性体验包括两种场景——都市与资本主义社会关系——商品的交换、生产的理性化、人群的汇聚等体验本身都展示了社会关系。基础设施构成“转瞬即逝”的现代性体验，在不断运动的车厢、通道、阀门与接口中，人们成为机器不断运输的内容物，一方面人们追求不断加速的运动，另一方面在这种不断的运动中，传统的情感与场所的意义逐渐稀释。因此基础设施不仅是支撑城市高速运转的物质体系，也是决定一系列社会规范与机制的社会制度。这种工程与社会层面的相互作用，决定了基础设施的研究方法的复杂性（图 2-2）。

图2-2　休・菲利斯（Hugh Ferriss）的《明日都市》（*The Metropolis of Tomorrow*）一书中的插图表达了人在诱惑性的速度、密度与高度之下的心理境况

2 基础设施建筑学的多重视角

因为基础设施的双重尺度（城市与建筑），也因为它所容纳的物质能量信息运动的复杂性，它的行为机制很难用建筑学的知识与术语来描述。近20年来，不断有城市研究学者试图创建关于基础设施的理论术语体系，以便建筑师能够理解运用，比如斯坦·艾伦（Stan Allen）的"有深度的二维"（Thick 2D）与"基础设施城市主义"（Infrastructural Urbanism），伊格纳西·德索拉-莫拉雷斯（Ignasi de Solà-Morales）的"模糊领域"（Terrain Vague），凯勒·伊斯特林（Keller Easterling）的"组织空间"（Organization Space）与"超国家治术"（Extrastatecraft），格雷汉姆（Stephen Graham）与马文（Simon Marvin）的"分包的基础设施"（Unbundled Infrastructure）与黛娜·卡夫（Dana Cuff）的"触媒基础设施"（Infrastructure as Catalytic）等。这些理论的共同关注点是作为人类社会的城市如何与作为工程体系的基础设施共存的问题，它们也常常被称为"基础设施城市主义"（Infrastructural Urbanism，或译为基础设施城市化）理论。基础设施城市主义的根本关切可以总结为：基础设施如何融入人类社会，如何成为人类社会机体的有机组成，基础设施影响下的空间如何实现高质量的发展[1]？

如果按照态度与立场来划分以上的这些基础设施城市主义理论，那么斯坦·艾伦基本上还是在践行现代主义建筑观对物质实践的许诺，从生态与构造的视角研究场地，并建构一种新的地形学[2]；德·索拉·莫拉雷斯是将马克思主义的"异化"理论（estrangement）延伸到空间研究，探索合法与非法的形式之间的转化。凯勒·伊斯特林从空间政治经济学视角发现那些超越审美与符号的组织性协议，并探寻超越体制边界的"超越行政治理的基础设施"；格雷汉姆与马文将现代主义失败的过程理解为基础设施从一体分解为多系统的过程（unbundled），而将城市生活复兴的希望建立在多种基础设施的重组中；黛娜·卡夫则从美式实用主义汲取营养，强调基础设施重构公共生活的功能，从城市触媒的角度介绍了建筑学介入城市的可能。所有这些研究都基于现代主义的失败与基础设施的主体性这样一个主要背景，通过对晚期现代主义与后现代主义时期建筑学脱离城市关切的批判来重建一种立足场地与公共领域的城市建筑学。同时，所有的理论都建立在与后现代主义（包括解构主义）划清界限的基础上，它们都将建筑学的媒介化、符号化历程视为昙花一现的插曲，并意图重新

1 基础设施城市主义也被翻译为"基础设施城市化"，并已经有华中科技大学出版社出版的同名教材问世。严格意义上来说，基础设施城市化并非直译，但是在中文语境中，"城市化"一词有具体所指，可以避免因"主义"一词的模糊性而带来的误解。西方主流建筑学学术机构都有针对基础设施城市主义研究的课题、论坛与出版文献。虽然基础设施城市主义在自身发展过程中变得越来越宽泛，但是它的最基本研究问题就是基础设施空间的质量。

2 地形的原义是自然地貌，是建筑学的基本要素。但是在城市化地区，由于各种大型基础设施的覆盖，自然地形已经被彻底改造，因此当代建筑学所谓的地形学是研究包含自然与人工地貌在内的综合城市环境的研究领域。

兑现现代主义对公共生活、技术进步与个人自由的许诺[1]。

“基础设施”以及这个概念所衍生的“基础设施城市主义”对中国建筑与规划学者来说一度是一个外来问题。这个概念产生于西方新千年以来对里根－撒切尔时代的新自由主义[2]政经策略崩溃的反思，来自对建筑学的符号化倾向的抵制，来自对现代主义之后的现代性内涵的追问，来自建筑学、城市规划与景观建筑学的再融合的迫切需要，更来自对建筑师脱离城市空间塑造第一线的批判。触发基础设施话语热潮的导火索是欧美自新千年后的一系列基础设施崩塌事件[3]。同时，建筑学对基础设施的关注与现代性研究的延续有着密切的关系，基础设施的效能被视为现代性的重要指标，它在现代建筑史里的地位浮沉标志着现代主义建筑思潮的流变，基础设施在当代的危机是现代主义建筑学发展进程的重大挫折。因此，基于基础设施的城市建筑学研究是重工具性、反符号性的，这使得它与现代主义的理想保持一致。基础设施与公共政策的天然姻亲关系决定了它是建筑学介入城市公共生活的重要机遇。

正由于基础设施城市主义对中国建筑学曾经是一个外来的输入性问题，所以一开始它仅是作为景观城市主义的附带讨论进入中国。在很多情况下，它以基础设施的景观化、工业遗产的更新复兴与站城一体化等设计策略的面目出现，常被归纳为一些操作模式，也无法进入建筑批评与建筑理论史的核心关切中。由于中国与欧美经济周期的相位差与规划建设制度的差异，在中国基础设施高速发展时期，中国建筑学界无法感受到西方建筑学脱离公共领域的蚀骨之痛，高速城市化时期指令式的空间生产使建筑学长期依附于自身发展惯性形成的安全区，对即将到来的危险充耳不闻。但是在“新常态”下，随着公共部门主导的大型建设活动逐步趋于饱和或趋缓，大量的建筑学相关工作有被土地开发的前期策划、各类大数据与智能辅助设计、工程的总承包与消费品设计部门抢夺的可能，建筑学也开始感受到被抛离公共领域现场的失落。

现代化的进程并没有因建筑学的暂时缺席而停止，只是它与资本、技术与媒介的结合方式发生了改变，而建筑学内部对此尚且缺乏认知，也少有作为。当代建设活动所需要的部门协作与知识交叉的密集程度已经超越了职业建筑师所能掌控的领域，在未来的高度社会分工中，建设活动将以一种更分散的、渐进的、精细的方式呈现，建筑学将不

1　基础设施城市主义涌现于1990年代，正好处于解构主义理论占据建筑学主流的时期。解构主义与后现代主义中的文脉主义是整个20世纪后期极具影响力的理论，但是这一理论与当时商业资本的兴起同步，即将空间视为主题化的体验，而忽视其超出体验功能的其他社会服务功能。举例来说，商业资本下的后现代主义过于注重将形式打包为某种可以符号化的环境，只关心这一环境代表了什么，而不关心它事实上是什么。基础设施城市主义希望以基础设施为阵地，重拾现代主义的社会理想。

2　新自由主义（Neoliberalism）又译为新古典自由主义，是以放松管制、私有化、自由贸易、自由市场为特征的政治经济实践与理论，在1980年代开始兴起，以里根与撒切尔治期的英美世界为标志。在建成环境上的表现就是主张城市机动性，消弭城市社区边界，均质化基础设施资源。但是这种均质化的空间想象并不符合复杂的城市地理环境的真实状况。“新古典自由主义”与“社会自由主义”（New Liberalism或Social Liberalism）有区别，不可混淆，后者更主张政府对社会公正的干预。

3　1980年代欧美转向新自由主义政治经济政策后，公共基础设施投资停滞不前。美国基础设施崩塌事件不断发生，如卡特里娜飓风造成的新奥尔良海岸溃堤，明尼阿波利斯的断桥事件，华盛顿州的铁路脱轨，近年不断发生的断电、雪灾、内涝与洪水等。美国土木工程师协会在2017年的报告中把美国的基础设施整体状况评为“D+”级。D级是该协会对基础设施评级的倒数第二级。根据协会官网的解释，D级是指“基础设施条件处在较差和尚可之间，大多情况下低于标准水平”。

得不与各种建设主体紧密合作，建筑学体系也将接纳各种社会与技术运作机制的知识。为了更紧密地介入公共空间与建成环境的质量，建筑学开始向社会、材料、环境与信息等学科学习最新的方法，同时也开始反思建筑学在普遍的现代性讨论中的地位。

基础设施也可以为现代性这一建筑学理论史的恒久话题带来新的方法与视角。自20世纪晚期以来，现代性是以复数形式出现的，不同的文化区域有不同的现代性经验。复数的现代性可以区分强势现代主义叙事背后不同文化的现代化过程中的特征。在后结构主义与后殖民主义的语境中，至今没有就现代性体验中多样性与普遍性之间的关系达成共识，尤其各种第三世界的现代化叙事都各自宣称是普遍的现代主义话语的“例外”（alternative），而这些不同文化的地域范例之间却缺乏相互对话，无法构成一个整体[1]。以基础设施为核心的现当代建筑历史研究可能会破解这一困局，因为基础设施的功能在复数的现代性情况下显示出极大的普遍性。基础设施作为一种超越部门、领域与边界的系统是理解各种现代性的变体的关键，它能够吹散弥漫在现代性讨论上的意识形态迷雾与文化差异翳霾，揭露眼花缭乱的形式语言后的社会与技术纲领。现代性的基本价值标准——机动、健康、通达、自由等，依然是考察建筑学在新的基础设施条件下介入公共领域的切入点。

1 “例外”（alternative）是建筑学试图在“现代–传统”或“普遍–特殊”等二元对立中寻找第三条道路的探索。库哈斯的纽约研究、非洲研究与珠江三角洲研究都是从精英建筑学视野以外寻找新的空间类型的努力。近期，大量的亚非拉地域主义现代建筑范例也进入西方建筑学视野，构成了一种独特审美，但是这些地域范例之间尚未构成相互对话，也无法构成一个现代建筑面貌的整体。

3 基础设施研究的术语流变

建筑学中的基础设施研究形成了一套术语体系，一方面从相邻的城市社会学吸收概念，另一方面也从环境、地理、景观、工程等学科领域借鉴工具与方法，这些术语包括两类，一类尝试定义一种新空间类型，如卡斯特尔（Manuel Castells）的“流动空间”（Space of Flows）、塞内特的“竞夺空间”（Contested Space）、德赛都（Michel de Certeau）与马克·奥吉（Marc Auge）的“非场所”等（Non-place），另一类术语尝试定义上述空间类型的功能与行为，如连通、可达、流动等。例如，弗兰普顿所提出的“巨型地形”（Megaform）概念是继班纳姆（Reyner Banham）的“巨型结构”（Megastructure）之后，第一次对当代的建成环境现象进行普遍描述的工具，是对巨型建筑与巨型景观结合所构成的新空间类型的归纳。弗兰普顿发现地形已经取代结构，成为当代大体量的空间干预的重要领域[2]。曼努埃尔·德索拉–莫拉莱斯（Manuel de Solà-Morales）与拉斐尔·莫内欧（Rafael

2 弗兰普顿在其《作为城市景观的巨型地形》小册子中对巨型结构与巨型地形的区别作了详细的阐述。他认为虽然巨型结构与巨型地形都以体量巨大为特征，但是巨型结构对独特的结构秩序极为强调，其形式表达往往通过清晰可见的结构逻辑与周边环境卓然区分，而巨型地形则不以表达独特结构为目的，它创造了一种融合于环境的整体地形，并且其功能机制也与整个城市环境无缝连接。弗兰普顿的演讲有多个版本，这里引用的是他于1999年在密歇根大学的劳尔·瓦伦堡主题演讲所出版的单行本。

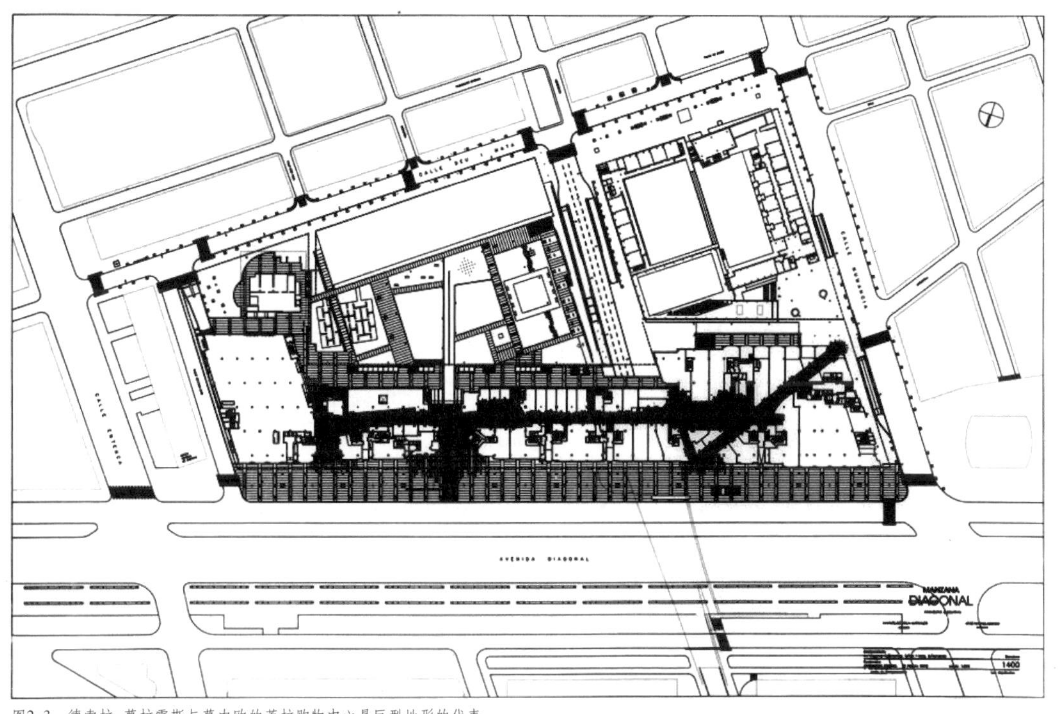

图2-3　德索拉-莫拉雷斯与莫内欧的莱拉购物中心是巨型地形的代表

Moneo）的莱拉购物中心是巨型地形的典型代表，这个建筑占据了数个街区，并融入街道环境，形成了自身的地形面貌（图2-3）。根据弗兰普顿的描述，巨型地形的特征是混合功能、连续地表与水平延展，这些概念正好归纳了前者的功能与行为，并与已经沿用一段时间的巨型结构概念相区别。

当代的基础设施研究必须建立起一套新的术语系统，它应当既包括经典现代建筑历史中的环境、技术与空间现象，也包含那些地域性的现代建筑研究中的独特案例，并且应当在考察它们之间的关系之余夯实学科内的知识。这些术语必须围绕现代性讨论中的公共价值与效能标准，借此基础设施研究才能够获取建筑学学科层面的正当性。

从广泛的建成环境学科借鉴概念是基础设施研究建立其话语体系的一个捷径，学界对于建成环境史的关注相对滞后，但是从建筑学研究逐渐转向更广泛的建成环境研究已经是一个全球趋势，这些研究关注整个人类居住地表的重塑活动，包括它的各种建成物对象与系统以及其影响波及的地形、气候、生态与媒介环境。由于基础设施涉及广泛的建成环境领域，必须对其所关注的关键术语进行适当的知识考古，以厘清不同概念之间的承继、演变与交叉关系。下文将以基础设施研究中常用的“地形”“边界”“全景”与“触媒”等空间类型为例，讨论它的研究范畴变迁以及其对建筑学科的贡献。上述几种空间类型也表达了基础设施在城市环境中的多样表现及其形成动因。

3.1 地形

研究地球表面的三维起伏的地形学（Topography）以及与其密切联系、研究地表动力过程的地貌学（Geomorphology）经由景观城市主义与城市形态学逐渐引入建筑学的讨论领域。在建筑学话语中的地形观念已经逐渐超越了它在地理地质学中的含义，也脱离了它与建筑之间预设的图底关系，变成一种包括景观、建筑与各种构筑物的整合的空间样态。当代建筑学讨论中的地形观多来自景观建筑学，也来自建筑理论学者对齐美尔、本雅明与克拉考尔等 20 世纪早期文化研究学者的再考古。例如，维德勒（Anthony Vidler）发现这几位德语学者都对现代室内公共空间（拱廊、大堂、剧院等）的出现有着深刻的批判，并将研究室外自然景观的方法引入这些大型室内场所的研究中。室内化的公共空间构成了一种提供匿名活动的场地，各种分散的活动可以自由地发生在这类场所中，每个人都是与他人无关的看客，自身的活动也是别人眼中的剧情。克拉考尔将宾馆大厅视为一种“存在性地形”（Existential Topography），是一些无关的物体与事件在异化的都会生活中的人为地、偶然地汇聚，这种空间的匿名性与碎片化特征颠覆了传统社会中人类活动与地表的紧密关系。与克拉考尔不同的是，本雅明的地形观包含了整个城市环境，在拱廊研究之外，他对各种构成整体地形的城市场所都有敏锐的观察与论述，比如他曾将意大利那不勒斯的城市形态总结为一种“多孔性城市”（Porous City），即室内外、公共私有交错的整合性环境[1]。

1 本雅明认为那不勒斯是传统的欧洲城镇的典型代表，是一种私人领域和公共领域互相混合、不分彼此的城市形态。

齐美尔、本雅明与克拉考尔等人所建立的这一新城市地形学与 19 世纪末的“大都会”（Metropolis）城市形态的涌现密切相关。在现代主义发生的前夜，高速发展的城市基础设施就已经为当时的西方城市环境不停地注入新形式。由于摩天楼等容纳超量人群活动的空间机器的出现，大容量的基础设施构筑物与传统的城市肌理之间的矛盾日益凸显，建筑学急需寻找一种新的方式来利用城市的近地表空间。19—20 世纪之交的建筑师依然会尽力协调这些基础设施空间在

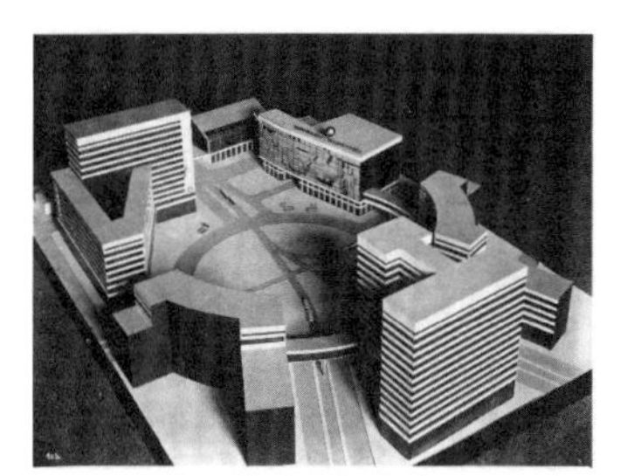
图2-4 马丁·瓦格纳设计的柏林亚历山大广场

速度、体积与组织层面对既有城市构成方式的冲击，创造出许多新城市空间类型。例如，法国建筑师伊纳尔（Eugène Hénard）设计的环形交叉口、立交方式及街心下沉广场；建筑师丹尼尔·伯恩汉姆（Daniel Burnham）设计的芝加哥的多层瓦克车道；纽约工程师威格斯（William Wilgus）设计的纽约大中央车站；马丁·瓦格纳（Martin Wagner）设计的柏林亚历山大广场等（图 2-4）。在这些建成项目之外，一些空想的立体城市方案不断涌现，这包括圣埃利亚（Antonio Sant' Elia）的新城市系列；胡德（Raymond Hood）与科贝（Harvey Wiley Colbett）的“塔之城”立体城市方案与柯布西耶的阿尔及尔公路城等（图 2-5）。在这些思潮的演变过程中，可以发现空间的具体物质性的不断消失与尺度观念的模糊化，现代主义建筑思想正是在这一过程中重新定义了建筑学与场地的关系，将看似自证自明的建筑组织形式凌驾在复杂的地表景观之上，1960 年代的巨构运动与新先锋主义的潮起潮落均与此相关。第二次世界大战后的英国新城镇中心设计中，随着交通枢纽与市镇中心的重合，步行专区（Pedestrian Precinct）的概念逐渐流行，这一概念通过高程区隔完全隔离步行与车行系统，将步行空间“折叠”为多个城市基面与连续可达的网络，这是一种形成完全人工化地表的设计策略。这一多基面城市概念后来深刻影响了港英政府统治下的香港的城市规划与建设模式（第二篇第九章将详细阐述）。

1990 年代，随着高速公路、大型车站、带形景观设施与巨型商业中心等大型基础设施的蔓延，以分隔的街区与单个的地块为操作对象的区划条例（Zoning Codes）逐渐失效。于是，新兴的景观建筑学开始对地形话语进行密集的再挖掘。景观城市主义的代

图2-5 柯布西耶的阿尔及尔公路城

表如詹姆斯·科纳（James Corner）、查尔斯·瓦德海姆（Charles Waldheim）、斯坦·艾伦与阿列克斯·瓦尔（Alex Wall）等人的理论与实践代表了对经典现代性讨论的关切。尽管景观城市主义对基础设施的兴趣与美国的灾后重建与后工业城市复兴的现实需求密切相关，前者也从后者的运行中获取支持、动力与实践经验，但是它的立论基础依然是从学科自身的需求出发，其初衷是要消除现代主义建筑对环境的漠视，消解构筑物与场地二元对立关系，并重塑建成环境的连续性。造成这种超建筑尺度的连续性的往往是大型基础设施节点（如大型交通换乘站、运河驳岸、机场综合体、医院与购物中心等），因此这些大型机构的运作方式就成为构建城市环境连续性的重要途径。近期，地形的复杂性与不断发展的参数化方法结合，地形地貌学中的动力机制逐渐成为一种新找形工具，城市景观内多对象、多系统的交错浓缩为一种可感知的形式规律。

3.2 边界

边界是一种特殊的基础设施类型。哲学家理查德·塞内特定义了空间中的两种边界——边境（border）与分界（boundary），前者是发生密集交往活动的、有厚度的领域，后者是僵硬的界线。边界所分割的区域是领域（territory）。关于领域与边界的物质环境研究起源于欧洲的一体化进程，这一讨论逐渐延伸到一切人为的区域划界与物权主体之间的矛盾。20世纪初，随着现代国家关系和行政体系的形成，曾经指一片区域面的边疆（frontier）变成了线性的边界。在国家之间，各种协定与文书将边界强加在连续的地表之上。在国家内部，由于阶层人群分化形成的社区边界也日益固化，公路与铁路插入既有的邻里社区肌体，加速了社会与空间的碎片化。其中，柏林墙、德国－波兰边界、美国－墨西哥边界等一度是边界空间研究的关注点。“墙”是边界的最主要构筑物，是边境收窄为线性空间的表现。除了具体的墙，庞大的交通设施已经成为当代建成环境中的隐形边界。塞内特认为，虽然速度与运动是空间现代性的重要特征，但是高速运动的交通流本身也形成了一道厚墙，比如高速公路、铁路与河流等就隔开了不同的社区，但是在一定的空间措施下，基础设施形成的边界和场所之间可以互换，边界通过改造也可以成为新的场所。

建筑学对于领域与边界的再发现可以追溯到1972年，当时还是建筑联盟学院学生的雷姆·库哈斯（Rem Koolhaas）向学校递交了

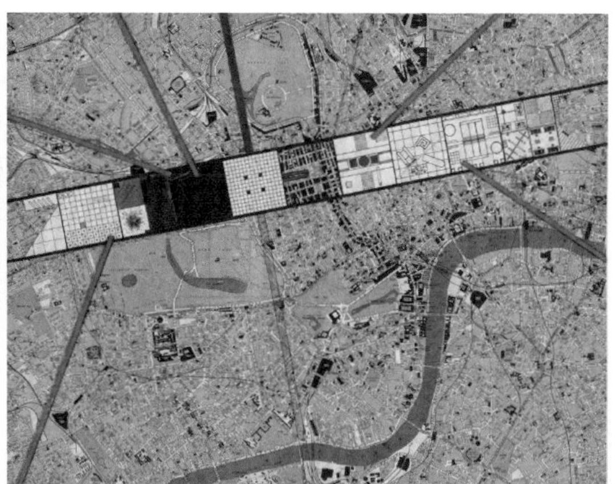

图2-6 库哈斯的“逃亡，或建筑的志愿囚徒”

一个名为“逃亡，或建筑的志愿囚徒”（Exodus, or the Voluntary Prisoners of Architecture）的毕业设计项目（图 2-6）。在这个毕业设计中，库哈斯设想了一个分裂成“善”与“恶”两级的伦敦。社区质量的差异驱动着“恶”伦敦的居民向“善”伦敦逃亡。“恶”伦敦的当局者不得不在两个伦敦间筑起一堵高墙，无疑这堵墙是对当时还没有被推倒的柏林墙的隐喻。然而，库哈斯所描绘的这堵想象中的“伦敦墙”其实是一个带形主题公园，公园具有各式各样的活动形式，为从“恶”伦敦逃出的居民疗治心理创伤，于是一堵隐喻的墙变成了一座游乐园，这是一种对后现代文化现象的戏剧性描绘以及对建筑的终极命运的展示。库哈斯的城市寓言表达了对后现代文化环境的指涉：在第二次世界大战后 20 年间，建筑学早已不是早期现代主义实践者所掌控的重构社会物质分配的武器，而是被动成为或协调分歧、或规避变革的工具。建筑基本上成为一种隔离差异的樊篱，将每个人限定在看似和谐的自我世界里，人成了建筑空间的“志愿囚徒”。

将边界改造为一种新社区形态的计划在过去几十年不断涌现。库哈斯在 1980 年代早期就开始对柏林墙进行假想性的改造。1988 年，OMA 事务所获得了“欧洲里尔”项目的委托，“欧洲里尔”将位于跨国界地带的高速列车（TGV）枢纽改造为新的文化事件中心，成为对库哈斯边界理论的背书。美国－墨西哥边界的圣迭哥－提华纳都会区（San Diego-Tijuana），中国的珠江三角洲陆－港、陆－澳边界区的基础设施节点成为高容量发展的增长点。边界基础设施枢纽往往受益于两侧的要素价格差异，并且借由保持边界的选择渗透性获取超常规的高密度发展，在传统的边疆地带形成了新的构筑物群落。即使在国家内部行政边界上也有这类现象发生，如上海 - 江苏省界的安亭 - 花桥两镇发展区，花桥地区地铁、高铁、公路、商业设施的密集交叉促成了独特的跨界高密度建成区域。在既有的行政区划导致的两地人力价格差距下，安亭 - 花桥成为类似于早期深圳罗湖的边界门户枢纽。库哈斯的边界墙模型不仅具有字面上的形式启示意义，也宣示了社会压力差下的边界空间潜力。

3.3 全景

本雅明在《拱廊计划》（*The Arcades Project*）中描述了四通八达的巴黎拱廊市场，他将这些具有内部微环境的公共空间称为“全景”（panorama）。这一概念是本雅明所谓的“内部”（interieur）理论的基础。“内部”不等同于室内空间，它起源于 19 世纪的街道的变异，当城市的夹弄巷道演化为拱廊市场，原来非公非私的模糊领域变成了一个展示琳琅满目商品的殿堂，因此内部可以概括所有缩微景观化的室内外空间。除了拱廊，百货公司、林荫大道、玻璃展览大厅、全景舞台等工业革命时代的城市空间对象均被本雅明视为一种消费性的全景空间。1850 年建成的巴黎中央市场（Les Halles）就是这种室内公共空间的代表。全景空间是 19 世纪的一系列工程技术发展的结晶，这包括照明与采暖、地面排水设施、铸铁与玻璃切割技术、物流与商品交易方式等。这些技术在传统意义上的室外空间创造出一个浓缩的气候环境与社会景观，商品的排列与交易方式成为组织空间的线索，商品的展示本身成为一种可以被消费与赏玩的审美对象。

在当代建筑学术语中，全景拱廊被称为“中庭”（atrium），这是一个更中性的技术词语，它掩盖了这个术语背后所涉及的基础设施革新，尤其是气候调节技术、物流系统与商品展示交易系统，后者在当代正在被更新颖的线上购物方式取代。另一个与之相关的术语是“裙楼”（podium），裙楼是路德维希·希尔贝西默（Ludwig Hilberseimer）的发明，在他的高楼城市（Hochhausstadt）方案中，裙楼成为一种基础设施，裙楼之间通过天桥连接，楼顶成为贯通的供公共活动的平台。希尔贝西默并没有说明裙楼的功能，真正将裙楼变成一种拱廊式的连续室内公共空间的是以香港为代表的亚太地区建筑师的群体实践，香港的建筑规范中对容积率与覆盖率的规定决定了裙楼所能达到的最大经济效益。大概从 1970 年代末开始，作为裙楼的贯通室内中庭空间开始在香港流行，它们通过天桥连通，形成了第二地表。这种裙楼-塔楼的开发模式逐渐影响到环太平洋的其他城市，比如加拿大的温哥华[1]。但是，北美城市极少有纯商业裙楼，典型案例只有纽约的时代华纳中心。裙楼更多是为了维持临街建筑比例（形成欧洲式的统一檐口高度），协调塔楼与街道的空间关系并实现经济利益。

1 经过本书作者多方求证，商业裙房与塔楼的结合是东南亚大都市在20世纪中叶所发展出来的独有空间类型。其他地区，尤其是欧美地区的裙房-塔楼形式几乎都是亚洲模式的迁移与发展。"podium"一词在东亚与东南亚地区以外并无中文中裙楼的含义。

一个全景空间的经典案例是建筑师波特曼（John Portman）设计的洛杉矶波拿文都拉宾馆。波拿文都拉宾馆位于洛杉矶中央商务区，其六层中庭包裹着一个巨大的贯通空间，拥有垂直电梯、自动扶梯与旋转楼梯等各种垂直交通方式。詹明信（Fredric Jameson）将其视为后现代主义空间的代表，它是一种"整体性空间"（total space），是一个缩微世界或真实世界的替身，它不设正常的出入口，仅仅通过有限的通道与周围的建筑与街道连接。无论包裹着怎样的形式外衣，全景式空间的内部是供观赏与游览的消费空间，这些消费空间仅供展示，这决定了全景空间的基础设施属性。为全景空间提供支撑的技术措施全都消隐了，其维护结构与技术措施作为基础设施隐藏在丰富的室内展示物之后，空间使用者永远只能感受它的舞台般的内部界面，如同澳门与拉斯维加斯的"威尼斯人"赌场，它们巨大的外部躯壳与装饰化的内部场景没有任何联系。如果这些全景空间搭接上全球基础设施（包括空间、信息、媒介与市场），它们就会串联为一个巨大的内部化网络，庞大的规模无法掩盖全景空间的自闭性，它预示着网络化的消费空间所能构成的社会关系拓扑结构（图 2-7）。

3.4 触媒

"触媒"是那些可以激发系统性变化的空间干预行为。关于触媒的讨论可以追溯到伯纳德·屈米（Bernard Tschumi）在 1972 年所写的关于"环境促发器"（environmental trigger）的一系列文章。屈米认为建筑不仅是容纳活动的态度中立的空间，而且是塑造新的生活方式并激发社会变革的工具。屈米的拉维赖特公园从实践上诠释了触媒激发城市变革的规律。围绕盖里（Frank Owen Gehry）的毕尔巴鄂古根海姆博物馆的"毕尔巴鄂效应"的讨论将"触媒"概念的认知推到了新的高度。毕尔巴鄂古根海姆博物馆对毕尔巴鄂城市更新的推动作用激发了许多经济学层面的讨论，但是在《纽约时报》（*The New York Times*）的建筑评论家慕尚（Herbert Muschamp）看来，毕尔巴

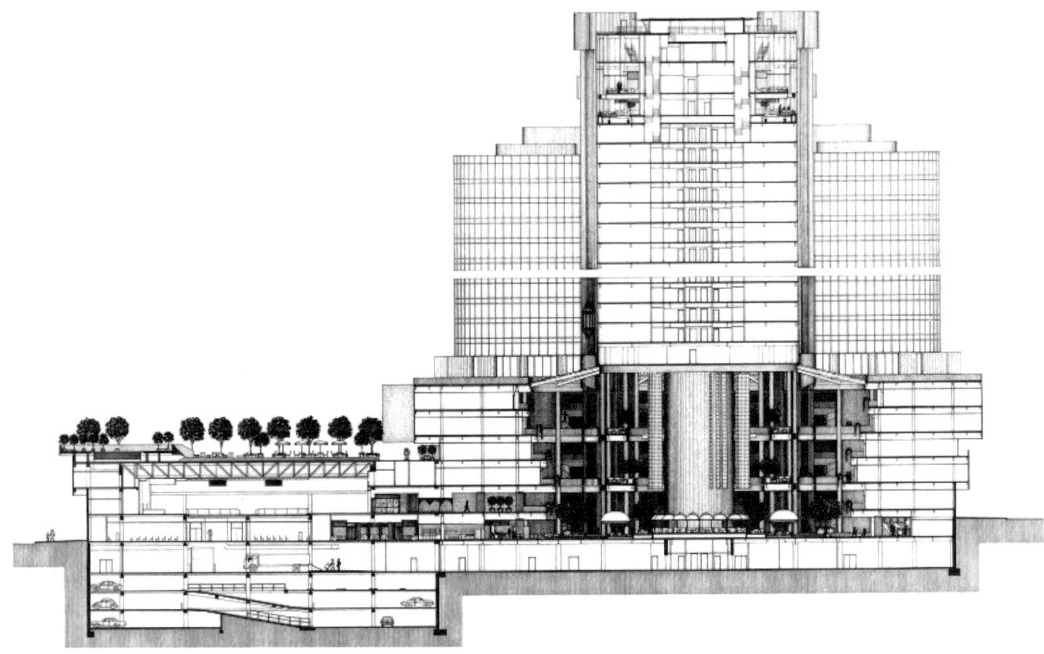

图2-7　波特曼的洛杉矶波拿文都拉宾馆的中庭是巨大的全景空间

图2-8　毕尔巴鄂古根海姆博物馆

鄂古根海姆博物馆扭曲夸张的形式其实降低了解读它的门槛，它将建筑从一种纪念物拉回到与身体发生关系的基本装置，它抹平了曾经强加于建筑之上的文化负担，一座博物馆最终变成了供消费、游戏与娱乐的基础设施（图 2-8）。

城市触媒的概念在城市学家黛娜・卡夫所编著的《快进城市主义》（*Fast-Forward Urbanism*）一书中得到了更深入的阐发。在《介绍》一章，她详细阐述了美国城市实践经验相对于经典欧洲城市主义的特殊性，在一系列针对城市更新实践的原则中，基础设施可以是一种触媒，它应该从一种必需品变成一种可以影响城市物流形式与集聚方式的工具。凯拉・伊斯特林将形式分为对象性形式（objective form）与主动性形式（active form）两种类型。她认为在社区设计单个住宅就是制造对象性形式，无论赋予住宅怎样的形式，它都无法撬动改变。但是电梯或高速公路这类技术就是一种主动性形式，这种空间形式会激发连锁反应，改变关于空间的协议进而产生衍生的空间行为。卡夫和伊斯特林的触媒观都是美式实用主义的产物。实用主义（Pragmatism）是流行于一批城市研究者中的操作性实用哲学。这种规划不设定终极任务，也不固守任何非黑即白的理念。它既不抛弃乌托邦式的完美理想，也不屈从于紊乱的城市现实。美国实用主义城市规划较少通过对城市形态与尺度的细节进行设定，而是通过对能够激发城市良性链式变化与撬动资本链的触媒进行重点规划。

如果建筑学要从基础设施那里学习一些方法的话，操控基础设施的不仅仅是工程图纸，而是一系列的技术、协议、规则与各种社会关系，这些既有社会关系就是触媒需要干预的对象。城市智库团队（Urban Think Tank）所设计的位于委内瑞拉卡拉卡斯的悬挂式单轨列车是一个典型的利用空间再造的手段以撬动社区更新的案例。在这个案例中，位于山坡的贫民社区因缺乏交通服务无法与城市其他部分发生交往联系，而悬挂式单轨列车突破了现有地形的限制，解决了高密度的贫民区的交通问题，同时创造了一种主动性形式。车站还形成了一种公共交通影响域，以便插入运动场、剧院等公共活动空间，以激发社区的良性发展。在此，建筑学突破了作为语言学意义上的形式游戏的单一功能，也突破信息与符号的界限产生了社会效益。这种空间干预的溢出效应已经证明了建筑学的工作内容并非是价值中立的。一旦建筑学介入基础设施，它的社会效应会成倍增长（图 2-9、图 2-10）。

图2-9　城市智库设计的委内瑞拉卡拉卡斯悬挂式轻轨站

图2-10　城市智库设计的委内瑞拉卡拉卡斯悬挂式轻轨站建成实景

4 结语

虽然基础设施与整个现代化历史与现代性话语密不可分，我们依然需要认清这个话题产生的特定时空背景，这有利于我们理解它的纲领与意义。由基础设施主导的城市研究在美国的崛起，并成为新城市主义与景观城市主义之后的美国城市学研究新思潮，是在两个相互关联的背景下发生的。其中一个背景是里根 - 撒切尔时代所开创的新自由主义经济的崩溃。在空间层面与这种崩溃相佐证的事实是整个美国基础设施的老化与城市社区的碎片化与疏离。斯坦 • 艾伦等学者认为，新自由主义经济在文化领域的等价体——建筑学的符号化与形式主义趋向终结了建筑学作为社会价值的积极创建者的社会地位。另一个背景来自现当代建筑史研究潮流的推动。近年的美国学术圈对福利资本主义时代的新先锋主义运动产生了浓厚的兴趣。大量的专著开始介绍已经沉寂了多年的发端自欧洲的新先锋主义运动，而基础设施问题是新先锋主义运动的重要关注对象。在这些情绪背后是对 19 世纪之前建筑师主导公共领域营造时代的留恋。但是，建筑师已经不可能回到劳动分工模糊的前现代时期，21 世纪的城市更新项目往往涉及广泛的知识门类，问题的多学科化与复杂的工种合作之间的矛盾日益凸显。因此，建筑学应该设定基本的学科态度与方法论以将关于基础设施的知识纳入学科体系中。

近年，西方建筑学脱离公共政策的焦虑已经蔓延到国内，2008 年金融危机时欧美建筑学与城市规划所遭遇的一系列问题都很快有了它们的中国本土版本，经济的转型升级压力迅速向空间层面渗透，在大城市，生产空间向消费与游憩空间的转型需求十分迫切（工业遗产更新就是一例），既往各行其是的基础设施系统在空间更新的压力下寻求互相协调整合的可能，这对专业人士的知识结构的重构，对广义建成环境学科的研究对象的再定义，对空间干预的前沿领域的拓展，都提出了新的要求：

（1）由于劳动分工细化所造成的建筑师设计劳动价值萎缩，建筑师逐渐失去了参与现代化进程与城市更新的话语权，建筑师传统的“画空间”技术显得不合时宜，参数化找形与性能驱动设计、设计信息共享管理与预制建造技术等都是对这个问题的多种反应措施。除了对工具进行革命，建筑学的对象也需要向公共领域拓展。

（2）交通、环境、生态、物流与信息等基础设施网络变得非常强大，它们可以忽略既有的城市肌理而自行扩张，社区必须跟随基础设施以取得发展。由于基础设施的复杂度与组织形式早就超越了传统的功能区划与规划总图所能掌控的领域，目前的建筑学与城市规划对基础设施的控制依然缺乏有效工具。在形式上，基础设施往往被分解为相对友好的用户界面（端口）与黑箱式的后勤系统（后台），传统的建筑学对处理用户界面尚能应付，而对背后的深层运作机制往往不求甚解[1]。建筑学应该对包括两者在内的整个空间体系建立相关的术语系统与研究框架。

1 这一关系可以类比空间的可见、可互动的端口部分，与不可见的后台运作部分，例如地铁车站的月台与车辆段之间，垃圾投放的社区内垃圾站与垃圾处理系统之间，雨水花园与其溢流储水系统之间的关系，等等。

（3）中国改革开放后的40年高速城市化时期的基础设施建设暂时缓解了急速城市化带来的人口与交通压力，但是这些设施的仓促规划与建设也造成了新的城市病症。许多交通设施刚投入使用即显过时。道路桥隧、轻轨地铁、仓储物流与停车设施等各种基础设施所形成的“模糊领域”变成藏污纳垢之地，并且割裂了有机的城市社区。部分基础设施较长的结构设计年限与其快速更新的要求正在发生矛盾。基础设施在城市图底关系中的消极地位应该被改变，模糊领域必须变为积极的公共空间以求进入城市的前景。

这些本土上发生的趋势也是全球城市化境况的局部表现，这些矛盾的本质是建成环境相关各学科的封闭操作体系与城市持续现代化要求的脱节，也是公共诉求与学科价值的脱节。因此，以单一著作权（设计者拥有“设计”的完全著作权）、单一向度的设计—被设计关系、单一流程的设计—施工为核心价值的建筑学已经越来越无法适应基础设施引导的新时代。越来越多的空间干预需要面向普遍化的系统、网络与场景，在不断涌现的新需求中，建筑学不仅可以学习当代的城市形态发展趋势与规律，也可以发现新的机会与领域。传统的建筑学核心技能并非无所施展，例如，按照伊斯特林的主动性形式理论，基础设施这个庞然大物往往需要一个友善亲切的“代理人”或者一个展示其特征参数的界面并接受反馈，就如同机器需要一个操作界面，或者如同全球物流与市场需要一个中央商务区。这个映射的空间能够将基础设施的性能合理地转化为相应的体验，同时，这个终端部件同时也有机会成为城市触媒，它的空间组织与行为的变动会牵动整个基础设施系统乃至生活方式做出相应改变。

第三章 城市建筑学在中国的发展路径

罗西的《城市建筑学》（或译为《城市建筑》）以及它所裹挟的符号学、人类学与新理性主义传统在 1980 年代被引介到中国。《城市建筑学》在中国的转译促发了两种学术趋势：一是将建筑学从功能主义的决定论中解放出来，以面对城市各种部分之间的复杂多样的关系；二是解放了在城市中进行设计实践的工具集，从此建筑师将更加自由地运用历史谱系中的参考与指涉关系。从此中国的城市与建筑设计实践逐渐迎来了实验的繁荣。由此可见，这一系列理论的旅行、转译与流变过程构成了理解当今中国城市主义思想的重要注脚。

1 广义与狭义的城市建筑学

如果要为发端于美国的新城市主义寻找理论源泉，那么必然会涉及 1950 年代开始涌现的欧洲“新理性主义”（Neo-rationalism）。新理性主义运动以担任《美好家园》（*Casabella-Continuità*）杂志编辑的阿尔多・罗西为核心人员，包含了格拉西（Giorgio Grassi）、阿莫尼诺（Carlo Aymonino）、格里高蒂（Vittorio Gregotti）、翁格斯（Oswald Mathias Ungers）与克里尔兄弟等。某些评论家甚至会将与这些建筑师过从甚密的美国建筑师如罗伯特・斯特恩（Robert A. M. Stern）等也纳入广义的新理性主义运动中。“城市”是新理性主义的诸位主将所共同关注的场域，构成了认同一种建筑学类型的基础。列昂・克里尔直接介入早期的新城市主义运动并成为精神导师，而罗西则对中国 1980 年代的建筑学理论产生重大影响。对罗西的城市建筑学的研究可以秉承两种方法：一种是传记式、还原式的，回到最基本的原始文献；一种是反思式、考古式的，将这一思想在当代的回响视为一整套话语的滥觞，以层层剥离的方法审视特定时代背景下某一套理论的迁移与转型。本章将采用后一种方法。

自 1980 年代末首次得到引介至今，阿尔多·罗西的《城市建筑学》不断受到国内学界的广泛关注，对其解读角度、解读层次、解读深度也在不断变化。某种程度上来说，《城市建筑学》无论作为一本著作、一种方法论，还是一个学说，其翻译和解读的工作不仅深深影响过并持续影响着中国建筑理论界对于城市的解读以及城市设计和建筑设计等诸多领域，同时也在一定程度上折射出了 1980 年代以来新一轮“西学东渐”[1]中外国理论的引介及其在国内高校和学界中引发的一些时代景象，这些景象深刻地影响了今天我们所看到的诸多学术现状。因此，无论从纵向的历史轴线，还是横向的文本解读层面，我们都有必要对罗西的《城市建筑学》自 1986 年至今 30 余年来的引介状况及其所生发的一系列学科问题进行一个宏观的梳理和评述。

1 从严格的历史上讲，1980年代的“翻译热”并不算在明末以来的3次西学东渐之中。本书使用该词来指代1980年代出现的大规模的外国理论引介和翻译热潮。

2 城市建筑学引介背景综述

1980 年代可以说是中国现代史上思想异常活跃、文化极度蓬勃的一段时期。在“文化大革命”期间学术界长期的封闭和死寂之后，1980 年代对于在思想上迅速跟上世界发展的步伐，对于本土的民族性、地域性文化理论的需求日益强烈。作为人文学科中的一员，建筑学在 1980 年代的思想文化热潮中取得大量前所未有的进步。在这其中，外文论著的引介起到了不可低估的作用。一方面，许多海外学人的留学背景为理论引介提供了足够的支撑；另一方面，国内学界和各个高校对于国外理论的渴求也促使了理论引介的发生。

纵观 1980 年代文论翻译的情况，我们可以一定程度上认识到当时国内建筑学发展的理论倾向，并明确罗西及《城市建筑学》得到引进乃至在 1990 年代初得到翻译时的背景。在 1980 年代，被翻译引进的建筑类理论书籍主要集中在当时相当时兴的后现代主义、符号学和“三论”（信息论、系统论、控制论）上，例如《街道的美学》《后现代建筑语言》《现代建筑语言》《建筑的复杂性与矛盾性》等，学生们比较熟悉的建筑师也集中在勒·柯布西耶、格罗皮乌斯（Walter Gropius）、弗兰克·劳埃德·赖特、路易斯·康（Louis Kahn）、罗伯特·文丘里（Robert Venturi）、伯纳德·屈米、雷姆·库哈斯、彼得·艾森曼（Peter Eisenman）、黑川纪章、芦原义信、丹下健三等。总体而言，相比之下对于美国和日本的引进较多，对欧洲的引进较少。可以看到，这些外来理论的冲击对中国建筑师思想与实践都产生了非常深远的影响。一方面，它们反映了中国建筑师在长期的闭塞之后，急于赶上世界上最新的潮流以武装和充实自己的心态；另一方面，在一定程度上表现出当时建筑界对于如何协调全球化的现代文明与民族性的传统文化之间矛盾的思考。在这两方面动力的驱使下，后现代符号化的历史主义很大程度上成为中国建筑师借以解决问题的途径。

在国外建筑理论著作的翻译之外，1980 年代的一些核心期刊也起到了学术引介的重要作用。尤其对于许多在高校中的学生来说，杂志几乎是他们快速了解国外建筑师、了解前沿设计和理论知识的最有效途径。我们可以看到，今天常见的一些重要核心期刊，譬如《建筑师》《世界建筑》《时代建筑》《新建筑》《建筑学报》等，几乎都创刊或复刊于改革开放以后[1]。其中《世界建筑》是中国第一本学术性专业建筑期刊，长期引介大量西方理论，在 1980—1990 年代充当着思想启蒙者的角色。而罗西与《城市建筑学》一书及其类型学（Typology）与“类比性城市”（Analogous City）等概念第一次被系统地介绍也是在 1988 年第 6 期《世界建筑》登载的沈克宁的《意大利建筑师阿尔多・罗西》一文[2]。沈文援引了罗西的类比性城市思想来自弗洛伊德（Sigmund Freud）与荣格（Carl Gustav Jung）的观点，并认为“集体记忆”构成了罗西的类型学基础，同时也强调了“类比性”将空间部件抽离历史语境并加以并置的操作方法。

除却文论翻译的热潮和学术杂志的兴办这两个大背景之外，我们还可以看到 1980 年代的理论境况在其他方面对罗西著作引进和普及构成的条件。

（1）结构主义与符号学的话语引进。1980 年代西方的先进哲学、人类学和语言学理论引入了中国，这种转向在中国的各个人文社科领域都不同程度地引起了反响，在建筑学中，我们也可以看到许多理论家和建筑师都开始意识到了这一转向的重要意义。譬如在 1985 年项秉仁先生的博士论文中，有专门的章节谈到了“建筑符号学”的问题，后来他也曾多次撰文，试图借符号学的视角来解读当时的最新建筑创作[3]。这些观念，遑论是否在解读上达到了足够的深度，都于某种程度上形成了一个适于解读《城市建筑学》的话语底色。

1 《建筑师》创刊于1979年，《世界建筑》创刊于1980年，《新建筑》创刊于1983年，《时代建筑》创刊于1984年，《建筑学报》于1979年恢复名誉。

2 在1988年《世界建筑》由沈克宁撰写的《意大利建筑师阿尔多•罗西》中，该书译名为《城市建筑》，而非《城市建筑学》。

3 详见项秉仁博士论文《城镇建筑学基础理论研究（1985）》，以及相关文献如：《语言，符号及建筑》《再谈符号学与建筑创作》。

（2）环境概念的形成与“城镇建筑学”的提出。1980年代对于建成环境的理解开始有了新的突破，在这其中，“环境”概念的兴起便是非常重要的一件事。上述项秉仁先生的博士论文以“城镇建筑学”为题，主张将建筑及其城镇环境看作一个统一体来进行设计和解读，引用了大量与环境相关的城市理论，如凯文·林奇《城市的意象》（*The Image of the City*）、克里尔兄弟的类型学手法以及芦原义信《街道的美学》等。这种对于环境认识的提升，为关注建筑与城市之间的辩证关系的《城市建筑学》的引进提供了一定的话语条件。

（3）对后现代历史主义的反思与批判。后现代主义这一概念从未在我国的学术语境里真正得到公正有效的解读与批判，甚至在特定的历史时期下，由于当时建筑师对于“拯救中国建筑”和发扬传统的某些急功近利的想法，而造成了一大批急于求成、粗制滥造的建筑出现。到1980年代末，对于后现代主义的反思渐渐出现了。在一些描述罗西思想和城市建筑学的文章中，我们可以看到对罗西和文丘里的对比，罗西的城市态度和思想在某种程度上提供了以文丘里为代表的图像化手法之外的另一种视角。

（4）对于功能至上设计观念的挑战。自1953年以来，“单位社会”模式下的国有设计院成立，它们作为我国建筑设计中的主力军，从重工业建筑起家，主要服务于技术施工，建筑师少有自由创作的空间。大设计院长期处于把控地位，直到1980年代末才出现了最早的独立建筑事务所（设计事务所的合法化与注册建筑师制度有关）。《城市建筑学》中许多观念最初的引入，与试图打破国内单位住宅（简称“大院”或“单位大院”）中固有的功能至上观念有密不可分的关系。

以上4个条件以及总体的学术引介背景，为我们解读罗西及城市建筑学引介的缘起、过程和意义提供了一个相对完整的基础。同时，我们也应当看到，尽管1980年代理论引介有着相当积极良好的环境和条件，但由于在短时间内，1920—1980年代的大量理论以极度迅猛的姿态涌入了中国，许多理论也不可避免地存在囫囵吞枣、不求甚解、信息不对等、解读偏差等问题。在罗西及城市建筑学的引介中，也同样会或多或少地看到这样的现象。甚至直到今天，仍能听到资深学者指出它“从未得到引介，只能算是介绍”，它“在中国一直没有被深入研究”[1]。

1　此处来自对童明进行的访谈录音。

3 城市建筑学相关文献脉络梳理

1986 年，王丽方在《新建筑》中发表《意大利理性主义建筑师——阿尔多·罗西》，这是有关罗西及其理论的介绍第一次出现在国内的核心期刊中。这篇文章简略介绍了理性主义运动及其与罗西的关系，并第一次大致总结了罗西的建筑设计观念。同时，这篇文章里谈到了一些城市观念，例如城市公共建筑作为"推进性"要素或"病理性"要素等，还举例谈到了罗西对奈姆斯的圆形剧场的评述。这些内容很显然来自《城市建筑学》一书，但是这一篇文章的参考文献只有《建筑评论》（*Architectural Review*）杂志中彼得·巴赫楠（Peter Buchanan）所写的一篇关于罗西的介绍。

真正让罗西开始进入较广泛视野的是 1988 年沈克宁在《世界建筑》杂志上发表的《意大利建筑师阿尔多·罗西》。在这篇文章的介绍中，编辑提到"这是本刊首次就类型学的理论进行介绍"。沈克宁在撰写该稿件时的身份是"海外学人"，其参考的文献相对丰富，包括 1982 年的《城市建筑学》英文版，罗西的几篇论文，以及阿兰·科尔孔（Alan Colquhoun）、塔夫里（Manfredo Tafuri）、荣格、弗兰普顿等人的相关文献。沈文系统地介绍了罗西生平的 4 个阶段和他所受到的影响[1]，列举不同的理论家（弗兰普顿、科尔孔等）对理性主义的解读并提及了结构语言学对它的影响，介绍了《城市建筑》一书以及类型学和类比性城市的思想。

沈文对于《城市建筑学》中的城市观念并没有太多展开，主要论述的内容与王丽方 1986 年文献中的内容大同小异[2]；其主要精力放在了对类型学和类似性城市的阐述上。他从 19 世纪德·昆西（Quatremère de Quincy）对"模型"（model）与"类型"（type）的区分讲起[3]，一直谈到在他的理解中，罗西观念中的"类型"：

他认为建筑的内在本质是文化习俗的产物，文化的一部分是编译（码）进表现的形式中，绝大部分编译进类型中。这样，表现就是表层结构，类型则是深层结构，通过潜在的类型来认识建筑。他认为类型可以从历史中的建筑中抽取，抽取出来的必然是某种简化还原的产物（抽象的产物），因此它不同于任何一种历史上的建筑形式，但又具有历史因素，至少在本质上与历史相联系。这种精神和心理上的抽象得出的结果称之为"原型"，按荣格的观念，原型是共

1 在文章中谈到了罗西所受到的3方面思潮影响：一是阿尔甘（Giulio Carlo Argan）的历史主义和马克思主义著作《格罗庇乌斯和包康斯》（*Walter Gropius e la Bauhaus*）；二是阿多诺（Theodor Wiesengrund Adorno）对资本主义消费社会的批判即社会批判学说；三是佩斯（E. Pace）的现象学派对马克思著作的读解。

2 该文主要谈到了城市中的"持久性"体现在"住宅"和"纪念物"上；分析了住宅区的持久性和纪念建筑持久性的差别；介绍"推进性"要素；提到重要概念"城市制品"（urban artifact），并表示"城市建筑在集体记忆的心理学构造中被理解"。

3 其翻译中最后一句话有误。沈克宁翻译版本为"类型所模拟的总是情感和精神所认可的事物"，参照2016年第3期《时代建筑》上《战后建筑类型学的演变及其普遍模糊性》中的译法，正确译法应为"因此对类型的模仿并不会妨碍情感与智识的发挥"。

有的，这样类型学就与集体记忆联系起来，不断地将问题带回到建筑现象的根源上去。

可以看到，沈克宁抓住了建筑的形式生成（即源于类型）与精神、文化、历史之间的关系，这里从还原、结构、历史、心智等角度对罗西意义上的类型的解读已经相当准确和完善了。接下来，他又对“类似性城市”进行了介绍，对这一概念中荣格的“逻辑”（logical）与“类推”（analogical）概念进行了一段准确的文字翻译，并谈道：

实际上“类似性”的时间因素就是将顺序的时间叠合在一起，将不同历史时期的对象放在一起，使其在一个场面中同时出现。这样，原来的“历史性”（历时性）就成为“共时性”的表现了，原来的“纵组合”现在成为“横组合”，由此可见“类似性”思想深受结构主义的影响。类似性城市是从真实的城市中抽取出来的，它与真实的城市不一致，而与人的集体心智相一致。

就此，罗西的两个重要的城市概念以及其他一些相关理论观点，基本都在这篇文章中有比较清晰和深入地呈现了。文章最后对罗西的一些项目进行了介绍[1]，那一期《世界建筑》的封面也用了罗西的项目照片——威尼斯世界剧场。

1 主要介绍了加拉拉泰斯公寓、的里亚斯特地区事务局竞赛方案、提挈诺镇住宅、威尼斯世界剧场、摩德纳桑卡达尔多墓地5个项目。

沈克宁先生的文章中在解读城市建筑学理论时已经谈到了结构语言学、符号学的一些概念和视角，尽管其解读的重点基本放在相对抽象化的类型学和类似性城市概念而非观察城市与建筑的关系上。同时，他准确地判断到罗西的理论是“对现代主义的修正”。1990 年马清运在《建筑师》上发表了一篇梳理自 18 世纪以来类型学脉络的文章，在关于罗西的部分明确谈到“类型学对城市形式的分析作用。有些形式语汇根本不受功能制约，它们的使用可以从很大程度上改变城市的面貌，甚至比功能的影响更直接更突出”；1991 年沈克宁在《世界建筑》上发表一篇关于设计中的类型学的文章，则更加明确地讲到了罗西的类型学在设计中的应用方法：

类型学则注重“不变”，追寻建筑的内在本质。建筑的不变因素，进而将“静”与“动”联系起来考虑。探索“不变”与“变”之间的关系……对这些对象进行概括、抽象，并将历史上的某些具有典型特征的类型进行整理，抽取出一定的原形并结合其他建筑要素进行组合、拼贴、变形，或根据类型的基本思想进行设计，创造出既有“历史”意义，又能适应人类特定的生活方式，进而根据需要而进行变化的建筑。

1992年，朱锫发表《类型学与阿尔多·罗西》，基本沿用了沈克宁在1988年和1991年两篇文章中的大部分解读，并首次提出了罗西的理论所存在的地域局限性，同时也对其理论与实践的连贯性提出了质疑：

但作品本身却是冷漠的、难以理解的，甚至被一些名流学者称之为一种“空虚的圣洁”和一种“自身之论述”……他为了在作品中清晰地表达出类型学的概念，故而刻意追求建筑形体的抽象性，不采用任何装饰性细部，用近似“原型”的形体，让人们清楚地感觉到类型的存在。这些作品与其说是他的创作实践，不如说是他用来阐述类型学理论的图示……

朱锫敏锐地指出，罗西将建筑的自主性建立在抽象的环境中，他的作品更类似于其理论的某一极端情况下的图示，但却削弱了其理论的完整性。同一年，清华大学建筑学院教授关肇邺在有关自己的清华图书馆改造项目的文章《重要的是得体，不是豪华与新奇》中对比了罗西与文丘里，并表示自己的设计倾向于践行罗西的观念。这是自1980年代末以来第一次有文献将罗西的理论放入自己设计实践的解读之中。其中谈到文丘里“主要兴趣是注重表层意义的表达。他的作品表现为一种商业化的、世俗或大众的情趣”。文章中关肇邺认为自己的项目类似于罗西的类型学设计手段，不求漂亮新奇，只求延续清华人群的集体记忆：

它可以具有各种不同的形象，但都能被这一社会团组的人所认同和接受。虽然他们可能从未见过这一具体形象，但能辨别或承认它是属于某个他们所熟悉的城市或环境的……我追求的目标就是建造一个能为清华人，包括离校多年的老校友所能认同和接受的建筑和环境；使人们在不确知其为何地的情况下能判定它应该是清华园中的一部分。

这篇文章的立场表现出1990年代初对于后现代主义的批判性反思，罗西的类型学理论开始被看作一种不只是理论本身，而是可以运用到具体实践中的具有批判性的方法论，以其强大的集体记忆、类型、环境概念，辅助了在设计中求“得体”而不求“新奇”的态度。需要指出的是，这一时期的中国建筑师与学者相对强调罗西城市建筑学的批判、反思乃至自我矛盾的一面，而同时期的美国建筑理论圈却更强调整个新理性主义运动对建筑设计的历史连续性的规范，以及对历史形式的实证研究，这可能与克里尔在美国不遗余力的活动有更大的关系，后者的解读倾向使得整个新理性主义的面貌更趋近于历史主义而非现代主义，更融入美国 1970 年代以后的后现代主义思潮。新理性主义的“理性”一词使得类型学理论具有了先验色彩，这迷惑了大量中文译介者。

至此，中国学界关于罗西理论的解读基本基于 1982 年出版的《城市建筑》英文版文献。尽管在这一时段，一些建筑师和理论家（如汪坦先生）对罗西论著的引介起到了功不可没的作用，然而原著资料的匮乏仍然使得多数人很难真正对城市建筑学有所了解。1992 年，施植明先生由法文版翻译而来的台译本《城市建筑》发行，许多大陆高校的学生都在第二年买到了该书的影印本。罗西与城市建筑学开始进入了更加大众化的普及阶段。但在此之后的许多年间，主要相关文献仍以参考英译本的《城市建筑学》为主。

在 1980 年代末 1990 年代初，对于这本书的讨论还主要围绕类型学的问题，或者说，是基于功能－形式关系和历史－形式关系的问题。到 1990 年代末之后，关于类型学的讨论还在继续，例如汪丽君在《以类型从事建构：类型学设计方法与建筑形态的构成》中，谈到用索绪尔（Ferdinand de Saussure）语言学中的语言新形式生成途径来类比罗西的类型学生成形式的方法；沈克宁也于 2006 年撰写《重温类型学》，从更加广阔的维度来解读罗西的类型学，并引入了“元逻辑”“元设计”“元理论衡量”等相关概念。类型学方面的解读，自罗西与城市建筑学被引介开始便从未停止过，然而这一时期更让我们关注的是，有关解读城市的视角也开始渐渐建立起来。例如 1999 年敬东和吴志强发表的相关文献中，都谈到了通过城市建筑学或都市建筑学的观念来解读城市或进行城市设计；在郭恒、杨桦的《评〈城市建筑学〉——阿尔多·罗西审视城市价值》一文中也着重强调了罗西的城市视角。

2006 年，黄士钧所译大陆版《城市建筑学》由中国建筑工业出版社正式出版。这一版本将自罗西被引介以来惯用的译名“城市建筑”改为了“城市建筑学”。事实上，早在近 10 年前，黄士钧对该书的翻译工作就已经完成了。有趣的是，这本书在未出版之前，就已经深刻地启发到了它的一位读者，并就此开启了城市建筑学理论的学术化解读。这位读者便是2012年普利兹克奖获得者王澍。1990年代后期，王澍拿到了黄士钧版《城市建筑学》的未出版稿，并在对此书解读的基础上，于2000年完成博士论文《虚构城市》。尽管存在一些个人化解读的倾向，但是这篇论文深刻地揭示了关于《城市建筑学》的一个事实——结构主义语言学的方法在书中不仅仅作为一个参考，而是作为整本书的基本方法论、深层原理而存在。因此，即使罗西仅仅在书的开头提及索绪尔，但以索绪尔的结构语言学为基础的、考察深层关系而非表面词汇的方法论，构成了全书的“原理之原理”，如刘东洋文中所言：

他觉得罗西的这种分类法更像是索绪尔对言说声音的分类方式，更为重要的是，这种分类法揭示了一种索绪尔语言学那种解剖性思维的特征：无论是共时性，还是历时性，它们都是如何在剖面上看待语言的构成成分与相应演化过程的解剖性思维。这也是罗西对于“城市”与“建筑”所要进行的切面。所以，罗西“尽管只在序言中直接提及，但索绪尔的结构语言学原理实际上贯穿全书，可以被看作是这本书基础的基础，原理的原理”。

尽管王澍在博士论文中，更多是在结构语言学的层面上解读了罗西之后，转而与之分道扬镳，走上了自己的道路，但是他的解读仍然为我们提供了一个从“语言学转向”来深层理解《城市建筑学》的视角。与之前许多年的文献中所表现出的相对准确而表面化的解读相比，21世纪的开端某种程度上开启了关于城市建筑学的更加学术化理论化的分析讨论。2007年，曾多次反复阅读《城市建筑学》的童明发表《罗西与〈城市建筑〉》一文，尽管当时黄士钧的版本已经出版，但是童明并不赞成将该书翻译作“城市建筑学”，在他看来，这本书讨论的是一种关系，而不是一个学说：

《城市建筑》的意大利原文是“*L' architectura della citta*”，英文译名为“*The Architecture of the City*”，这表明文章所讨论的对象为建筑，而城市则是建筑的定语，这是一篇讨论建筑学与城市研究之间关系的著作，或者是一篇从城市角度来论述建筑意义的著作。

其中不仅相当准确地复述了罗西在这本书中的多数观点，还多处尝试辨析和厘清该书中出现的若干术语，例如长期充满争议的一个词

“城市人造物”（Urban Artifact）：

“人造物”概念的使用使得建筑这一词语不再处于绝缘状态，从而脱离绝对的物质状态而成为与文明生活以及表现于其中的社会密不可分的一种创造，城市人造物只有通过具体的生活经验才能进行理解，并且可以以一种实证且实践的方式来进行使用。

术语的辨析标志着对该书的解读进入了一个新的阶段，更加试图还原到原有语境，更加强调学术传播中信息的准确性，更加具有对既有研究成果的批判意识。2009 年，杨健和戴志中的《还原到型——阿尔多·罗西〈城市建筑〉读解》从台译本《城市建筑》出发，对法语中的若干术语进行了仔细的辨析，将自 1980 年代末以来一直在探讨中的类型学解读得更加深入。例如，再次试图厘清“城市人造物”的译法，提出了“人为事实”“城市事实”“城市人造事实”“城市人造物”等多种译法，并在这本书中第一次给出了从城市到“类型”的还原过程：“城市—城市事实—纪念性建筑—造型—集体记忆—空间的象征性—型”。近年，江嘉玮和陈迪佳在《战后“建筑类型学”的演变及其模糊普遍性》中再度梳理与罗西相关的类型学脉络，并通过维欧莱 - 勒 - 迪克（Viollet-le-Duc）提出的“理想大教堂”和伯拉蒙特（Donato Bramante）的圆厅别墅“理想形式”，生动解析了“类型”在实际设计和历史演变中的作用。

2010 年，沈克宁将其关于建筑类型学与城市形态学的文章结集成册，出版了《建筑类型学与城市形态学》一书，将之前零星的关于新理性主义、建筑类型学、原型与模式、城市形态学、新城市主义的思考系统化，描绘了一个相对比较准确的概念谱系，尤其是充分论述了城市形态学与建筑类型学之间的关系。这个谱系基本上可以由两个交叉的维度来概括，一是相对具象的“原型”与相对抽象的“类型”构成的维度，二是“规范性”与“反思性”构成的维度（图 3-1），如果将这两个维度加以扩展，重新审视与之相关的一些概念，可以看到 1980 年代后的中国学术界与同期的英美理论界对建筑类型学与新理性主义理解的差异。中国学术界更看重罗西对建筑学的贡献，并且强调他实践的批判性与个人叙事的特性，而北美的学者则受克里尔的影响更大，将新理性主义视为为建筑设计提供形式导则的理论基础，这与列昂·克里尔直接参与了佛罗里达的“滨海城”的设计有关，也与威尔士亲王（即查尔斯王子）以政治人物的身份推动新传统主义建

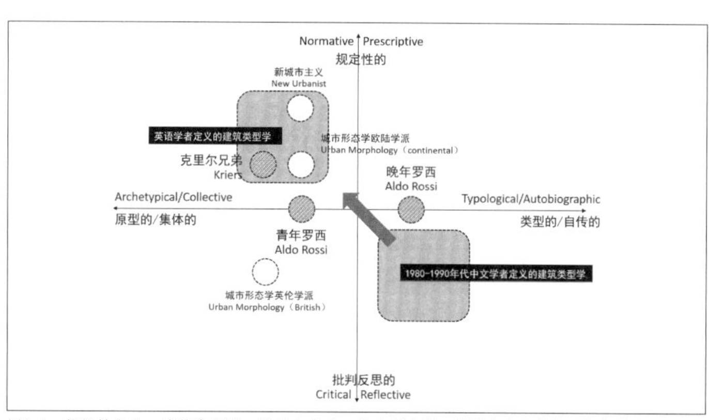

图3-1 新理性主义、建筑类型学、原型与模式、城市形态学、新城市主义等相关概念的关系

筑也有极大的关系。克里尔的影响后来通过新城市主义运动，辗转经由房地产开发的力量再次在新千年冲击中国的建筑学。

2013年，刘东洋在《新美术》上发表《王澍的一个思想性项目——他从阿尔多·罗西的〈城市建筑学〉中学到了什么》，就王澍对罗西和城市建筑学的理解进行了再解读。这篇文章让读者们对王澍晦涩难懂的博士论文得以一窥，也标志着对于罗西的二次解读的开始。或许，到今天，当《城市建筑学》已经获得了相当的认知度时，更让我们感兴趣的将会是在历史语境下，过去30余年间的中国建筑师们对这本书的解读。

可以看到，对于城市建筑学的引介，随着时间线索大致分这样几个阶段：初步引介—以类型学为中心的解读—应用性的解读—城市层面理论及城市设计方面的解读—深入的学术性文本解读—对于既有解读的解读。

4 城市建筑学引介中的若干问题思考

罗西与城市建筑学自1986年首次得到引介至今，跨越了中国1980年代“西学东渐”的热潮，迈过风潮冷却过后充满批判反思的1990年代，一直延续到现在。在这30余年的引介、翻译与解读过程中，有一些问题是值得我们思考的。这本书在中国建筑学界的反复解读与广泛传播，折射出了我国建筑理论在学术、教育及历史语境变迁中的若干维度。

4.1 “城市建筑”与“城市建筑学”

一本书的译名到底如何才能算作最精确呢？对于罗西的这一本书而言，原文在意大利语语境中似乎翻译成“城市建筑”和“城市建筑学”都没有错。然而回到中文语境中，“建筑”和“建筑学”的一字之差却有相当大的区别。从 1988 年起，在施植明的《城市建筑》译本还没有出版前，这本书已经在沈克宁、马清运等人的文本中被译为“城市建筑”。而一直到 2006 年黄士钧的《城市建筑学》出版时，仍然可以看到，包括童明在内的一些作者仍然使用“城市建筑”作为这本书的标题。

对于童明来说，这个问题的答案似乎是非常明确的，在《罗西与〈城市建筑〉》一文中，他特意提到了这本书的名字翻译问题。上文中已经讲过，他认为这本书“是一篇讨论建筑学与城市研究之间关系的著作，或者是一篇从城市角度来论述建筑意义的著作”。由于书中的内容探讨的是一种关系，而非一个理论或一种学说，因此，童明认为，这本书的标题不应当译作“城市建筑学”，他讲到罗西在意大利语第一版给该书起名为《城市的建构》（*La fabbrica della citta*），“fabbrica”意味着“building”，含有持续进行的人类建构的含义。“因此在《城市建筑》中的‘建筑’并非指‘建筑学’，也不单指一种可以给人以印象的形式图景，它还意味着作品的过程。”

黄士钧先生为何在自己的译作中将其翻译为“城市建筑学”，我们无从得知。但是对于刘东洋来说，这个译法并非毫无道理。事实上，如果将这本书放归到罗西写作的原语境去，《城市建筑学》确实是罗西希望当作城市设计的教材，用来建立一个独立学科的[1]。因此，从童明的角度来看，将该书翻译成“城市建筑”，尊重了该书内容的原意；而翻译成“城市建筑学”，也同样尊重了该书出版的历史语境。两种译法似乎都行得通。

更令人感兴趣的则是这个一字之差的翻译在中文语境里造成的变化。当“城市建筑”被广泛作为译名的时候，我们很少会在文献中看到将“城市建筑”作为一个名词来使用的情况。当人们谈起罗西和这本书的时候，所讲的更多是“类型学”或“类比性城市”这些概念。“城市建筑”是不会被作为一个概念来使用的。然而，当“城市建筑学”出现的时候，它因一个“学”字而自身构成了一个名词——于是久而

1　以上内容来自作者与刘东洋老师的访谈。

久之，无论在文献中，还是高校的日常教育里，我们都可以看到人们自然而然地说出“罗西的城市建筑学”这样一个短语，似乎“城市建筑学”与罗西的思想已经画上了等号，但是，在现实语境中，广义的“城市建筑学”又与罗西的建筑学理论有一定的距离。那么，当它已经如此地广泛传播，以至于已经成为一种被默认的话语底色的时候，这本原本相当艰涩、并非一朝一夕可以完全理解的著作似乎就没有了被过分深究的必要。多数它被拿出来使用的情况中，无论言者还是听者都有那么一点理解，又有那么一点似懂非懂，毕竟“城市建筑学”这样一个“学”是比“类型学”要宽泛和模糊很多的名词。今天，在中国的建筑学界，这个被广泛使用的“城市建筑学”又意味着什么呢？

4.2 高校教育中的“城市建筑学”

显然，仅凭文献本身并不能全面理解一本书或一套理论的传播情况。毕竟 1980 年代末 1990 年代初为杂志撰写引介稿件、进行书籍翻译的建筑师和理论家大都有海外背景，有机会拿到一手资料，他们的解读未必可以代表当时理论在国内传播和理解的真实状态。通过对当时尚在高校读书的现任教师进行采访，本书作者得以对当时罗西和城市建筑学在高校教育中的普及有了一定的理解。由于样本数量有限，或有偏颇之处，请读者谅解。

在施植明台译本出版之前，高校中的学生基本是通过 1988 年《世界建筑》杂志上沈克宁的引介文章、1990 年《建筑师》上马清运关于类型学的文章，或者汪坦先生等人在高校中的讲座来了解罗西的。当时《世界建筑》是学生普遍都会翻阅的杂志，而 1988 年的那一期杂志封面又是罗西设计的威尼斯世界剧场，因此，通过杂志还是有相当一部分学生认识了罗西和他的一些基本观点。

然而当时，资料来源仍然是极度匮乏的。除了这样的只言片语之外，学生或老师都没有什么途径可以找到更多的资料，一手文献更是无从获得。因此，尽管在该篇文章中，罗西与城市建筑学的诸多概念和立场都已经得到了比较准确的诠释，但是对于读者来说，这些理论仍然是非常模糊的；加之当时后现代主义的风潮仍在进行之中，在高校中居于掌控地位的仍然是当时已经得到了翻译的那一部分译著和国外建筑师，对于设计的态度普遍有急功近利的倾向，而罗西的理论又相对偏向态度而非实际操作，因此，尽管当时罗西已经得到了比较普遍的引介，但是很少会在高校中引发学生和老师的兴趣。我们也可以看到，在当时的一些文献中，有不少作者尽力试图将罗西的理论“变现”，纳入设计的体系中去。

1992 年，施植明的《城市建筑》译本出版。许多学生都在 1993 年时买到了这本书的影印本。该书的英译本许多年后才传入了中国，而黄士钧的大陆译本直到 2006 年才得以正式出版。1990 年代初期正是后现代主义开始受到质疑和批判的时期，而罗西的理论在某种程度上提供了一种新的看待问题的视角，译本的发行也为更加全面地认识这一理论提供了途径，加之有关功能 - 形式、历史 - 形式关系的讨论与当时的一些主流话题有所契合，因此，在高校中出现了一定范围和热度的讨论[1]。

1 本内容来自作者与刘涤宇老师的访谈。

随着学术开放程度的不断提高和各种资料的丰富，到现在，罗西和其《城市建筑学》的知晓度在高校中相当高，无论学生还是老师，对这本书都或多或少会有一定程度的了解。可以说，普遍的认知程度比起 20 年前要提高许多了。然而，这种理解的程度仍然值得怀疑，在某种程度上看，目前的普遍认知状况并没有比沈克宁先生陆续发表的文章中的分析解读更加深入。诚然，《城市建筑学》的复杂和含混，罗西前后期思想的演变以及他写作与实践的错位等问题一定程度上导致了解读的困难，但是，在今天看来，《城市建筑学》仍对当前的城市设计、建筑设计有非凡的启蒙价值。

4.3 变迁中的解读视角

从上文整理的线索来看，城市建筑学的解读经历了一个变化的过程。在这其中很明显的一点是，1980 年代末 1990 年代初前后，对于城市建筑学的理解主要放在对类型学的关注上，并且此时类型学依然是一种抵抗现实羁縻、追求自由创作的工具；1990 年代末，涌现出一批从城市研究或城市设计的操作角度来看城市建筑学的文章，也出现了反思类型学庸俗化的声音，这种转向与其历史语境的变化密切相关。

如前文中所言，1980 年代末 1990 年代初的国内理论环境是适合于罗西的建筑类型学的引介的，一方面，建筑师主体身份的觉醒和独立事务所的诞生开始在一定程度上挑战国有大设计院刻板的功能至上主义；另一方面，对后现代主义的反思和批判也使人们开始关注罗西给出的方法论，由于《城市建筑学》成稿与英译本与中译本出现的时间差，后者变成了对前者的一种批判。在这两个背景之下，不难理解为什么当时对城市建筑学的解读主要集中在类型学的讨论上。同时，不容忽视的是，在 1990 年代末之前，中国普遍还没有形成一个可被进行形式分析的城市的观念。虽然当时也存在城市和乡村，人们也会区分城市和乡村，但是城市是作为一种沉默的事实，而非被审视、被观察的对象。因此，尽管《城市建筑学》是一本有关城市建筑的书，但是在特定的城市化尚未完全的历史条件下，城市层面的内容似乎并没有太多打动当时的人。

到 1990 年代末，中国的城市观念开始形成。当人们再次拿起城市建筑学的时候，读到的东西也随之发生了变化，这恰恰验证了维德勒所言——“第三种类型学”（即罗西的类型学）因为城市建筑自身的发展而建立起了自身的本体概念。正因为“中国现代城市”这一本体对象的构建，正因为现代城市的样貌已经在那时的建筑师面前初具雏形，类型学才拥有了经验研究的基础。同时，以控制性详细规划为主的城市形态导引的规范化已经极为普遍，清晰的“城市设计”的概念开始取代不那么明确的“城市建筑学”，在补课式的实践大潮中的建筑师与规划师们需要的是一种可以指导实践、规范创作的理论，而对文献、史料与批判视角胃口大开的青年理论学者们则不满足于囫囵吞枣式的解读。我们可以看到，自 20 世纪末起到 21 世纪初，许多解读罗西的城市观念，甚至利用其观念进行城市设计的文献出现了，前文中已经提到过一些。这种有趣的变化反映出学术文本在被解读的过程中所不可避免的时代和地域局限性。引介和解读西方理论，无论是从文本筛选还是从解读视角来看，最终的目的都是为实践所用，借鉴他人的方法和立场，解决此时此地的问题。因此，从对城市建筑学的解读变化之中，我们可以清晰地看到建筑师们的困惑和需求之变化，在这薄薄的一本书漂洋过海来到中国，在我们的本土语境里得到解释的 30 余年中，所折射出的是中国建筑自身的发展和观念的演变。

5 结语

从罗西和他所开创的城市建筑学话语第一次来到中文语境至今，已经过去了 30 多个年头。在这 30 余年的困惑与解惑、阐释与被阐释之中，我们可以看到中国建筑学在学术、教育、设计等诸多方面的观念变化。在城市化进程有增无减、城市问题日益突出的今天，在学术标准不断提高、理论治史水平不断提高、信息资源极大丰富的今天，不同层面上的“城市建筑学”对我们来说又意味着什么呢？显然，从学术的角度来看，在过去30余年之后，对城市建筑学的理论解读仍然存留着许多悬而未决的问题。在今天，我们有更多的机会和能力去获取更多的相关信息，为城市建筑学建立一个足够庞大的谱系，并将其放归到更加原初的语境中进行深入的解读。从实践的角度来看，理论谱系的溯源与理论滥觞的跟踪又不可偏废，城市建筑学中的诸多观念无疑为新一轮的城市更新和历史建筑保护提供了许多充满智慧的视角和解决方案。一种有生命力的理论，它能为我们带来的营养应当是取之不竭的。在新的历史情境里，思考如何从学术和实践的角度充分解读这一理论体系，仍然是一个持续而艰巨的任务。

第四章　邻里单位演化史[1]

“邻里单位”或“邻里单元”（Neighborhood Unit）是一种起源于美国1920年代的规划范式，通过知识传播对20世纪中叶的中国城市规划与设计实践产生影响，并在近期被吸纳进新城市主义规划思想。它曾一度被视为美国居住区规划乃至新城建设的准则，得以在世界各地广泛应用。实践领域与理论界都曾评估并反思过该理论，既有大力倡导，也存在批判。实际上，邻里单位的原初思想一直被后人重新阐释甚至“误用”。它在北美城市在20世纪中叶的过度郊区化与城市更新进程中都扮演过重要角色，同时也对城市设计、房地产开发理论、城市法权研究等产生过影响。对“邻里单位”进行学科回溯是反思北美20世纪规划史并理解中国现当代规划思想脉络的基础。

1　本章内容最初以《“邻里单位”概念的演化与新城市主义》为题发表于《新建筑》（2017年第4期），收入本书后有修改。

1　社会学角度的邻里单位

“邻里”一词的出现远远早于“邻里单位”这一概念的确立。作为对英文neighborhood的翻译，“邻里”二字本身在中文语境中就已经带有社区、户籍等含义。孔子所谓的“邻里乡党”，基于古代的民户编制“五家为邻，五邻为里，四里为族，五族为党，五党为州，五州为乡。乡，万二千五百户也”（《汉书・食货志上》）。在西方，邻里概念亦早已有之，甚至可追溯至圣经。

邻里容纳着一定数量的人口与家庭，为了趋于稳定，它或多或少会形成自我的边界。这种边界可能是实体的道路、围墙、绿化带等，也可能是由契约形成的法权范围或责任边界。这类边界促使邻里成为独立的单元，一方面方便管理，另一方面有利于形成利益的共同体。比如，唐长安城奉行里坊制，将作为贸易区的东西二市与居民区严格分开。19世纪初法国空想社会主义者建立的类似"法郎吉"(phalanstère)社区，推崇的是集体利益。前现代概念的邻里是某种熟人社会，生活联系紧密，遇灾难靠众志成城以避祸，遇诉讼则靠族长乡绅来仲裁，实行基层伦理治理。现代概念的邻里只剩地理毗邻之含义，血缘、宗族、宗教等联系已减弱。历史上的威尼斯犹太人隔离区（Ghetto）、客家圆形土楼里的宗族社区、柯布西耶的巨大居住机器马赛公寓，甚至当今的深圳富士康厂区，都可以归为邻里，只不过人口规模有别、物质形态有别、意识形态有别。

现代城市规划将邻里作为研究对象其实源自社会学对该话题的关注。教科书上公认邻里单位概念的创立者是美国人佩里，实际上他引入了不少同时代美国社会学研究的成果。从1909年起，佩里被罗素•赛奇基金会[1]聘为研究员，负责研究社区中心。佩里的邻里单位理论之所以将有孩子的家庭作为建立社区的导向，根源来自他早年对社会中心区域内小学配置状况的研究。他关于社区中心尤其是学校的最早研究是于1912年发表在期刊《小学教师》上的调查报告——《社区中心运动调研》（*A Survey of the Social-Center Movement*）。在社会调研过程中，佩里曾参考过美国20世纪社会学芝加哥学派的很多观点[2]，来论证小学配置与社区的关系。在关于邻里与社区氛围的研究中，佩里承认，学区虽然作为一种邻里，但并不能归为社会学家库利（Charles Cooley）所谓的"首属群体"（primary group）[3]的家园。佩里援引社会学家帕克（Robert Park）的观点，认为学区不是带有地方情感与传统的文化区域。鉴于此，佩里没有直接将他的邻里与学区等同，而是使用"邻里社区"这样的标签来论述邻里单位理论，因为他认为很多地方的学区都表现出了作为首属群体家园的若干特征。从这一点看，库利和帕克等学者的社会学思想为佩里提供了社区感、邻里交往、情感共同体等社会心理维度的启发。

学区的概念之所以重要，是因为它构成了佩里邻里单位理论的重要原则。这套理论的现实背景是，佩里将它应用于纽约市向外延伸的新区建设指导上。在1920年代，纽约市及周边规划委员会系统地出版了一套《纽约及周边的区域规划》集。在1929年出版的第7卷《邻里与社区规划》（*Neighborhood and Community Planning*）中，佩里首次以名为《邻里单位》（*The Neighborhood Unit*）的长文详细阐述了该理论。佩里明确表示，该理论的研究目标是通过实体的规划设计来组建有质量的社区生活，既包括家庭之间的互助，也需保证每个家

1 罗素•赛奇基金会由金融家罗素•赛奇（Russell Sage）的遗孀捐赠兴建，致力于改善美国社会状况和居住条件，斥资赞助与此相关的研究。值得注意的是，佩里在1929年《邻里单位》报告中花费颇多笔墨提及的纽约森林小丘花园住区，正是该基金会从1911年起投资兴建的，并且佩里本人在该住区也住过好几年。从1922年起，该基金会大力资助对纽约市及周边的新区规划研究。佩里从1910年代到1930年代的各项研究都与罗素•赛奇基金会密切相关。

2 "芝加哥学派"的称号源自芝加哥大学社会学系对20世纪初期芝加哥的移民、城市扩张、社会犯罪等都市现象的研究，这是为解决当时社会问题而出现的应用型理论研究。同期，美国的城市规划学科逐步建立，面对着相同的城市现象，跨学科的援引自然而然就出现了。

3 库利提出了"首属群体"与"次属群体"的概念，来自1909年出版的论著《社会组织：对群体思想的研究》（*Social Organization: A Study of the Larger Mind*）。"首属群体"强调面对面的亲密交流，指家庭、宗族、街坊等小范围群体，处于首属群体中的个人将愈臻完善；与之相对的是"次属群体"，它遵循功用性的社会目的来组建，包括学校、公司等。从严格意义上讲，库利并不能归入芝加哥学派，尽管他与芝加哥学派的领袖人物米德（George Mead）等人私交甚笃。库利的最终学术兴趣是通过社会组织方式来研究人性以及人际关系传播，他的著作包括《社会组织》（*Social Organization*）等更多地被后人归入传播学范畴。

图4-1 儿童参与邻里社区的日常生活

1 佩里根据学者斯垂亚（George Strayer）与安格哈特（Nickolaus Engelhardt）关于"良好的小学应该能容纳1000名左右的小学生"的调查结论，按照当时美国6~13岁儿童占总人口约1/6的平均估算值，推算出社区的总人口为5000~6000人，这被定为配置有一所小学的一个邻里单位的人口规模。佩里继续假设这些人都住在独栋家庭住宅里，进而推算出一个邻里单位需要160英亩（约0.65平方公里）的占地面积。他理论中的很多演绎案例都基于这些基本的估算数据。

庭的子女得到良好的教育和社区环境。邻里单位理论的其中一项准则是根据一所小学需要的生源数量来反推家庭数量，从而控制一个邻里单位的模式[1]。它的出发点是迎合当时美国中产阶级家庭对社区及子女教育问题的综合期待。美国中产阶级从1910—1920年代起开始形成父母加上两三个小孩的典型家庭模式。父亲在外工作，母亲作为家庭主妇料理起居并照看小孩，每个家庭都重视子女在童年阶段的教育。以学区作为导向的邻里单位理论在被推广到新住区的建设与售卖时，确实起到指导和宣传的效果（图4-1）。

同年，佩里发表了一篇名为《服务邻里生活的城市规划》（*City Planning for Neighborhood Life*）的短文，不过一两千字，是《邻里单位》的浓缩版。他简明指出了邻里单位理论的潜在意义，并通过引用社会学研究，提出了邻里单位的未来应用前景：

麦肯齐（Rodericke D. Mckenzie）指出，以"种族、经济、社

会与职业界线”隔离城市人口是一个常见的进程，并且一直生效。不同的职业群体已经采用不同的住区合作模式，在不同的族群、宗教群体中也有类似迹象。在建设郊区以及重建贫民窟的过程中采取邻里单位模式，将推动这类群体进程。

需要注意，佩里邻里单元理论的潜台词是进行相对严格的分区，这导致邻里单位理论后来曾一度被诟病助长城市分区与种族隔离。虽然佩里提供了邻里单位的多种实施形态，比如多层公寓楼，但现实中该理论引导的始终是占有独立地块的独栋家庭住宅（single-family house）。由于该理论以城郊作为理论试验起点，所以它的很多布局原则都是以小汽车为导向的。这些因素意味着邻里单位理论自诞生起就不可避免地带有对住户及建成环境的潜在的同质化需求，即便所谓“多样性”等字眼会出现在行文中。当邻里单位理论被应用到具体的房地产开发项目时，它会潜在地通过市场遴选出经济条件、种族背景都符合其定位的住户，进而达到理论开发者所预期的“社区氛围感”和“家庭之间的互帮互助”。“邻里单位的开敞空间与明确的住区特征基本上能让住户持久地成为整体，特殊的街道系统与快速路的边界赋予邻里单位显著而持久的单元性（unitary character）……这种单元性组成了邻里情感存在所需要的实体基础。”佩里理论中引以为豪的对“单元性”的构建固然出发点很好，但在实践中却可能变味为排外的“单一性”。

芒福德在 1954 年的文章《邻里与邻里单位》（*The Neighborhood and the Neighborhood Unit*）[1] 里提出观点“邻里作为一种自然现实”，并通过援引德国社会学家韦伯（Max Weber）与滕尼斯（Ferdinand Tönnies）将“社区”（Gemeinschaft）概念区分于“社会”（Gesellschaft）概念的论点，赞同佩里的理论对邻里情感的营建。芒福德同时指出了学界一般不太注意的一点——佩里在邻里单位理论中之所以如此强调小学对于整个社区的核心意义，是因为佩里认为小学的建筑空间在孩童的上课时间之外，还应充分地为社区的大人使用。小学在白天给孩童上课，到了晚上应该转换为让大人聚集的社区休闲活动场所，成为真正意义上的白天黑夜不停运转的社区中心。芒福德认为佩里这个观点来自他早年参与的社区中心运动。在 1950 年代，美国社会的各种社会资源（比如百货商店、图书馆、博物馆、医院等）的去城市中心化越来越明显，在这些机构去中心化的同时，各个连锁分支构成了新的邻里中心的可拓展内核。芒福德赞扬 20 多年前提出的邻里单位理

1　芒福德这篇文章的部分内容直接挪用自佩里1929年的《邻里单位》一文。应该看到，芒福德对邻里单位理论的倡导可能与他跟雷德朋住区的规划师斯泰恩的私人友谊有关。斯泰恩在写给芒福德的信中经常提及自己的实践与思考。

论就已经预见了这种趋势。邻里单位倡导的城市公共资源分散化布置，避免了中心城区由于公共资源过于集中而陷入运作瘫痪。在关于社区包容性方面，芒福德以自己在贫富共居的纽约阳光花园住区里的居住经历为例，认为邻里单位最理想的实现形式是混居社区（mixed community），它体现了民主与包容。这与美国当时的社会呼声是一致的。

作为一种社会科学，社会学研究在 20 世纪经历过从定性研究到定量研究的转变。邻里单位理论诞生时，作为其思想源头之一的美国社会学芝加哥学派当时以定性研究作为主导。学者巴纳耶（Tridib Banerjee）与巴尔（William Baer）在 1984 年出版的《邻里单位之外》（*Beyond The Neighborhood Unit*）一书里，以实证社会科学的视角来重新评估邻里单位理论，对该理论不乏严厉的批评。该书提出两个观点：第一，认为佩里的理论缺乏实证科学的基础，数据的统计与估算没经过充分验证；第二，过去 50 年的事实证明，邻里单位不该被作为唯一的居住区开发范式，因为它有时无法因地制宜。研究者发现，尽管一个社区遵循邻里单位理论来建设，但居民往往并不认同该社区是一个作为单元的整体。于是有社会学家质疑邻里单位作为一种社会概念的合法性，并质疑邻里单位对于人际关系已经不再以场所为基础的现代社会是否依旧必需，也有规划师批评邻里单位所提倡的乡村生活格调，以及强调空间上的邻近关系能塑造社区互动的出发点过于浪漫。还有批评家认为，它将社会、经济和种族的同质化强加到美国本来的价值观上，带有太多社会主义色彩，缺少自由主义光环。这些基于实证的研究有一定的批判意义，但是它们的共性是从字面上理解邻里单位的原型，纠结于具体的形式策略与可度量标准的意义，而对邻里单位的提出背景与其深层结构缺乏思辨。

邻里单位理论除了缺乏实证基础，也在巨大的社会状况改变下显得不合时宜。邻里单位理论赖以立论的 1920 年代美国中产阶级家庭状况到了 1980 年代时已出现很大改变。随着单身者家庭、丁克家庭、老年夫妻家庭、同性恋家庭等数量增加，社区资源配置不再由一夫一妻加上两三个小孩的标配家庭模式决定。根据小学的学生人数来配置一个邻里单位人口的方法已经过时。诸如此类的因素导致邻里单位在社会学层面上难免遭受攻讦。

《邻里单位之外》出版几年后，刚刚兴起的新城市主义运动重新拾起邻里单位理论，改良并拓展了当中的设计准则（见第一章）。我们需要从社会学关心的问题回到城市规划的学科视野中，来重新看待邻里单位理论从 1920 年代起一直到新城市主义的大半个世纪的时间里究竟如何被具体地实施与操作。

2　作为城市规划与土地开发策略的邻里单位

佩里并不是第一个在规划中使用邻里单位概念的人。1912 年年底，芝加哥城市俱乐部曾举办过一次设计竞赛，主题为“1/4 平方英里的住区设计”（Housing Competition of a Quarter Section）[1]。基地是虚构的，模拟选址在距芝加哥城中心西南方位 8 英里（约 12.87 公里）的城郊，作为未来“大芝加哥”总体规划构想的一部分，所以出题者在基地四周绘制了芝加哥典型的街区网格，预示该区域未来将被城市化（图 4-2）。建筑师德拉蒙德的参赛方案截然有别于其他所有方案：主办方要求做详细的规划设计，而德拉蒙德提交的却是图解。受英国花园城市思想的影响，德拉蒙德将设计命名为“邻里单位方案”（The Neighborhood Unit Plan），认为城市里的每一个 1/4 平方英里都可作为一个邻里单位。他的图解展现出多个邻里单位的可能组合方式：单位内可混合配置公寓楼与独栋住宅等各类住房，中心处配置绿地和休闲设施；商业区应布置在各单位的边角，疏导人流至主干道，避免内部嘈杂（图 4-3、图 4-4）。确实，德拉蒙德比佩里早了 17 年就系统地使用了“邻里单位”这个词，但只是将“单位”理解为可重复拷贝而形成大片城市肌理的基础“单元”，并通过延伸的城市铁路网带动这些单元向外扩张。德拉蒙德没提及小汽车，没核算人口规模，没研究居住模式，没提供城市设计导则，只绘制了两套模棱两可的布局方案。他的建筑师身份让本来规划前瞻性很强的方案到最后又落回某些建筑趣味上，比如他绘制的带明显草原别墅特征的示范建筑[2]（图 4-5）。竞赛中出现的 1/2 英里、160 英亩等数据，是佩里邻里单位理论在规模上的重要指标，本章还将讨论这些数据如何被新城市主义者重新诠释。

相比德拉蒙德的构想，佩里在《邻里单位》一文里规定将小学、游乐场等资源布置在社区的中心，并设定一个邻里单位的规模：最远端到中心的距离为 1/4 英里，将其约略为正方形，面积即 160 英亩。佩里得出一个邻里单位辐射半径为 1/4 英里的依据来自同时代学者对“儿童到小学或游乐场的适宜步行距离”“人到社区购物中心的最长

1　Quarter section是来自美国土地测量的术语，指边长为1/2英里（800米）的正方形地块，面积也就是1/4平方英里，因此得名。1/4平方英里即160英亩（约0.65平方公里），由此可见，1912年竞赛的用地范围正巧吻合佩里在1929年提出邻里单位理论时设定的一个邻里单元的规模。

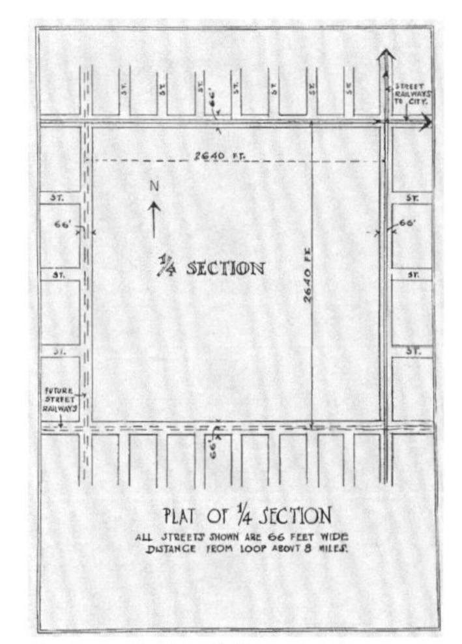

图4-2　1/4平方英里的住区设计竞赛

2　德拉蒙德曾给沙利文（Louis Sullivan）和赖特当过绘图员，尤其从1901年到1909年，德拉蒙德在为赖特工作时参与了不少草原别墅风格的项目。直到离开赖特事务所独立开业后，德拉蒙德依旧以设计草原别墅风格见长。

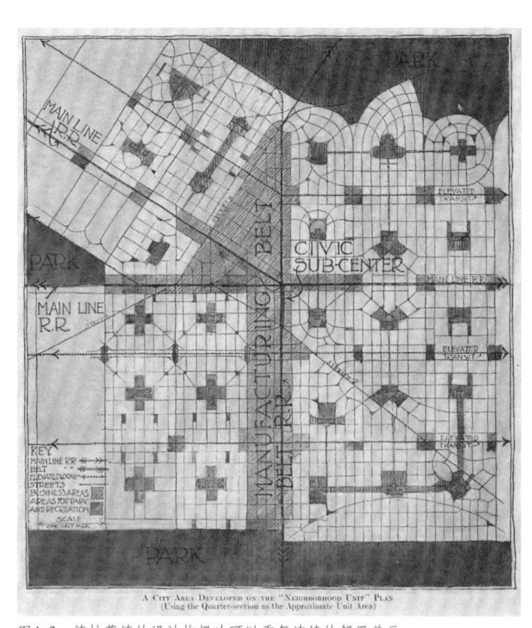

图4-3　德拉蒙德的设计构想为可以重复连续的邻里单元

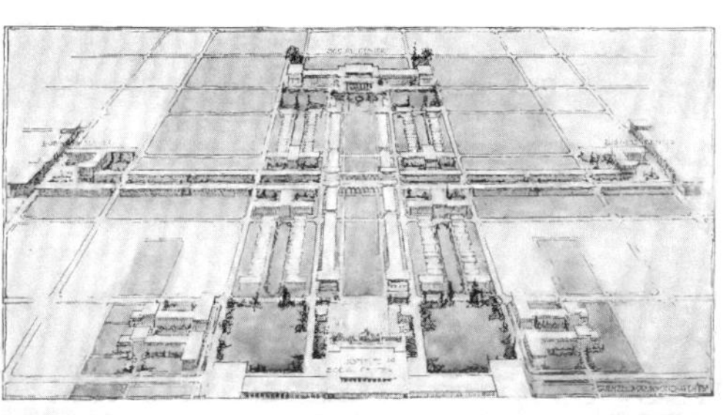

图4-4　德拉蒙德提供可变换的布局方式（鸟瞰）

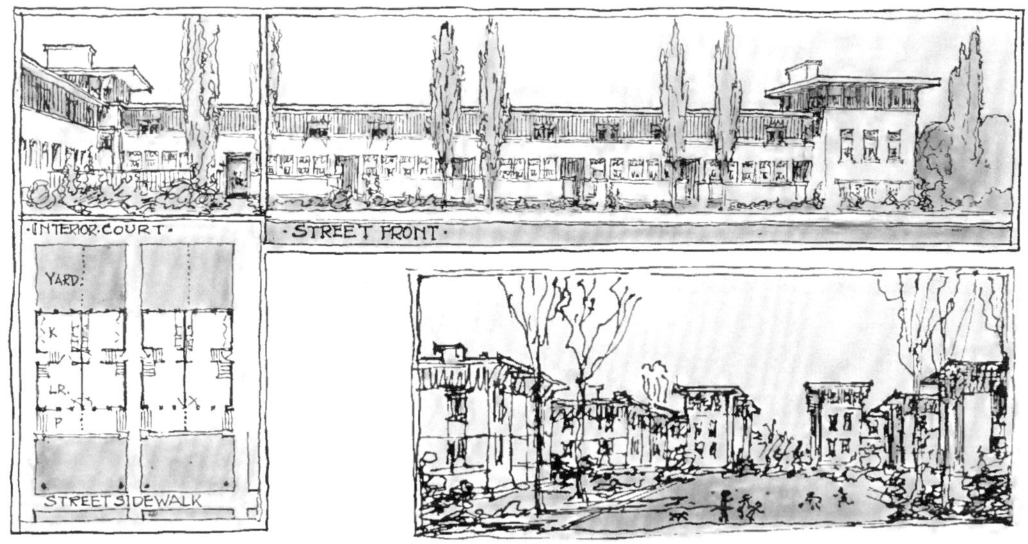

图4-5　德拉蒙德方案里的示范建筑，带草原别墅特征

步行距离”等调查得出的经验数据。在此基础上，佩里绘制了一个邻里单位的抽象图解，并从地块划分、具体建筑布局、鸟瞰总体效果等多个层面提供了一套住区图纸范例，表明邻里单位原则可以应用到实践（图 4-6）。

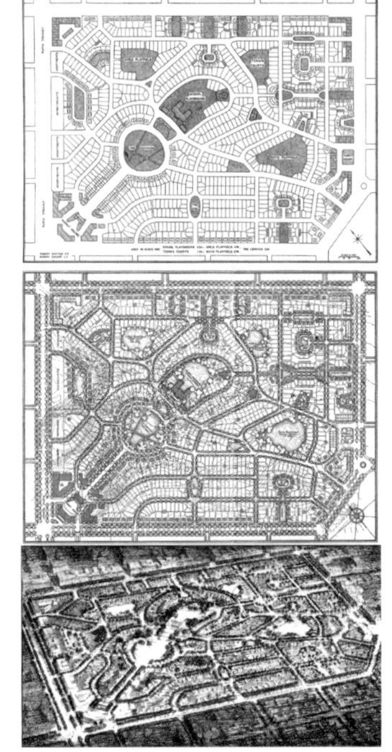
图4-6 遵循邻里单位原则设计的住区方案（从地块划分，到具体布局，再到鸟瞰）

邻里单位理论提供了一个范式，既能作为实体参考，也能作为城市设计导则。后人研究表明，与其说佩里是从英国的田园城市理论或者城市美化运动理论中获得启发，还不如说他的理论来自同时代的若干英美居住区规划实践项目。这些项目包括：伦敦郊区的汉帕斯德花园住区，围绕着中央绿地舒适地设立了一组服务邻里的设施（如医院与学校）；纽约的森林小丘花园住区，典型符合邻里单位关于独立街道系统的准则；纽约的阳光花园住区、辛辛那提附近的玛丽蒙住区，都规划了内部开敞空间；新泽西的雷德朋住区，开创了住区内部小汽车交通路线的新模式。这些项目都在 1929 年之前建成或者正在兴建。比如森林小丘花园住区，住户对它使用后评价相当不错。我们可以认为：一方面，佩里的邻里单位理论是对这些建成项目的归纳；另一方面，佩里又通过援引社会学研究细化并完善了理论的准则。

这些项目与佩里还有他的理论之间有许多内在关联，它们的开发商、资助机构、规划师之间也存在很多重叠。阳光花园住区与雷德朋住区都由成立于 1924 年的纽约城市住房公司建设，都委托了斯泰恩与亨利·赖特（Henry Wright）作为规划师。这个公司的成立者是开发商宾恩（Alexander Bing），他与斯泰恩、亨利·赖特、芒福德曾成立美国区域规划联盟。汉帕斯德花园住区的规划师、英国人雷蒙·昂温（Raymond Unwin）的思想影响了佩里在邻里单位中对曼哈顿 5 个街区的社区规划，同时也影响了雷德朋体系。森林小丘花园住区正是罗素·赛奇基金会投资开发的；受委托的开发商是布顿（Edward Bouton），他于 1893 年在巴尔的摩开发了罗兰公园房产项目，被公认为第一个现代意义的郊区住区，他随后将这些成功经验移植到森林小丘花园住区上（图 4-7）。佩里与布顿有过密切联系[1]。可以看到，这些理论家、规划师、开发商之间存在的合作小圈子。

无论是理论层面的邻里单位，还是同期建成的优秀项目，都以营造社区氛围作为核心，带有促成社区共同生活的美好愿景。在随后二三十年里，邻里单位在全美得到推广，不过，它的原初概念却变味了。佩里所倡导的社会集体情感等因素，其实不太被以实

1 布洛迪（Jason Brody）在2009年提交给伊利诺伊大学厄巴纳-香槟分校的博士论文《构建实践知识：社区营建者手册中的“邻里单位”概念》（*Constructing Professional Knowledge: the Neighborhood Unit Concept in the Community Builders' Handbook*）比较完整地梳理了佩里与开发商布顿、尼克斯（J. C. Nichols）的交往与合作，详情请参考该论文第三章。

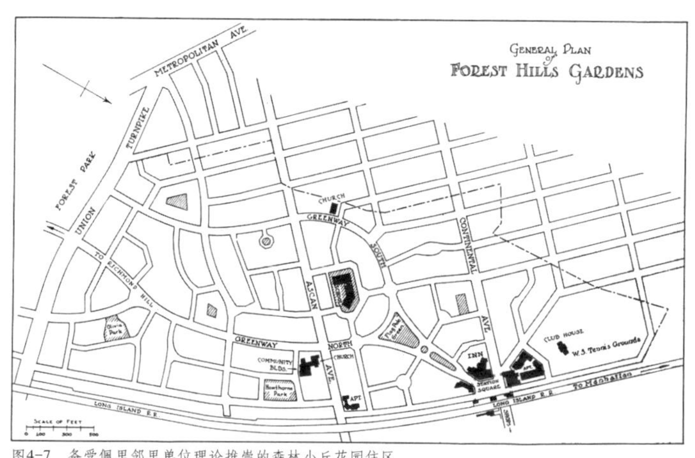

图4-7　备受佩里邻里单位理论推崇的森林小丘花园住区

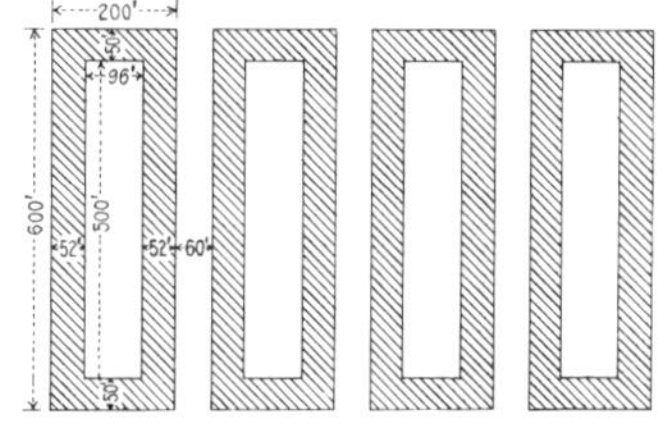

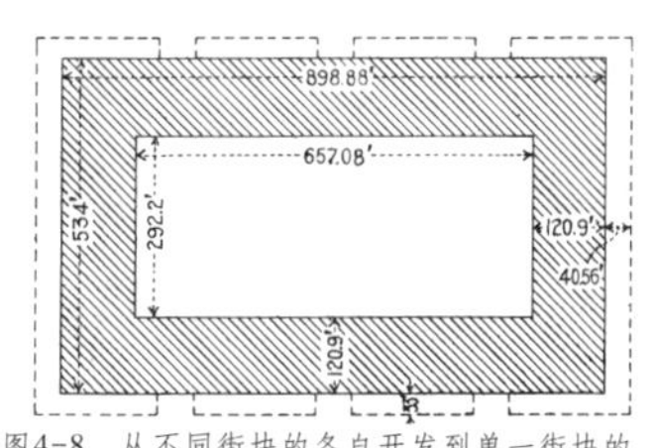

图4-8　从不同街块的各自开发到单一街块的统一开发

践为导向的美国规划界所重视，而地产商看重的是邻里单位理论能提高土地的开发效益。佩里的理论声明，邻里单位能辅助促成总体规划（comprehensive planning），而不再是单独小地块（lot-by-lot）的细分式规划（图 4-8）。这意味着邻里单位将促使自由放任（laissez-faire）的土地划分与经营转向有组织、大面积的统一开发，进而制止无管制的房地产市场导致土地过度细分。从小地块开发扩大到街区规模的开发，能减少城市道路，提高土地使用率，节约土建成本——规划学界与开发商都明白这些好处。还有重要的一点是，兴起的房地产开发之所以青睐邻里单位，是因为它与 1929 年经济大萧条之后房地产商对政府管制政策的期待是一致的。大萧条导致住房市场萎缩，罗斯福政府不希望过多零碎的房产开发，邻里单位恰好同时符合政府、房产商与大众的利益。在 1930—1940 年代，联邦住房管理局利用邻里单位概念一方面控制地块划分、改善住区环境，以样板案例来提高住区质量（图 4-9），另一方面推动房贷保险。在此情况下，“邻里单位”更像是房地产商或联邦住房管理局借以细分地块的“划分单位”，而不是构建社区情感的“交往单位”，失去了佩里理论中的原初内涵。

邻里单位理论被应用到新区建设比应用于旧城改造要更容易实施。在福特主义“大生产 - 大消费”市场观念的推动下，当时美国规划学界已经明显预感到全面小汽车时代的到来。邻里单位理论对小汽车的考虑，其实变相地默认了小汽车促成城市的扩张、促成居住与工作两大城市功能的明确分区，这与数年后出炉的《雅典宪章》有可比之处。如森林小丘花园住区与雷德朋住区里的居民，每天都需依靠从

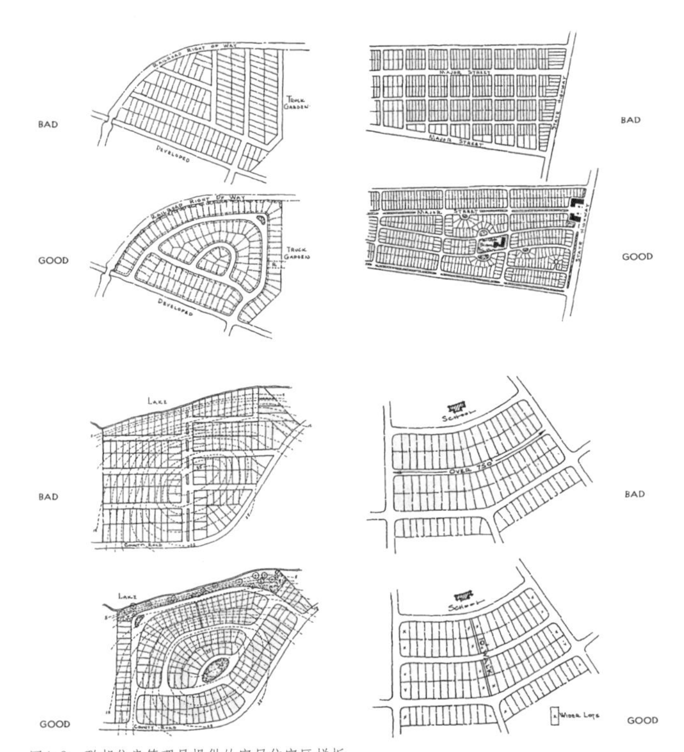

图4-9 联邦住房管理局提供的宜居住宅区样板

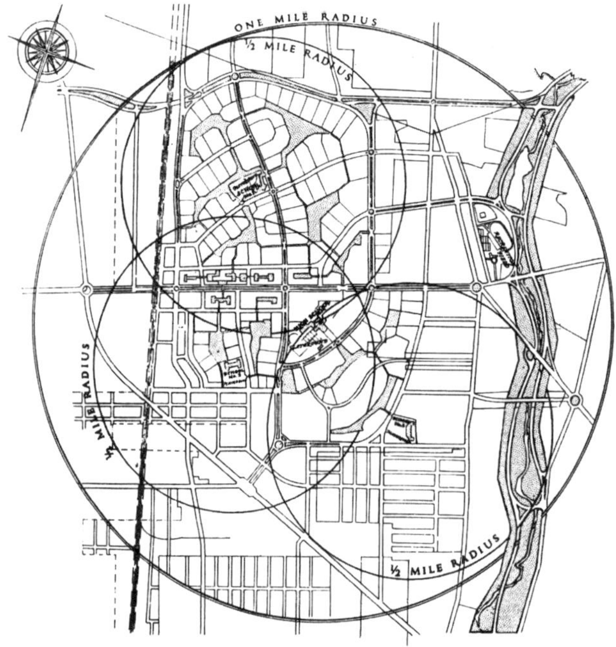

图4-10 雷德朋住区的邻里单位模式

住区到曼哈顿中心城区的通勤交通。从对中心城区进行疏散的角度来看，邻里单位理论跟田园城市理论的目的是类似的。此外，它们还都带有一定的政治维度。霍华德曾提议让开发商联合组织起来建设田园城市，将地权归入开发商联合会之手，以提高运作效率。赞同霍华德理论的芒福德则认为，田园城市最好的实现形式是政府掌控地权，佩里则提倡由社会上主要的城市规划力量来推动邻里单位，而当时像罗素·赛奇基金会这样的组织就是榜样。雷德朋住区的开发主要依靠单一的开发商即纽约城市住房公司来运作，而不是拆分地块之后靠自由市场来售卖与建设。尽管雷德朋住区由于 1929 年的经济大萧条而没有建完，但它的建成部分作为邻里单位理论的一个典范，已经形成一种“雷德朋模式”（图 4-10）[1]，带有不少后来社会主义国家单位大院或小区的气息。这种模式在苏联和中国都在集体经济的语境下被重新改造。

1 图4-10由斯泰恩绘制，里面3个小圆半径均为1/2英里（约800米），是佩里理论中一个邻里单位半径的2倍。这一方面说明斯泰恩理解的邻里与佩里的邻里单位理论其实并不完全等同，另一方面说明若干个邻里单位可以联合起来构成更大的社区。

到了 1960 年代，当美国规划界出现计划单元开发（Planned Unit Development，PUD）模式时，邻里单位理论就已基本被这种新兴的灵活开发模式取代了。汉克（Byron Hanke）是计划单元开发模式的倡导者，他本身供职于联邦住房管理局。在 1965 年发表的《计划单位开发与土地利用强度》（*Planned Unit Development and Land Use Intensity*）一文中，他提倡通过对土地进行集中细分（cluster subdivision）与成立管理社区公共事务的业主协会（Homes Association）来提升土地利用强度。汉克在文章里多处引用雷德朋体系，并力图将以之为代表的邻里单位理论改造得更为灵活。

3 新城市主义对邻里单位的改造

1980 年代末，由于不满美国过去近 20 年城市郊区的低密度蔓延式发展，一批学者联合发起了新城市主义运动，反对单核的超级大都会以及均质化过高的连绵郊区，倡导多核城市与混合功能（图 4-11、图 4-12）。该运动直到 1993 年 10 月在弗吉尼亚州召开的第一次新城市主义大会后才形成完整的全国性组织，每年均召开年会。新城市主义者虽然共同的学术立场都是反对现代主义运动带来的城市蔓延，但内部各个派别的理论依据却相差很大。在众多流派中，与“邻里”概念最相关的是杜安尼与普拉特-兹伊贝克（Elizabeth Plater-Zyberk）倡导的“传统邻里开发”（Traditional Neighborhood Development，TND）模式。

图4-11 列昂·克里尔的单核大都会与多核城市的图式（以华盛顿为例）

图4-12 列昂·克里尔关于两种“商务区-居住区”模式的图式

由新城市主义者签订的《新城市主义宪章》区分了三级尺度：宏观尺度是区域概念，包括大都会、一般城市、中小型城镇；中观尺度包括邻里、区块、通廊；微观尺度包括街区、街道乃至建筑。佩里的邻里单位概念重新被杜安尼与普拉特－兹伊贝克打捞出来，作为抵制城市无休止蔓延的理论工具，指向紧凑、步行可达性高、多样功能混合的社区，用以反对密度过低、小汽车完全主导、过于单调的当代美国城市噩梦。在传统邻里开发理论中，邻里单位作为中观尺度概念，一方面成为大都会与城市的实体形态部分，另一方面成为自上而下的政治力量与自下而上的个体或小集体意志冲突、调和的绵长地带。

在城市设计导则上，杜安尼与普拉特－兹伊贝克在 1994 年重绘了邻里单位图解（图 4-13）。相比 60 多年前佩里提出邻里单位理论时的语境，新城市主义的图解做了不少变动。首先，尽管新城市主义沿用佩里的理论，认为一个邻里单位需要 160 英亩（约 0.65 平方公里）从而支撑起一个小学，但已不再将小学布置在邻里的中心，而是位于边缘，由相邻几个邻里社区共享，减轻单个邻里社区内部学龄人口数量的波动对学校造成冲击。其次，依旧强调步行可达性，认为一个邻里单元的适宜步行半径为 1/4 英里（约 400 米），也被称为“5 分钟距离”[1]，并以之作为一个邻里单位的辐射半径。然而，该说法其实存在不少缺陷，缺乏实证基础，因为步行 5 分钟可达只不过是直线距离，而实际道路形态千差万别。再次，主街街角布置相对大型的购物中心，不再只是佩里理论中的本地商铺，这些购物中心与外部道路联系方便，可服务非本邻里单位内的受众。最后，假如仔细对比图 4-13a 与图 4-13b 两者的地块形态，我们将发现杜安尼与普拉特－兹伊贝克的图解对地块进一步做了细分，增加了许多道路，违背了佩里邻里单位理论中集中开发与节约用地的初衷。尽管这只是图解而非实施方案，但以上各点反映出杜安尼与普拉特－兹伊贝克已经很大程度上改造了佩里原来的理论。

1 这个数据的由来是：生理学研究证明人每小时的平均步行长度为3英里（约4.8公里），按照该速率，1/4英里需要步行5分钟。

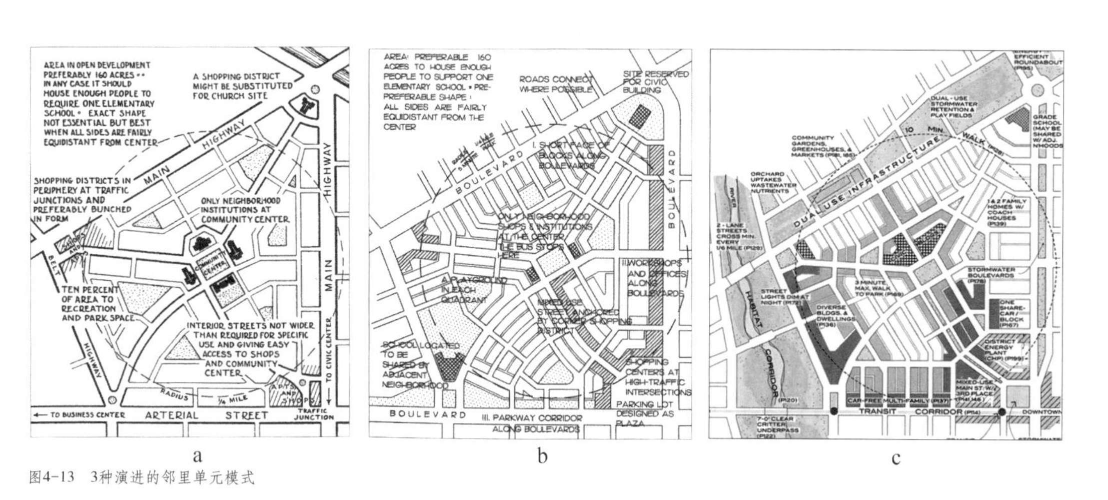

a　　b　　c

图4-13　3种演进的邻里单元模式

另一位新城市主义者法尔（Douglas Farr）在2007年再次发展了邻里单位概念，并在佩里、杜安尼与普拉特-兹伊贝克理论基础上绘制了新的图解。他提出的是“可持续邻里”（Sustainable Neighborhood），在邻里单位周边增加了绿带，这些绿带在服务邻里社区的同时，自身还能形成生态通廊。并且，法尔重新制定了邻里单位的评价体系，除了前人已提过的“5分钟距离”外，还引入可识别的中心与边界、土地混用模式、路网交错程度、社区特定公共空间等另外4个评估项。尽管这些评价标准都指向一个多元、有活力的社区，但相比原本的邻里单位理论，只能说是“殊途同归”。

4　结语与展望

邻里单位理论在20世纪中期迅速推广到世界各地，但是它在北美20世纪规划史上享有的重要地位在其他国家都未曾出现过，它曾经一度被规划师奉为圭臬，并被写入胡佛政府颁布的规划法规中。通过简要梳理，我们看到该理论的提出经历了怎样的社会学援引，又如何在城市规划实践中得到推广、“错用”与推演，并且从1990年代起如何被再次复兴。在大型商品房社区建设成为我国住宅供应的主要形式后，邻里单位所定义的半公共、半私有的社区领域构成了空间权属与治理权限之间矛盾的前线。集合居住是当代中国国情条件下的必然选择，而大型社区、高层住宅等只是它的空间表达方式。近年的现实是：分配制度下的集体工人新村已经大批量进入“暮年”，而第一代商品房也有近30年的历史，许多空间设施与组织方式已经不能适应新的需求，亟待更新。在这个历史节点回顾邻里单位的前世今生恰逢其时。回溯这个现代规划史上的基本概念，对当下我国的新区建设、旧城更新、社区复兴、新村改造、拆围墙破除封闭小区等现象与进程也应该不无裨益。

第二篇　范式

在前现代—现代—当代城市的转型过程中，多种邻里模型涌现出来，它们出现在不同的社会环境中，在安防体系、公共服务、交往模式等等不同的方面制造空间创新的突破口，为城市学研究提供了多样的范例。在这些邻里模型中，“集体”以不同的形式呈现，它的边界或模糊或清晰，归属感时而坚实时而脆弱，社区文化与形象有外露也有内敛。无论这些邻里模型出现在何种语境中，它们都有自身丰富的观念史与实践史，并不断应对外部挑战，展现自身顽强的生命力。

自西方在第二次世界大战后逐渐迈入后工业进程，邻里的意义与其空间表达经历了一系列深刻的转型，由近缘关系形成的邻里逐渐向业缘、趣缘等社群形式转型。这一转型从北美、西欧开始，逐渐“感染”亚太地区，并在 21 世纪到达我国的发达都会地区。在这些邻里模型中，许多集体关系的创建与维系并不依赖居住，而依赖消费、休闲与体验。这其实带来了一个城市学的问题：如果居住所构成的“近缘”关系不再是唯一的邻里赖以凝结的基础，哪些社会关系可以代替居住以形成新型的邻里关系与空间形式？这些关系可以是共享的基础设施、共同抵抗的外部威胁或“他者”、共享的活动，甚至共有的文化身份。进一步可以探问，邻里是否可以是一个主题公园？一个滨江景观带？一座购物中心？一个共享工作空间？

本篇介绍了在现代城市发展史过程中出现的一系列实现了自主更新、生长、蜕变的邻里模型。通过对这些模型的话语与实践的回顾，寻找它们对于中国当代城市研究的参考意义。从经典马克思主义理论来看，这些多样的空间都是城市化到达峰值后的“异化”的社区，是消费主义盛行的产物，但是它们都提供了传统社区空间所具备的功能。或者说，在工作、居住、娱乐高度碎片化之后，人们的生活也切割为不同的部分，形成各自时空的邻里。本篇将讨论这些多样的邻里营造经验对不同大都会区域的城市设计理论的贡献，并讨论在城市设计的核心——公共空间的管理与引导层面——纳入这些邻里营造经验的可能性。

第五章 古北新区与开放街区[1]

“街区”是构成城市的单元，也是理解城市形态的基础，但是千变万化的街区类型使得城市研究者无所适从。街区、小区、开放街区、封闭小区、超级街区等概念究竟从何而来？互相之间如何区分？在不同文化与场景中又表达为何种形式？各自代表了怎样的城市建设与社会管理理念？“街区”在其概念迁移的过程中衍生出丰富的模式，这些模式演变的谱系又是怎样的？本章将围绕街区形态的“封闭－开放”之争，讨论构成“开放街区”的空间、社会与文化前提，并梳理对街区形态的辩论背后的社会立场角力与心理嬗变。

1 本章内容最初以《街区制、邻里单位与古北模式》为题发表于《住区》（2016年第4期），收入本书后有修改。

1 街区制之困

街区、街廓、地块与建筑间的多维关系是邻里的最基本物质形式，是城市建筑学研究中无法规避的对象。关于街区制或开放街区的讨论一度仅仅限定于建筑与规划学科内部，而近期这一讨论随着相关政策的出台迅速公共化。其中，2016 年发布的《中共中央国务院关于进一步加强城市规划建设管理工作的若干意见》(以下简称《若干意见》)提出“新建住宅要推广街区制，原则上不再建设封闭住宅小区”。这一表述一度被大众媒体简化为“拆墙”，在公共讨论平台引发了激烈辩论，不同的利益攸关方均就自身的立场与理解对该政策提出了或支持或反对的意见表达。讨论的焦点主要在于现存的大型小区如何进行二次拆分或“出让”一部分空间资源。随着“街区制”讨论的逐渐发酵，建筑与规划学科内部却没有足够有力的分析工具予以应对。一方面现有的物权法与土地征收管理法并没有对此的具体表述；另一方面城市形态学、建筑类型学与城市人类学等基础研究领域本身也缺乏对中国改革开放以后的商品化社区空间的深度理解。

当代的大型封闭式社区是新中国成立初期的苏联式工人新村商品化后的产物，但是从形态源流上辨析，它依然脱胎于 1929 年美国社会学家克莱伦斯·佩里所提出的邻里单位模型。邻里单位模型是对前现代的中世纪城镇街区与大生产下的工业郊区两种模式的抵抗与颠覆，因为当时的城市规划史认为后者无法提供现代化生活所需的空间质量。无论是封闭还是开放，是大街区还是小街区，这些空间措施都是为了在特定的历史条件下实现邻里单位的推动者们对社区空间质量的许诺[1]。所以，在实现一种理想的社区形态的过程中，现实的制度安排与居民的空间需求之间的矛盾一直存在。只有回溯到它们产生的历史语境中，才能厘清多种空间措施表象下的复杂诉求。虽然改革开放以后来自苏联的小区制在住宅商品化过程中迅速转变为封闭式社区，但是还是有少量的街区制（开放街区）社区实例留存至今，这些社区范本为街区制的可行性研究提供了丰富的讨论素材（图 5-1、图 5-2）。

1 有学者认为中国的单位住宅（简称大院或单位大院）也受到中国古代的里坊制度的影响。从新中国成立后的历史来看，大院的产生主要是以生产单位为社会单位，和里坊制度所依赖的以住户为对象的社会管理不同。单位大院制度主要源自东欧阵营的规划制度，和新中国成立初期大规模地主动学习苏联有较大的关系。从尺度来看，一个典型苏联小区占地10到60公顷，不大于80公顷，中国的小区与此相似。

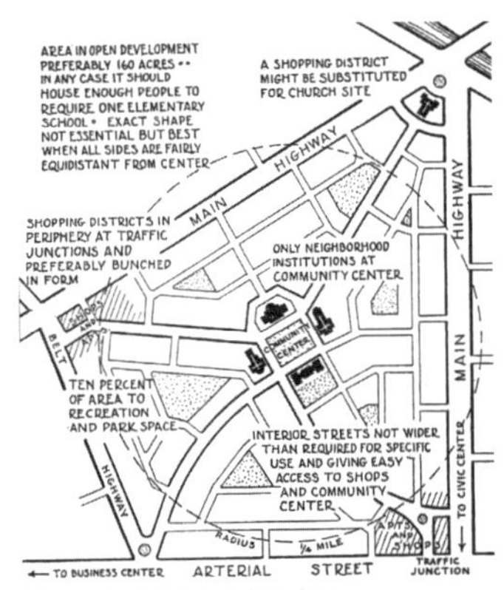

图5-1 佩里的邻里单位模式图

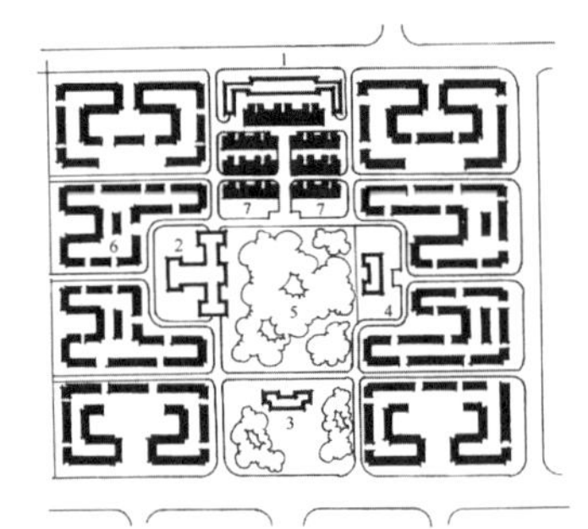
北京百万庄扩大街坊规划平面图
1—办公楼；2—商场；3—小学；4—托幼；
5—集中绿地；6—锅炉房；7—联立式住宅
图5-2 北京百万庄扩大街坊规划平面图

2 小区的话语史

关于封闭式小区的讨论大概从 2000 年以后开始在华人学者的城市研究中出现。目前对于封闭式居住区的形态史进行论述的经典文本是 2006 年出版的卢端芳的《再造中国城市形态：现代性、稀缺性与空间，1945—2005》。其中，第二章《迁移的城市形态：中国的邻里单位》是对全书内容的高度概括。卢文的主要贡献是将北方的单位大院社区嫁接到邻里单位这一经典社区模型上，并梳理了邻里单位概念在 1930 年代进入中国之后向小区转变的历史。邻里单位与卫星城市的概念首先在伪满时期进入东北的规划，在新中国成立后体现于诸如上海曹杨新村等社区规划中。小区是苏联的工业城镇模式与一度被批判的邻里单位模型进行协调的结果，是在重工业优先的历史背景下建立服务于生产的邻里模式的经验性成果。虽然这本书也提到了改革开放时代单位大院的瓦解与小区模式的商品化，但是由于全书的地理范围以北京为主，对于改革开放时代的历史叙事稍显简略，对早期以生产为主导的小区（不一定封闭）如何在一定的历史条件下演变为商品化的封闭式小区并未详加叙述。

除了卢端芳的论述，鲍存彪认为中国封闭式小区能够促进社区自治，这是因为长期计划经济时期的集体居住中私有空间被长期抑制，在改革开放时期人们对商品化小区内部的事务反而能够投入更多的参与。叶毅明通过对上海封闭社区的问卷调查发现社区管理上的封闭与是否有社区感之间并无直接关系，而住房的商品化与社区感有相关性。但是，即使许多有围墙的社区并未进行实质上的封闭管理，这种感知上的封闭性对社区感的贡献却是巨大的，这与欧美门禁式社区中的疏离社群关系大相径庭。叶毅明发现，住宅的商品化形成了一种本地化的集体主义，业委会的活动代替原来的居民委员会，并且拥有私人产权的业主比过去的公房新村居民具有更强的社区认同感。

缪朴、王珺、徐苗等对封闭式小区的社会学、政治经济学与发生学背景进行了有益的探索。尤其是王珺的《上海外国人专区之形成：全球化中的国家行为》一文将商品化的社区营造置入 1980 年代的整个新自由主义勃兴的历史中，考察了国际社区作为政府推动的主动全球化行为的本质。王珺一文的主要论述框架建立在雅索普（Bob Jessop）提出的“企业型城市”（Entrepreneurial City）与卡斯特尔等人提出的“发展型国家”（Developmental State）理论基础上（虽然文章并未直接提及后者）。这些理论都强调政府通过对各种生产要素的直接干预以使一个城市取得区域经济竞争中的比较优势。通过对以古北新区为代表的涉外社区建设的回顾，王文认为大型国际社区的建设是政府主动全球化的结果，其作用是吸引优质人才以获取竞争优势。从今天来看，这是一个比较宽泛的结论。一方面，可能由于历史观察距离的局限，王文将整个改革开放时代扁平化了，古北的一期与二期跨越了外销房与内外销并轨时代，其空间模式也相应发生了一定的演进，王文对此未做区分。另一方面，王文受限于理论框架设置的假设，缺乏对特殊且具体的空间与历史事实的分析，具体的案例研究（如古北新区案例）并未对结论的形成产生关键影响。

王珺一文虽然选择了古北新区进行研究，却忽视了古北新区在空间规划上的一大特征，古北新区并没有采用通常外销房的封闭街区形式，而采用了小街密路的开发街区模式，在组团空间处理上选择了新城市主义的组织方式，客观上呈现了传统城市的小街区特征，并采用了当时极为少见的景观轴、围合式布局与过街楼等手法，这种空间布局中的边界可渗透性在之后的联洋与碧云等国际社区的规划中不复出现，而这一开放的街区制特征是与古北新区整体作为一块国际社区“飞地”的现实是有矛盾的（服务高收入人士的社区往往更注意安全与私密，不倾向于让渡自己的社区空间）。另外，王珺文中引用雅索普理论的应用语境是亚洲四小龙（中国香港、新加坡、中国台湾与韩国，这一概念产生于2000年之前）的经济奇迹，从今天来看，这些经济体的土地管理方式不同，社区建设方式也各有不同，他们的经验不能简单应用到大陆改革开放之后的社区空间研究中去。因此，在社区组团空间尺度上的开放如何影响整个社区在城市尺度上的行为与表现，且如何影响我们今天对封闭式社区空间史的理解，是本书随后关注的重要内容。

由于中国的高速城市化进程开始减速，激进粗放的城市建设被更加深耕细作的城市存量更新所取代，因此，今天的城市史学者可以以更清晰的历史视角来观察前30年的社区建设历程。回溯历史，在城市化加速的1990年代初，境外直接投资是城市化的积极力量，它也带来了相对更先进的居住方式和社区空间组织方式。这种在社区建设中的主动西方化在新中国成立初期已有先例，当时在主流的苏联式工人新村模式的统领下，规划师并未放弃对多样的社区形态的探索，比如广州在1950年代建造的“华侨新村”。在改革开放之后，随着“侨汇房”与“外销房”这些特殊社区类型的出现，在相对宽松的建造标准下，规划师与建筑师能够更自由地实验理想的社区空间形式，或者将许多创造性的手段大量地应用到实践中。可以说在一段时间内，大院式的工人新村模式向商品化社区的转型是由这些外销房社区建设主导的。

涉外社区的单元形式、组团布局、公共服务形式乃至使用年限都与当时的新村式社区有着较大的差别。如果说工人新村依然是一种较低标准的权宜式的社区形态，那么在当时的私有化大潮中，这些涉外社区的定位是可以经历历史考验的模范社区。至于它所采取的或小街区或大街区，或开放或封闭的组织形式只是达到这一模范性与持久性的手段，这些措施也就有了更多维度的得失与利益权衡，在历史的演进中也在市场与社会的变化下主动发生更新。这种时间维度上的权宜与恒久所形成的形式偏好差异与现代主义理念相左，客观上印证了当时方兴未艾的类型学的理论，十分耐人寻味。

3 古北模式

3.1 尺度之惑

在近期的关于封闭与开放小区的讨论中，古北新区（尤其是古北一期）经常被作为一种开放社区的范本拿出来讨论。古北新区的开放状态能够在整个虹桥地区的大量封闭式社区的环绕下幸存，是与几个条件分不开的。首先，古北并不是一个全开放社区，而是一个小街区式社区，即使是街廓增大后的二期的街区尺度也堪称紧凑。其次，古北新区的三期开发的开放性依次降低，是与住宅商品化的制度逐渐成熟、管理成本的压缩息息相关的，早期的开放是一种模糊制度下的产物，后期的开放状态逐渐与周边一般商品住宅区趋同。再次，古北新区规划由法籍华裔建筑师黄福生完成，明显受到当时在欧美都比较流行的后现代主义思潮的影响，其界面丰富的商业主街，密布的底层商业以及紧凑街区的设计呼应了正在兴起的类型学思想[1]，巧妙的围合形式也消解了小街区带来的管理压力。最后，古北的小街区营造有意压抑围墙的消极作用，由于采用丰富的围合手段，围墙的体量与形式比较友好，围墙既有效分隔了内外又消隐于建筑构件中。综上，古北的开放街区的产生是具有历史偶然性的，是一种实验性的规划设计理念的产物，是住宅商品化与土地批租制度完全定型前的探索，但是也正是由于它的不成熟，反而能够克服制度固化之后逐渐僵化的社区规划定式。

1 从现有的资料来看，黄福生建筑师的设计风格偏向一种折衷的、通俗的新理性主义，其设计手法受到马里奥·博塔（Mario Botta）、罗西与克里尔兄弟等的影响，属于当时将类型学大众化的通行做法。

小区是中国的独特社会背景下的产物。当前中国大城市的典型居住小区大小为 12 公顷左右（街区侧边长 300~400 米），而西方典型的街区大小在 1~2 公顷之间。小区与街区除了大小不同，其地块组织方式与功能结构的自足性完全不同，街区本身是土地私有制的产物，街区里的各个地块都有接驳街道的出入口，在相对街道与其他基础设施服务的关系上是并列的关系。小区推翻了这种地块间的平等独立关系，事实上是将街区中较小的街道与公共服务私有化，各户接驳公共服务的方式从独立变为集体。这既减轻了政府或一级开发商的基础设施建设负担，也保护了居民的共有产权部分。但是小区在优化自身内部的空间体验的同时也恶化了与之相邻的外部空间，由于小区地块巨大，外部道路必须设置为快速干道，快速干道又与商业主街重叠，各种小区所排斥的功能并置在快速干道上，更将居民的公共活动压缩在小区以内（图 5-3）。

3.2 意象之惑

1988 年后，随着土地批租热潮开始，政府土地部门逐渐熟谙土地批租的工具性，利用外资（许多是经过迂回包装的内资，尤其以港资为甚）进行旧区改造，引入新的住宅建设机制，解决大量涌入的归

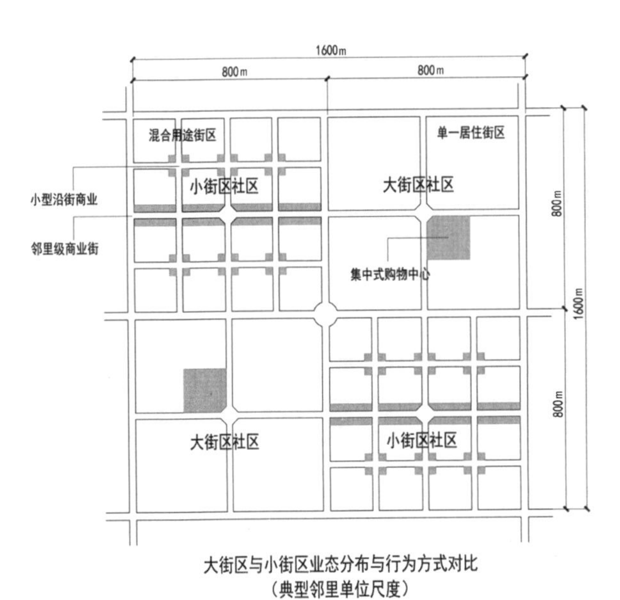

图5-3 大小街区的业态分布于社区行为方式对比

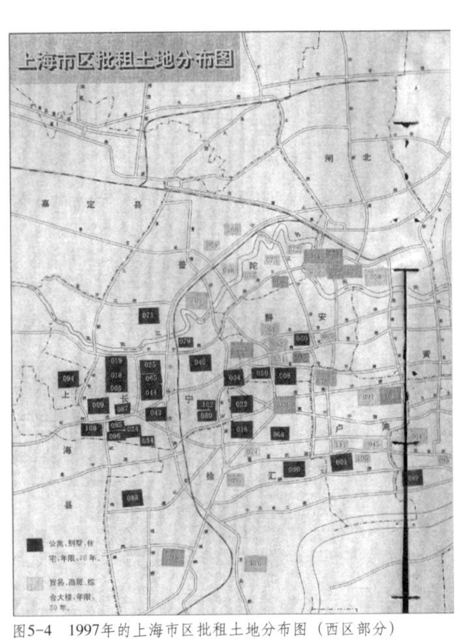

图5-4 1997年的上海市区批租土地分布图（西区部分）

侨、华侨与外籍人士的居住问题。大量的土地出让权转让费用被用于建设并改造城市基础设施，以实现城市化的可持续运作[1]。古北新区一期就是在这一背景下建设，古北新区的规划始于1984年，最初作为虹桥经济技术开发区的涉外配套居住区。它的用地南至徐虹铁路（古羊路），西至虹许路，北边通过虹桥路与延安西路与虹桥商务区相接，东至古北路（二期至姚虹路与宋庆龄陵园）。由于虹桥机场周边的建筑限高到虹许路为止，因此建筑形式由西向东从别墅、多层住宅、小高层住宅向高层住宅过渡。古北本身的空间的内向性与严谨的几何秩序就界定了它与周边社区的差异（图5-4）。

古北从最初规划阶段就具备成熟的城市设计思维，并纳入规划实施。一期规划以东西向的黄金城道为东西向主轴，以半弧形维也纳广场与南面翠钰路贯通为南北向主轴，并在各公寓群中间设若干副轴。轴线上用拱楼贯通视野，轴线两旁建筑对称。设计中还运用了四合院与高大的过街拱楼相结合的手法，打破了传统新村式住区设计邻里间隔绝的方式，并利用四合院中休息庭园及广场绿化来推动居民间的往来。它的开发方古北集团有限公司是由中华企业、长宁房产与浦江建设三方合资组建。古北集团通过成立中日合资建设公司，着力于基础设施建设以加快土地批租，实现快速资金回笼。在宽裕的建设成本、宽松的风格控制与明确单一的目标使用群体等条件下，这些涉外社区

1 当时的商品住宅主要表现为侨汇房、外销房与外资内销三种形式。侨汇房（又称高标准内销住宅）最早出现于1979年，是建筑标准高于普通住房，由侨眷侨胞通过外汇购买的住房，比如古北的首期即1990年动工的“钻石公寓”就是侨汇房。外销房是引进外资进行社区开发的最主要形式，外销房制度开始于1988年的土地批租制度（国有土地有偿使用）的建立，结束于1996年，前后持续8年。外销房是引进外资进行城市建设的主要方式，其购买者是外资企业与领事馆中的外籍人士、港澳台居民与华侨，外销房社区的空间形式被有意规划为与本土的新村小区完全不同的形式，外资带来了独特的经营与物业管理方法，客观上带来了一种不同于小区制的社区组织形式。外资内销房是外销房制度实行的后期，由外商投资的内销平价住房，是外资、内资最终在一个市场平台上竞争之前的过渡类型。

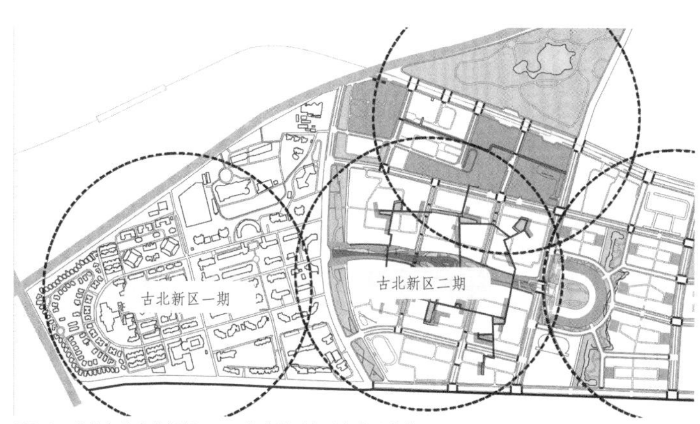

图5-5 理想中的古北新区一、二期分别对应两个邻里单位

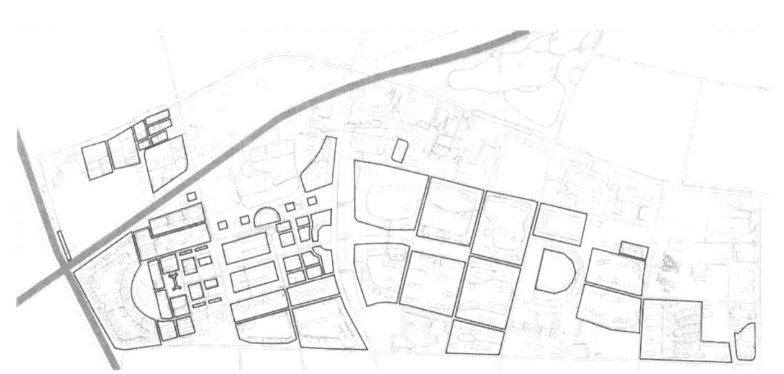
图5-6 古北新区的组团门禁系统

有意采用所谓的欧陆风格，在形式语言与空间布局上同时反映想象中的西方社区的意象。由于有西方背景的建筑师的设计参与，社区在内部或多或少地采用了街区制的规划方式（取决于社区规模与功能的完整性），而在外部边界上依然与相邻城市功能区社区有一定的隔离。古北三区（一期）被媒体评为上海 1990 年代的十大新景观之一（图 5-5、图 5-6）。

古北新区占据了大约 2 个邻里单位（约 1.37 平方公里）的大小，已经相当于一个小型城镇，其功能配置比较完整，社区物业管理完备，居民的公共参与程度高，周围又有快速干道、铁路路基与公园等天然边界，所以它在街区制上的实现比较彻底。相对于小区与街区，古北的街区形态采取一种折中的态度，其街区大小在 3~5 公顷之间。在紧凑的街区结构基础上，部分街区内部往往又有可穿越的步行广场，这样街区就被进一步分割为 2 公顷左右的组团，组团往往由几栋公寓

图5-7　古北一期鸟瞰

楼围合形成，这些公寓楼的房型不拘一格，大量的口字形、门字形与半圆形平面的建筑强化了景观走廊及几何秩序。部分住宅平面并不符合本地居民的生活习惯，却体现对社区外部空间质量的尊重。

古北一期拥有大量过街楼，道路与建筑互相交错，一进进拱门在某种程度上隐喻了上海传统邻里的空间组织方式。后来建设的联洋社区的典型街区大小达到了 8 公顷以上，但步行友好性与外部空间的丰富性不如古北。古北一期的组团有自己的门禁管理系统，即使如此，面向组团内部广场的底楼还是有服务组团的商业设施。这种充分的住 - 商功能混合便利了居民的日常消费活动。由于土地批租制度是在 1990 年左右形成的，外销商品房的正式问世是在 1992 年，1990 年左右的社区设计中的业权处理是比较模糊的，所以，从今天的眼光来看，古北一期中存在着许多不易于管理的空间，公共空间与私人空间大量交叉渗透形成了许多领域模糊的社区空间，但是这种暧昧不明却为不同人群的交往提供了条件（图 5-7）。

3.3　偏好之惑

目前古北新区规划建筑面积约 240 多万平方米。全部新区分成 3 个区、24 个地块。有居民近 12000 户，境外人士占 57%。整个古北新区目前与周边的社区日益融合，甚至难以辨析其清晰的社区边界。古羊路以南的闵行区也建设了大量高端社区，与长宁区部分的古北新区已经连为一体。1990 年代的古北居民以欧美人士为主。2000 年后，欧美居民比例一度下降，港澳台人士和韩国人、日本人居留增多，这一趋势与碧云等第二代国际社区的兴起有一定关系，部分欧美家庭更偏好低密度社区（图 5-8）。

2001 年，外销房概念不复存在，内外销房的质量趋向统一，古北二期就是在这一背景下开发的。此时，国际社区的概念淡化，古北二期的开发模式更符合亚洲人士的居住偏好，组团由最初的围合式发展为行列式，街区规模变大，更易于提供私人设施。街区内部实现完全的人车分行，摒弃了一期的人车混行模式，模糊的社区空间被抽离了，只有步行化的黄金城道商业街保留了一定的公私空间重叠。虽然二期的街区尺度依然紧凑，但是街区内部已经完全采用小区的布局模式，小区间的建筑对位与轴线关系也不复存在。从道路结构上来说，二期沿黄金城道步行区的六个街区（由红宝石路、蓝宝石路、伊犁路与古北路围合）形成了一个大的超级街区，红宝石路、蓝宝石路在规划等级上只是两条低等级车行道，供车辆进出小区或快速通过。虽然古北二期的空间结构已经更靠近当代的商品房小区，但是先期规划的完整性还是保证了它与一期形成了一个完整的社区。在二期开发完之后，沿虹桥路的三期商务区相继开发，形成了社区核心区与城市主干道的缓冲地带。

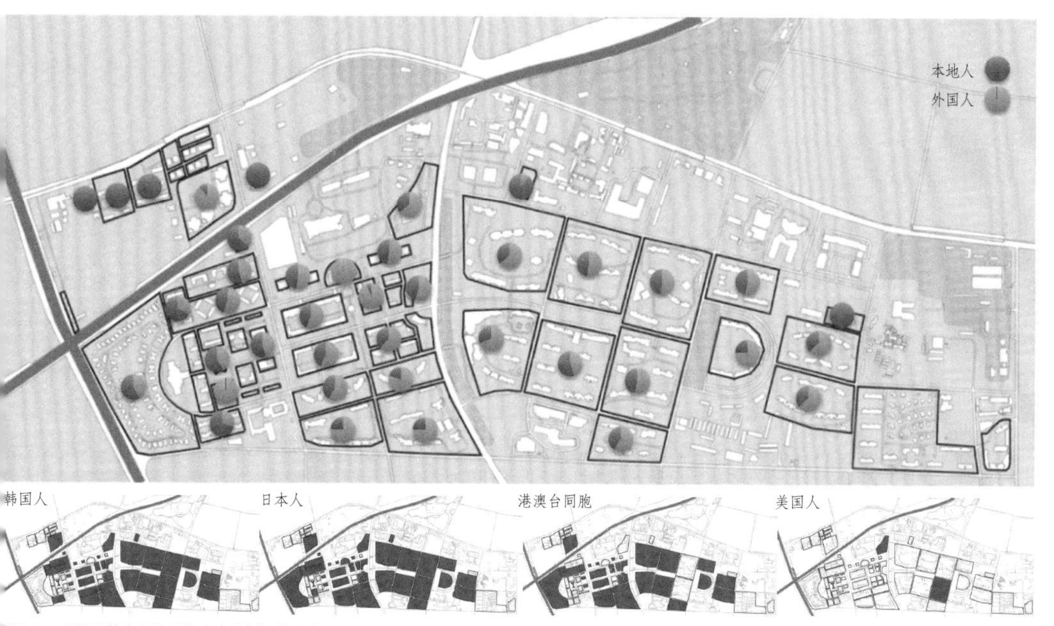

图5-8　不同国籍来源的居民在古北新区的分布

4 街区制辨析

关于古北模式的案例研究可以有助于解答许多亟待解决的学科问题，比如围墙的兴废原因、从新村到小区的转型过程、开放街区的条件等。其中最重要的一个问题是，改革开放后的商品化小区的围墙是否继承了单位大院的围墙的功能？根据卢端芳的研究，改革开放前有大量单位大院出于管理的方便加筑围墙，但是当时的政府部门并不鼓励建围墙，因为这与当时的土地制度是相悖的[1]。至少在1990年前，依然有部分小区是不设围墙的，其苏联式工人新村模式还未完成向门禁式小区的转变。此时形成的古北新区一期也正反映了这一情况，虽然服务于高收入人群，但还未准备好形成全封闭社区。古北一期用建筑学的围合方法来分割街区内外空间，而不是单纯使用围墙，这是早期外销房（包括侨汇房）的西方城市想象与当时模糊的产权意识双重因素影响下的结果。但是从1990年后，由于社会流动性增强，社会不安全感骤升，住宅开始商品化，筑墙变成了一种政府支持的合法行为。所以，围墙在改革开放前后都是社区的小集体利益与城市的大集体利益不可调和的产物。

1 卢文指出，1950年前多数单位大院没有围墙，少数有篱笆。1960年代后单位大院开始修筑永久性围墙，但此行为不被规划部门认可。

第二个问题是：围墙的合理性来源是什么？围墙的合理性仅仅存在于1990年代的住宅商品化以后的公私物权的确权。即使以超级街区形态出现的大体量小区一直存在，但并非所有的大型小区都有围墙，至少在1990年代之前，许多工人新村小区是没有围墙的。大规模造围墙运动发生于1990年代初。据1996年《人民公安》报道，由于当时封闭了14个道路交叉口，普遍推广社区门禁，北京西城区的犯罪率下降了85%。由此可见，大型小区的出现和围墙并非指同一现象的两面，也非同时产生。即使同样设置围墙，古北二期的封闭模式与一期有了很大差异。围墙是城市将提供公共服务与建设社区基础设施的责任推给开发商的结果，是社会治安、公共服务设施不均衡等问题爆发后的应急策略，也是全球新自由主义高涨的时代宣示私有物权的象征物，但是这不能掩盖它的权宜性。围墙杜绝了街廓内外的对视，隔离了潜在的私域入侵者，也形成了围合街道的死墙，破坏了街道空间质量。只要有合理的设计与管理，除围墙以外的空间元素也可以实现围墙的防御功能。只要一个大区域内的公共服务水准达到均衡，围墙的存在理由就不再充分。

第三个问题是：究竟何为封闭式社区，何为开放社区？或许《若干意见》中的“街区制”是一种更科学的提法，街区制规定了邻里内街区的一般规模，也相应规定了邻里单位内部道路的交叉口间距，街区通过建筑围合实现内部空间的排他性，但是除了有少量组团活动场地，大型服务设施全部由大社区提供。只要分割街区的道路是公共的，街区制就实现了开放社区的功能。古北的道路密度大于同时期建设的其他社区，但由于高标准的基础设施，它的内部交通依然有序，社区内支路较窄，车流对步行的干扰有限。但是，如将古北新区与相似规模的田林社区相比较，可知田林社区在两个邻里单位的规模下仅仅具有田林路与柳州路两条内部道路。由两条道路划分的四个地块边长达500米左右、面积达25公顷的超级街区内部仅靠小巷弄分割不同的组团（村）。这些巷弄内部人车混行，又兼作停车空间（图5-9）。基础设施标准与街区结构的差别决定了古北与田林的空间质量的差异。虽然超级街区内的组团（村）名义上是封闭管理的，但是管理并不严格，大门对行人进出不加控制。因此，开放和封闭与墙的存在并无对应关系。

最后的问题是：在普遍的封闭式社区海洋中，古北新区的开放（半

图5-9 田林新村的巨型街区与内部组团示意

开放）姿态何以幸存？应当注意到，这种开放姿态既是先期规划的结果，也需要投入相当的管理与社会成本。在古北的30年规划史中，古北的开放姿态也曾经经受挑战。比如关于古北一期荣华东道归属的辩论常常见诸报端。荣华东道被设计为一条城市支路，但是长时间它一直由古北物业实行封闭管理，直到2008年后才重新开放，它的重新开放对古北一期的居民造成了一定的干扰，以至于其归属权一直存在争议。荣华东道在1995年左右由于治安原因暂时将其封闭，这与封闭式小区的合法化路径是共时的，街道封闭的同时，空间的权属模糊性并未得以澄清，再开放时也就不具有合法性了。在古北新区，类似荣华东道的社区支路大量存在，只是由于古北的基础设施标准较高，停车位按一户一位设计，物业统一管理，安保人员与岗亭随处可见，因此开放所带来的公共空间资源紧张依然在一个可控的范围内。另外，得益于古北周边地区的迅速“士绅化”（gentrification），整个虹桥区域的相对均衡且高标准的公共服务水平使得古北的“大度”不显突兀，周边居民没有必要来占用古北的公共设施（停车、绿地等）。

5 筑墙与拆墙

围墙是“街区制”争论的核心，但是它只是城市空间管理体系的符号表达。从观感上，围墙象征着封闭与安全，但是在现实中，“筑墙”与“拆墙”背后都有着具体的历史事件语境，也包含复杂的利益诉求。在改革开放前，在当时的政治语境下，墙是一种旧时代的象征，拆墙是主流的趋势（也包括城墙）。部分单位大院的围墙是为了保护一个生产与居住单位的集体利益，是一种权宜措施，但是却是与当时的土地制度与政治背景相违背的。改革开放后，由于真正的住宅商品化直到1992年才完成，计划经济时代的苏联式工人新村模式依然存在，初期的住宅商品化是由外销房引领的，一直延续到2001年内外销合流。外销房带来了小区模式以外的社区规划模式与标准，尤其是带来了一种当时的公众认为“可以经受历史检验”的形式，其中就有以古北新区为代表的街区制社区。大规模造墙运动直到1990年代初期才开始，这与人口加速流动、住房私有化、公共服务不均等、社会不安全感上升等因素有关。此后，封闭式小区就成为中国城市建设的标准配置，也是物权观念与社区自治观念渐入人心的标志，它试图使用一种简单粗暴的手段实现佩里的邻里单位所允诺的社区生活质量。

最近，大型封闭式社区所带来的社会问题逐渐凸显，这一现象与职住分离、居民自我治理困难、群租现象激增以及交通基础设施不足等构成了中国式的郊区化图景。少数街区制社区的存在表明，如果将组团切分到合适的尺度并投入适量的管理成本（可以被获得的高质量公共服务抵消），街区制社区的安全性与私密性并不受太多影响。大型封闭式社区的围墙与社区的安全、归属与价值的相关性并不直接。调研表明，古北新区的安全度高于相似区段的封闭小区。即使在街区制社区中，小型组团也有门禁系统，基本的组团公共空间依然得到保护，组团内还有一定量的商业店面，为组团提供日常性的消费服务和安全监控。街区制实现的关键是整个城市区域公共空间资源与服务的均衡化，墙的功能是阻隔掌握不同量空间与社会资源人群之间的流动，某种程度上是城市规划失败的结果。一方面，“拆墙”本身是一种不严谨的表述，是倒因为果的事件；另一方面，“拆墙”应该是一个极为系统的社区空间结构重构的过程，其实现依赖于更为严谨的研究与论证。

邻里单位模型在 1980 年代后渐渐融入逐渐占据主流的新城市主义理论中。在街区制讨论中，已经相当系统化的新城市主义思想提供了主要的话语框架。大多数新城市主义实践者（比如卡尔索普）都是物质环境规划者，他们习惯于固守传统的空间规划的学科边界，其思考受到学科自主性的限定，较少涉及大型门禁式社区的社会背景因素，尤其是在中国当代语境下的社会因素。30 年的社区形态史表明，对于封闭式社区的心理依赖是与私有物权观念在长期抑制下的反弹有关的，这个历史过程的完成取决于原本模糊的公共、集体与私有的概念是否得以澄清以及各自获得足够保护。但是，即使在这一历史过程尚未完成之时，空间设计者也有一定的空间干预手段来实现街区制与普遍的社区需求之间的调和。规划设计业者最紧迫的任务是，在局部的大型封闭式社区已经阻碍了城市的整体运行效率与空间质量的同时提出创新性的空间干预手段，以局部实现更高的运行效率与空间质量。除了古北模式，还有大量的平衡场所、安全、均好与效率的手段广泛存在，许多手段处在主流建筑与规划学科的边缘，它们能够促使业者在筑墙之外思考实现邻里生活目标的可能性（图 5-10）。

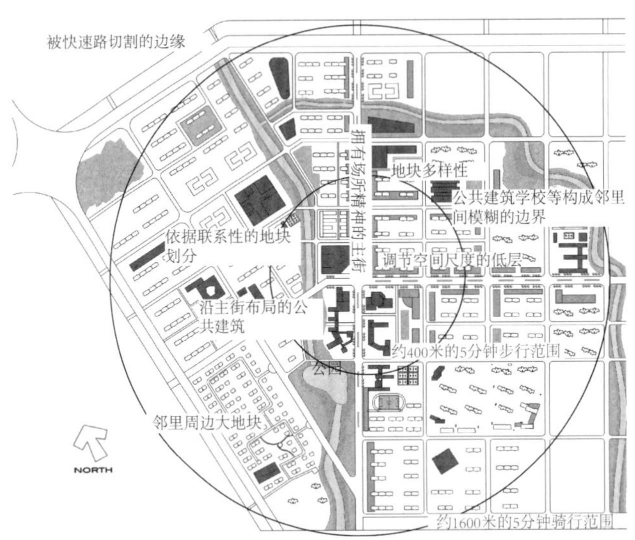

图5-10 基于中国都会语境的新型邻里单位模式设想

第六章　滨水贯通与深度地表[1]

滨水工业区一度是现代城市所依赖的基础设施与城市生长引擎，但是在城市产业转型升级的大背景下，各种新兴产业的组织方式发生变化，作为城市重要生态涵养地区的滨水区也不适合传统制造业的集聚。滨水区因其衰败的密集工业设施被称为城市的“锈带”。滨水工业区是许多陈旧的工业建筑、物流设施、大型机械、驳岸码头的聚集地。它的内部空间组织与典型的城市街区大相径庭，因此它的再生成为一项独立的研究领域。本章以上海的“滨江贯通”建设活动为例，从地表结构出发，探索滨水地区的构造，提出“深度地表”的空间规范方法，论证了基础设施的空间协调在撬动滨水社区重构中的不可替代的作用。

1　本章内容最初以《有厚度的地表：基础设施城市学视野下的都会滨水空间演进》为题发表于《时代建筑》（2017年第4期），收入本书后有修改。

1　滨江贯通中的滨水基础设施空间

城市中的水道在快速工业化时期聚集了密集的交通与工业设施，而在后工业化时代，随着产业的迁移与转型，原有的密集工业设施已经成为经济转型的障碍。尤其是在集装箱装卸运输取代传统的港口作业形式后，城市水道的产业转移过程加速。因此，这些区域或闲置荒弃，或在资本力量与社会愿景共同驱动下经历空间重构，成为新的艺术文化社区。将滨水空间与重新融入城市公共生活是所有进入后工业时代的大都会区的共同任务。纽约的炮台公园城（1968 年）是较早进行滨水再开发的范例，其后，欧美主要工业城市滨水区均经历了从生产性空间向消费或服务性空间的转型（图 6-1）。

在上海，这个过程始于 1990 年代，当时，市区黄浦江滨江区域集中了主要的市属、部属大型企业，间杂有大量作业区与军用码头。

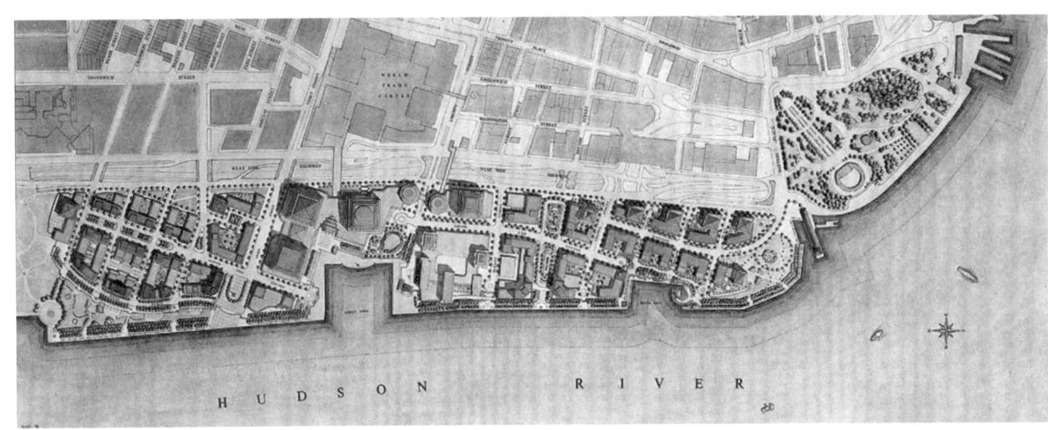

图6-1 亚历山大·库帕事务所的炮台公园城总图，1979

此种情况下，北外滩作为老外滩的延伸最先开始规划程序。“浦江两岸开发”进入公共视野始于2002年上海市所启动的“黄浦江两岸综合开发”计划。2004年年初，上海国际客运中心项目、外滩风貌延伸段整治工作启动。随着2010年世博会的举办，上海的滨水区更新提速。2011年后（“十二五”阶段），黄浦江两岸规划范围扩展为吴淞口到闵浦二桥之间的黄浦江两岸，两侧岸线长度延伸到119公里。到2015年，世博园区、外滩－陆家嘴地区和徐汇滨江等重点区域的标志性项目基本建成。

2015年，上海市启动了《黄浦江两岸地区公共空间建设三年行动计划（2015—2017）》（以下简称《三年计划》）。此后，“两岸开发”被进一步表述为具体的“滨江贯通”措施。此轮滨江公共空间建设相比于10年前的“黄浦江两岸综合开发”已经有了转变。在指出前一阶段的问题的同时，它的关键诉求已经从提升大众认知度转为增强公众可达性；从土地要素开发转为公共领域培育；从滨江区域本身转为腹地与滨江的连通关系；从空间的制造转为场所的重构。《三年计划》指出：滨江公共空间尚未贯通，服务设施的质与量均不能满足需求，区域轨道交通站点的覆盖率依然较低（33.9%）。“可达性”（accessibility）与“连通性”（connectivity）缺乏是上一轮滨江更新所未能解决的困局。

2018年，《黄浦江、苏州河沿岸地区建设规划》公众版发布，上海全域河道及其周边陆域被纳入统一的设计标准。同年，《上海市河道规划设计导则》公开征求意见，主张河道规划设计从生产功能导向向复合功能转变，从水利工程设计向水陆整体空间设计转变。尤其在导则中提出了水利与排水设施（如水闸泵站）的功能集成与景观化。

事实是，“十二五”之前的浦江两岸基础设施已经经历了一轮升级。这包括轨道交通、越江桥隧、交通枢纽（十六铺）、防汛墙景观融合与轮渡站扩建等。然而，大尺度的基础设施构筑物缺乏与周边致密的城市肌理的协调对位，各种空间要素以规划控制线各自划界，造成了滨江日常行为链条的断裂，这是导致滨江可达性与连通性不足的诸多原因之一。另一原因是，不同的基础设施的建设与管控主体间缺乏协调统筹，其负面影响已经涉及基础设施物质要素所形成的公共空间，包括产生互相区隔的公共空间与私有化的商业商务场所。最终，多头管理的基础设施区隔出互相并置但难以穿透的碎片化网络，人群被这种碎片化空间进一步细分过滤，滨江的公共区域被无形间蚕食。

观察历年的规划文本，可以发现不同基础设施建设目标之间存在着矛盾冲突，其中有长期开发过程中的不确定性与规划设计导引中过细的建筑形态规定之间的矛盾，有兼顾市民亲水需求与提高滨江两岸防汛水平之间的矛盾，有协调优化沿江旅游码头、轮渡站、公务码头的设施布局与整个滨江贯通之间的矛盾，有已经“私有化”的商务园区自身的物流、交通需求与提升整个滨江区域可达性之间的矛盾，有滨江整体贯通与局部贯通之间的矛盾。已有的规划模式中过于看重地标形象的控制，基础设施工程往往被视为一种服务性技术措施，它的庞大尺度与异质形态超越了既有的城市设计知识框架与控制范围，因此在实际操作中，它退居到地标与仪式性场所的后台，或区隔于这些前景空间，以求不与其发生矛盾。

缓解以上矛盾的解决方案是引入一种新的城市设计与空间管理范式。基础设施与“上层建筑”协同发展的范例即是“公交主导开发”（Transit-Oriented Development）模式。由是推论，在滨水更新设计实践中应该建立一种“基础设施主导开发”（Infrastructure-Oriented Development）模式，将基础设施纳入建筑学与城市设计的前景，并深度探索基础设施介入整体景观营造的可能。

2 基础设施城市主义与滨水公共空间

最先将基础设施纳入空间前景的是景观城市主义的理论与实践[1]。1999 年，埃里克斯·华尔（Alex Wall）在《景观复兴》（*In Recovering Landscape*）一书所收录的文章中提出经典的“地形策划”思想（Urban Surface Programming）。地形策划概念不再用诺利地图（Nolli Map）式的图底关系（场地 - 实体）来看待城市形态。广场、公园、街块这类几何式的物质要素概念被人流与物流网络所代替，这颠覆了当时主导的新城市主义思想以几何秩序来引导城市空间演化的做法。随后，斯坦·艾伦将这种城市地形观阐发为“毯式城市主义”与“有深度的二维”概念（Mat Urbanism and Thick 2-D，图 6-2—图 6-4）。在《基础设施城市主义》（*Infrastructural Urbanism*）一文中，斯坦·艾伦进一步提出了“基础设施城市主义”（Infrastructural Urbanism）7 点主张，这若干主张之间互有重叠，经过辨析，这些主张可以归纳为 5 个方面：

1 经过近20年景观城市主义理论的再定义，“景观”已经开始包含整个城市地表，这包括自然与人工地表在内的自然栖息地、道路桥隧、室外场地等。随着蔓延式的“区域都会”（regional metropolis）的出现，交通设施成为构建场地形态的主导性要素，景观基础设施成为研究并介入城市空间的重要视角。

（1）基础设施构成场地与人工地表。基础设施无关个体建筑，但是关乎场地本身，它构成了容纳未来的各种空间性事件的城市地表，也构成了日常的公共空间。

（2）基础设施是参与式、预期式的建成环境。它是多利益相关方共同作用的公共领域，是跨利益取向、跨专业、跨工种的物质与管控体系。它是一种即兴的集体意志表达，定义了可变与不可变的界限。

（3）基础设施保证各种（生产）要素的流动性。基础设施对公共资源进行运输与分配，用“锁 - 门 - 阀”等空间形式对资源流进

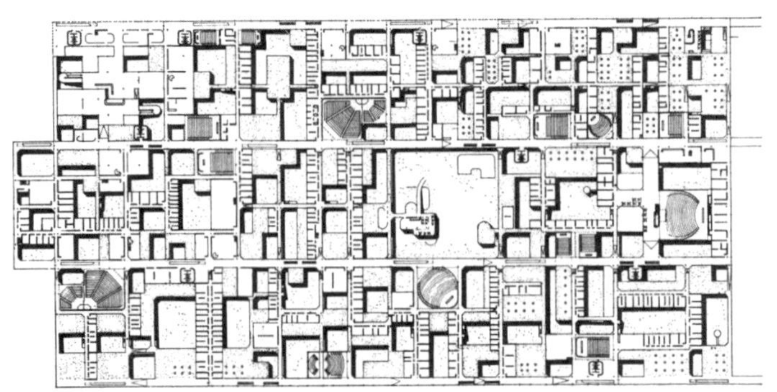

图6-2 坎迪利斯-琼斯-伍兹设计事务所的柏林自由大学——毯式城市

图6-3 华尔所提及的萨格雷拉线性公园

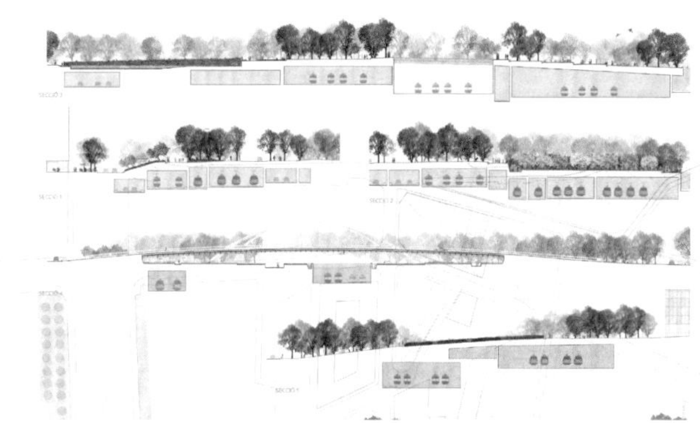

图6-4 萨格雷拉线性公园及其与地下轨交站场的剖面关系

行控制，构成运动与交互的系统。

（4）基础设施在激发局部的偶发性的同时保证整体的连续性。高架桥、苜蓿叶形高速公路交叉口、交通枢纽、轮渡站等设施是普遍的基础设施网络上的“偶发事件”，但是整体上，基础设施依然是标准化的、类型化的系统。

（5）基础设施将重复性物质要素串联成网。基础设施是同构型部件的延展整合，是建筑接入城市的插槽，进一步说，基础设施是一种具备工具性的建筑部件。

景观城市主义的基础设施观在演进，斯坦·艾伦认为景观城市主义的关注重心应该从（人工）生态领域转入到（人工）地质构造领域。城市的不同物质要素的分布就如同生态圈层，虽然生物群落本身的变化迅速，但是生态圈层的构造却相对稳定。这一类比用生态与地质构造的层次、折叠与扭转比喻基础设施密集条件下多基面城市的类似空间结构。传统的交通基础设施多为线性结构组成的网络，城市设计者需要分隔不同的交通流以加速流通，并尽量减少交通流之间的冲突（比如高架公路的苜蓿叶式立体交叉）。但是在景观城市主义的基础设施观念中，这些一度分隔的交通流应该通过一幅连续的地表加以统合。这幅地表通过折叠来替代建筑学中常用的垂直分层做法，如是则垂直与水平向度在连续地表中被编织在一起。与此相对应的是，艾伦在台北延平河滨公园与韩国光教湖滨码头公园的设计方案中，分别将防汛墙与伸入湖中的栈桥码头改造为功能丰富的综合功能体。防汛墙与栈桥码头都是一种退隐到城市背景中的服务设施，艾伦采用“增厚”的手段将二维的薄片（墙或桥）转变为有空间厚度的事件性场所，以实践他景观基础设施的“有深度的二维”的理念。

3 基础设施视角的滨水社区发展史

基础设施与滨水空间的融合发生在快速工业化的时代，填海填河、道路桥隧、防汛设施、港口码头、仓储堆场等构筑物造就了人工化的滨水地形。只有在棕地（brownfield）再开发的背景下，基础设施才被设计者自觉地纳为城市人工地形的一部分，以在设计中作为整个景观的基底。在近代滨水空间发展史中，基础设施已经深度嵌入到城市的人工地质构造层次中。在大多数场合下，滨水区域的陆域一侧的范围界限是与铁路、道路等物理障碍相一致的。铁路与道路基础设施在输送各种人、货、资本流的同时，也在阻碍着滨水空间与相邻城市邻里的连通与渗透。这反映了基础设施的双重属性，即在解决通达性的同时也在阻碍通达性，前一个历史阶段的基础设施的密集堆积则可能成为新时期空间更新的障碍。

纽约与芝加哥的滨水（滨湖）更新发生较早，但是基础设施在这一更新背后的关键作用则较少为研究者关注。纽约的哈德逊河滨水地区与芝加哥的河滨及河湖交汇地区就集聚了大量工业化时代的交通基础设施，比如哈德逊广场的铁路设施与以芝加哥河滨的瓦克车道为代表的多层快速路。两处基础设施竭力融入或改造城市的已有地形，都在第二次世界大战后的城市更新大潮中达到比较成熟的状态，也在1960年代的现代主义城市规划危机后，经历了新一轮更新。在不同的历史阶段，这种基础设施与城市地形的整合呈现出不同的面貌，它们需要在后工业化时代适应新的行为方式，并纳入新的基础设施功能。对这两个案例的研究可以有助于对比各自所代表的典型城市更新范式。

3.1 纽约哈德逊广场滨水更新

纽约的哈德逊河滨水地区一直是曼哈顿岛的交通运输走廊，从炮台公园地区一直到茵伍德山地公园一度密布着曼哈顿岛最重要的铁路、码头、桥梁、高速公路与滨河公园。目前的哈德逊广场地区（南北为30到34街，东西为10到12大道）是这一整个滨河基础设施带的一段，它在历史上曾经聚集了西区货运铁路线、长岛线、宾州铁路线、西区高架公路、纽约邮政总局、宾州车站等多条铁路线、高架道路与枢纽设施，是西区（新泽西）与北区进入纽约的通勤要道。随着宾州车站的客运量不断增大，西区货运铁路线原来的小型驻车场也随之扩大，终于在1987年成为隶属于宾州车站的开放式大型驻车场。

随着2009年高线公园的首期竣工开放，哈德逊驻车场的更新也提上议事日程。这是纽约最新一次使用铁路站场的上空权进行大规模开发[1]。早在哈德逊驻车场建设的早期，当时的工程师已经预见到场地上空会被用于开发，因此已经预留了一部分闲置土地用于高层建筑的桩基。根据最新的方案，哈德逊广场的上空开发分东西两区，其中东区由1座商业裙楼与3座塔楼构成，街区南北贯穿一个名为哈德逊公园的带形绿地，后折向西与未来西区绿地连接，其建设已经初具规模。未来的西区则设置了东西向贯通的绿地，以与东区的绿地构成连续的公共空间与观景视野。为了保证上空综合体的结构稳定，在建的高层建筑综合体的300根桩柱必须绕开驻车场本身的轨道设施，而整个东区只有38%的场地可供结构支撑，因此上空综合体内有一半场地是用于绿地等开放空间。在绿地的基面下方，更有大型的雨水收集池、沙地、通风设施、排水设施等基础设施支撑这个人工绿地系统。除了哈德逊广场的东西街区，宾州车站本身也在扩建，邮政总局将成为扩建的宾州车站的一部分，新的轨道系统将使得该区域的人工地质构造更趋复杂（图6-5、图6-6）。

1 上空权（air rights）是一处物权在离地面一定高度以上的使用权益，常见于交通枢纽或其他基础设施上空的商业或居住开发。上空权是空间权的一种。空间权，是指所有人对离开地表的空中或地下横切一个断层的空间所享有的所有权。第一次利用上空权的是纽约大中央车站驻车场上空的公园大道沿街地区。目前我国也开始了针对空间权的立法，随着城市土地利用强度的提高与土地利用的立体化，土地立法也必然从平面的土地立法向立体的土地立法转变。

3.2 芝加哥瓦克车道沿线滨水更新

芝加哥河作为城市运河诞生于1829年，由于密歇根湖与密西西比河的分水岭以南北方向跨过芝加哥市，芝加哥河实际上在东西段分别流入密西西比河与密歇根湖。1865年到1871年间，芝加哥河的河床被重新挖掘，此后平均水深达到21英尺（约6.4米），河床掘深后，整个流向改为从密歇根湖流出注入密西西比河。芝加哥河成为运河后，

图6-5　作为开放站场上盖开发的哈德逊广场

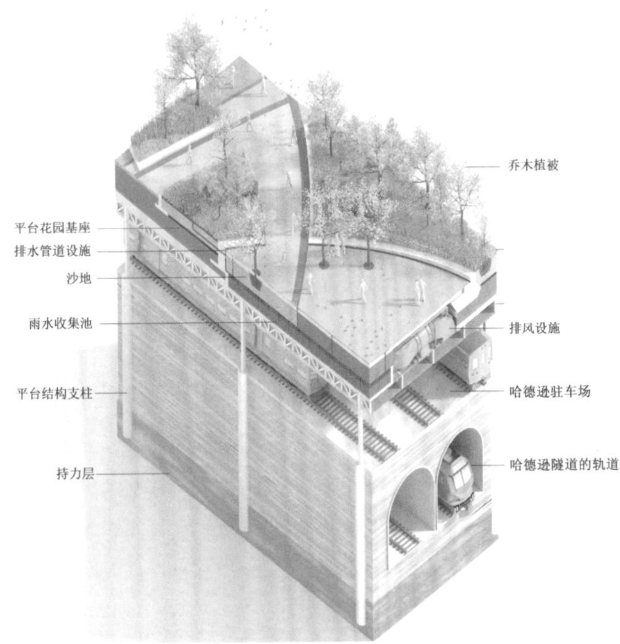

图6-6　哈德逊广场东区平台花园下的剖面构造

河滨的贸易转运功能便不断强化，几乎河滨的所有街区都有桥梁通过芝加哥河，沿河道路与引桥之间的高差就成为影响芝加哥交通的主要问题。作为一个处于河口低洼平坦地区的城市，芝加哥无法如纽约那样利用曼哈顿岛自身的高差起伏因势利导地安排交通基础设施[1]。芝加哥滨水区的多层道路建设始于19世纪末期。到1909年，丹尼尔·伯纳姆（Daniel Burnham）在芝加哥总体规划中正式提出了瓦克车道的双层（局部三层）格局。自此整个芝加哥河沿线地区的地坪被抬高了一层，下层瓦克车道供通勤车辆快速通过或服务于沿河大楼的货运，上层为普通城市街道。为了与芝加哥河南岸的地坪协调，北岸的地坪也抬高了一层，地下成为建筑的后勤层。直至20世纪末期，芝加哥河沿线依然有大量仓储堆场与货运码头，这些设施不停地污染芝加哥河，同时也恶化了密歇根湖的水质。

1 曼哈顿岛的原始地形起伏较大，许多纽约的基础设施会利用地形构建立交系统。比如大中央车站正对的公园大道在四十二街利用地形自然起伏形成高架桥，以顺利接入中央车站二层立交系统。另一个例子是哈德逊公园道在整个滨河公园区域会利用河滨斜坡形成各种拱廊场景，以构成滨河景观的一部分，例如著名的七十九街环形滨水广场。

1974年芝加哥编制《芝加哥沿河地区规划》（*The River Edge Plan of Chicago*），将河岸规划为开放空间。2003年的《芝加哥中心区规划》（*Chicago Central Area Plan*）将公共领域延展到基础设施所形成的空间中，修缮以瓦克车道为代表的多层滨水街道，强化垂直人行通道（自动扶梯、电梯、坡道与楼梯），构建完全可达的基础设施所形成的公共领域。2000年后，芝加哥启动了河滨步道计划，以将滨河地区转化为连续的公共空间。以佐佐木事务所为主导的设计团队为芝加哥河主段设想了5个运河广场，分别以5种剖面场景对应之。这一方案贯彻了2003年的《芝加哥中心区规划》所确定的滨河贯通原则，并使用不同的交通方式将城市街道层与亲水平台层连接起来。两个街块长的滨河步道于2015年率先开通，最后一期已经于2016年竣工开放（图6-7—图6-9）。

3.3 滨水区再生中的人工地形策略

纽约哈德逊广场与芝加哥河步行道采用了不同的人工地形策略。哈德逊广场延续了纽约的上空权开发传统，将大型驻车场隐藏于新地坪的地下，东区街块由线性的哈德逊公园贯通，并通过在东西中轴线保留低密度开发的开放空间来呼应滨水的朝向。芝加哥河步行道与既有基础设施的关系更为紧密，该更新方案积极地利用瓦克车道所产生的滨河地区高差，令滨河两侧的岸墙呈现为连续的拱廊立面，将基础设施地形转换为积极的人工景观。

图6-7 1920年代的瓦克车道

图6-8 佐佐木事务所的滨水步道更新计划中规划的5个运河广场

栈桥广场

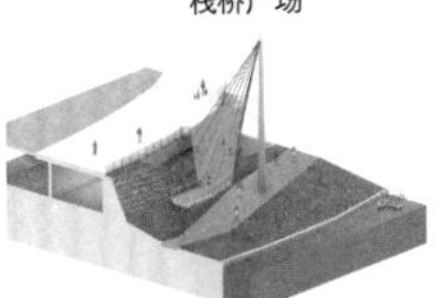

宽阔步行道

驳岸广场

游泳池

河上剧场

图6-9 佐佐木事务所的滨水步道规划的5种剖面场景

王建国等在《世界城市滨水区开发建设的历史进程及其经验》中指出：西方城市滨水区更新的背景是以传统产业衰退为特征的“逆工业化”进程，而我国现阶段是出于城市形象改善与景观整治的需求。审视纽约与芝加哥的滨水更新案例并对照10余年来上海的滨水更新案例，可以获知，无论是西方还是中国，出于形象提升要求的主动“士绅化”与出于旧区活化的被动“逆工业化”是并存的。亟待改善形象的滨水区域同时也经历着产业与人口的流失，甚至士绅化会驱离人口与经济活动。这一现象在上海北外滩的周边社区极为明显[1]。因此，消费端与生产端的空间变化是同时发生的。在国内滨水空间更新的主动士绅化过程中，改造主体往往会将已有的老旧基础设施视为工业遗存，剥夺其工具性、功能性，并将其转化为消费性的景观。但是，消费与生产功能的分界并不是绝对的。案例研究有助于我们重新审视基础设施的多重属性，在更新中尊重其演化的连续性，并挖掘其适应新的需求的潜力。

1 根据第六次人口普查，虹口区全区人口在2000—2010年间减少1%。而与之相邻的杨浦区同期人口增长5.6%。与老外滩、南外滩、徐汇滨江等上海中心滨水区相比，目前北外滩的公共活动的强度、多样性与质量都偏低。

4 上海北外滩地区滨水公共空间探析

4.1 北外滩地区滨水空间基础设施要素的现状

上海位于河流的低洼三角洲地区，这与芝加哥所处的沼泽地位置相似，吴淞江（苏州河）的宽度与地位也类似芝加哥河。因此，吴淞江沿岸的空间改造可以参考芝加哥河滨地区的更新案例，可以在远期考虑“增厚”沿吴淞江下游段的地坪，以达到自然的立体交通效果。然而，黄浦江的体量与位置更接近哈德逊河，沿江没有频繁的引桥穿越，也就没有将引桥纳入城市的基面来协调的必要，如果没有防汛墙的要求，上海的滨江地区没有必要如芝加哥那般通过整体抬升地坪来优化地面交通。

防汛墙的设置是阻碍滨江空间可达性的一大原因。在前文所述的台北延平河滨公园的防汛墙就隔离了城市与滨河地区。上海地区河道多属于感潮河段，下游潮流量远大于上游来水量[1]。随着防汛标准不断提高，防汛墙的高度与体量也逐年增大，成为市民到达滨河公共空间的障碍。目前黄浦区滨江岸线防汛墙共有4种形式，即空厢式岸线、一体式岸线、直立式岸线以及生态式岸线。以上海外滩为例，从1950年代到新千年，外滩的防汛墙不断升高，在1993年后采用了空厢式岸线，最后在2010年将防汛墙顶部改为观景平台。目前，上海在滨江改造中大量采用两级挡墙式防汛墙，一级挡墙前为河槽，二级挡墙为L形或厢式钢筋砼结构，一、二级挡墙间为土坡。实际运用中，这种复合结构已经突破了线性的“墙”的概念，而成为一个具有一定空间复杂性的设施带。原有的保护范围、开放方式、管理权属与建筑限制应该予以合理突破。

1 哈德逊河亦是感潮河段，河流流向呈双向变化。感潮河道的污染物会随潮水带入上游，加大了治污难度。

虹口北外滩滨江区域东起大连路－秦皇岛路，南临黄浦江和苏州河，西抵河南北路，北至唐山路，区域面积约4平方公里。至20世纪末，北外滩地区的状况是居住与工业仓储混杂，交通犬牙交错，基础设施供应不足。但是，旧汇山码头和高阳港码头是上海对外开放的主要航线枢纽。相比于纽约与芝加哥在20世纪前期就开始有规划地改造滨河设施，北外滩地区在整个20世纪尚处于放任状态，密集的工业企业与港务设施各自为政，交通建设滞后。经过最近一轮规划建设，现在已经建成的区段有国际客运中心及沿江绿地、置阳段居住区及沿江绿地、国际航运中心西段等。绿道上的最后3个断点——扬子江码头段、高阳路、公平路码头，至本章写作时也已经贯通。目前整个区段内为压倒性的商务办公与高端住宅酒店，地块间公共空间的连通比较僵硬，在要素统筹的先期规划先天缺失的情况下，空间使用者需要一定的寻路行为才能走通整个滨江公共空间。

缺乏大型公共交通的直接服务是滨江区域可达性低的主要原因，上海地铁 12 号线国际客运中心站与提篮桥站离滨江尚有 2 个街区的距离，且垂直进入滨江绿道的体验并不友好。除了地铁，整个滨江沿线也缺乏其他大中运量公交系统的支持，以往十分繁忙的摆渡船的客运量也随着出行方式的改变而萎缩。因此，地铁与码头间的接驳变得十分冗余。同时，由高端办公与购物中心所构成的士绅化街区也断裂了虹口腹地与滨水地区的联系。国际客运中心的候船区使用频次较低，但是上层平台层与候船区域完全隔离，候船楼（即飞艇形建筑）已经被改造为高端酒店，与原有设计意图有偏离，平台层公共空间使用状况不佳。公平路与高阳路码头地位尴尬，处于被高端综合体排挤的状态。整个已建成区域的公共开放意愿较低，对公众呈现并不友好的姿态。最后，北外滩也采用上文所述的复合防汛结构，二级挡墙（L 形挡墙）后的整体地坪抬高，固然弱化了防汛墙的负面影响，但地坪抬升后，平台层与地面层间的高差区隔十分明显。

4.2　北外滩“基础设施主导式更新”建议

2017 年春季，作者所领导的专题研究小组对当前北外滩 4 处典型区段进行了深度的调查研究，并着重对其基础设施要素进行了调查。这 4 处典型场所分别为虹口港近滨江地区沿岸、国际客运中心西区、国际客运中心东区与公平路码头地区。通过基础设施调查，小组成员分别提出了 4 项针对各自研究区域的关键任务（图 6-10、图 6-11）。

（1）针对滨江与腹地联系薄弱的问题，将以虹口港滨河沿线社区作为打通腹地与滨江联系的关键，提出将虹口港近滨江区段建设为“15 分钟步行通廊”（滨河步道）与“15 分钟社区运动公园”（运动广场），改造虹口港沿线防汛墙与滨河步道的高差关系，建立亲水平台，于长阳路 - 虹口港交叉口设置下穿长阳路通道。另外，在步行通廊两侧的社区内利用闲置场地设置口袋形小型公共运动广场，将部分旧仓库建筑改造为运动主题的商业设施。此方案是为了通过成串的运动主题场地群落吸引虹口腹地居民通过步行到达滨江地区。

滨水步道
WATERFRONT WALK
铁链护栏
CHAIN
高低水位
HIGH/LOW WATER LEVEL
1952

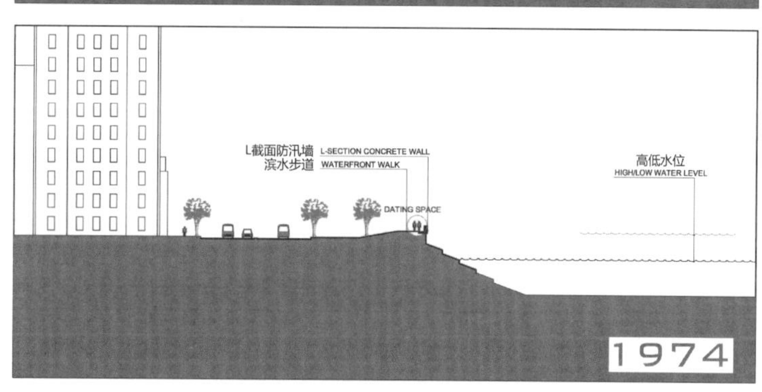

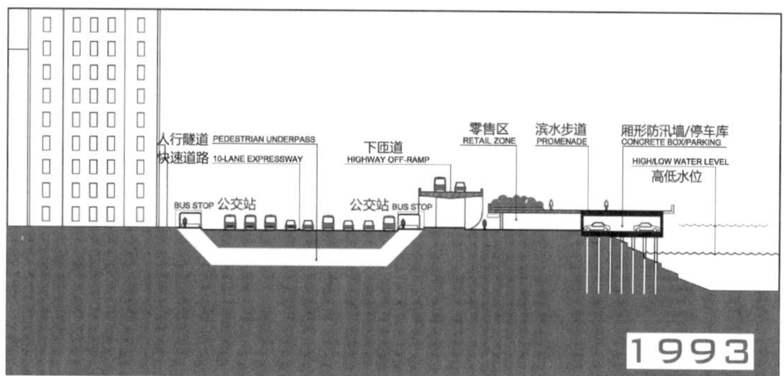

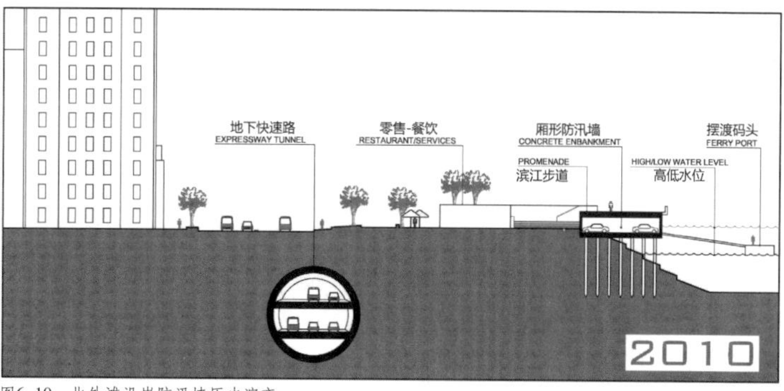

图6-10 北外滩沿岸防汛墙历史演变

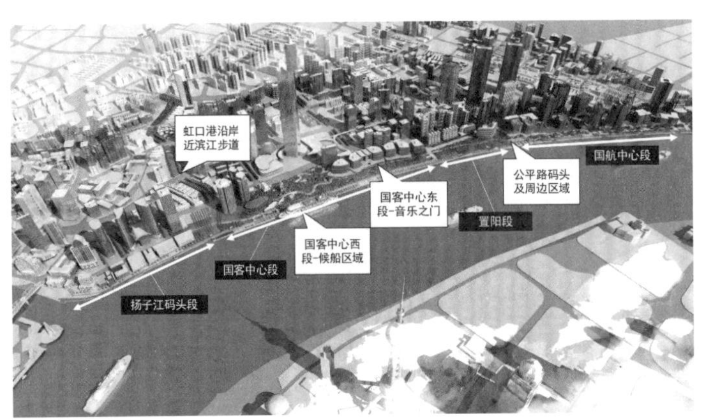

图6-11　北外滩控制性详细规划的土地用地规划

（2）国际客运中心西段的主要部分是港务办公楼、地下邮轮联检大厅、飞艇形酒店、彩虹桥等设施。根据小组成员的多方查证，目前每年的邮轮停靠次数仅在150次左右，联检大厅多数时间处于闲置状态。方案建议改造联检大厅，将检票区域后退，优化联检路线，让出更多的空间供地下商业街使用，增加上下贯通的天井，破除码头区与绿地区的铁丝围墙，打通联检大厅与上部平台的隔阂状态，通过高差（而非铁丝网）来自然分隔码头区与堤顶平台区。重新组织平台层的步行系统，修正目前彩虹桥的步行连通性，增加防汛堤顶可达性。

（3）国际客运中心东段为“音乐之门”与商务办公区域。此段区域私有化程度严重，缺少集聚人群所需的餐饮与商业设施，音乐之门所对的江滨坡地也无亲水平台。办公流线与外来客流动线有冲突，降低了楼宇管理方的开放意愿。方案建议东区整个地下空间重新整理，形成十字形贯通的商业步行街，步行街的中央设置大型溜冰场。拆除并无实际作用的空中球形结构，代之以螺旋线自行车专用行车道，鼓励自行车与滑板等极限运动。开放音乐之门顶层的观景平台与观景大厅。十字形步行街的公众人流与周边办公楼的商务人流依然有所区分，在最大程度地开放音乐之门的同时也尊重办公功能的自治。

（4）公平路轮渡码头目前处于周边高端场所的“压迫”之下，地位较为尴尬。该轮渡码头服务的是通勤人群，对面为浦东泰东路轮渡站，是虹口居民到达陆家嘴金融区的快捷通道。由于没有接入市域的快速轨道，公平路轮渡站使用频率偏低。方案建议改造公平路轮渡站，新建一个地表形态的屋顶平台，平台串联国际客运中心与国际航运中心两侧的步行与骑车小径。同时，建造一个专供自行车与共享单车的高速高架网络，连通地铁 12 号线提篮桥站与公平路轮渡站。该自行车高架桥与已有或待建建筑有不同的空中、地上连接桥，沿途设置泊车休息区，二层连接通道与立体泊车结构（图 6-12—图 6-18）。

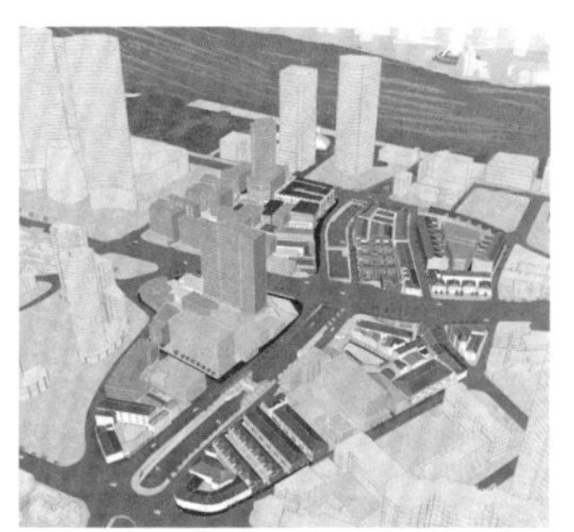

图6-12 虹口港近滨江地区“15分钟步道”

图6-13 滨水步道与水闸改造的桥

图6-14 国际客运中心的空间组织策划

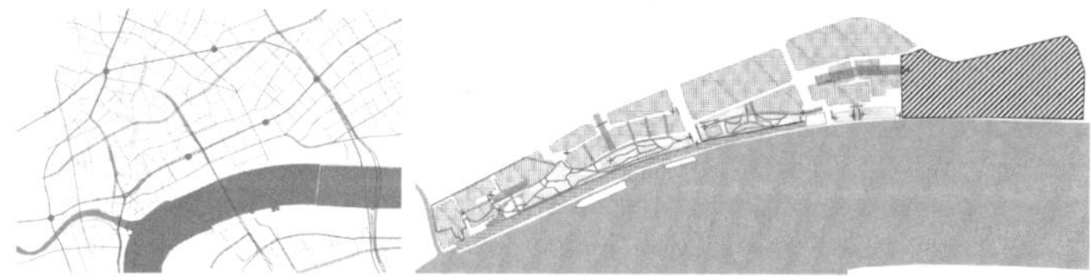

图6-15 国际客运中心联检区内部场景策划

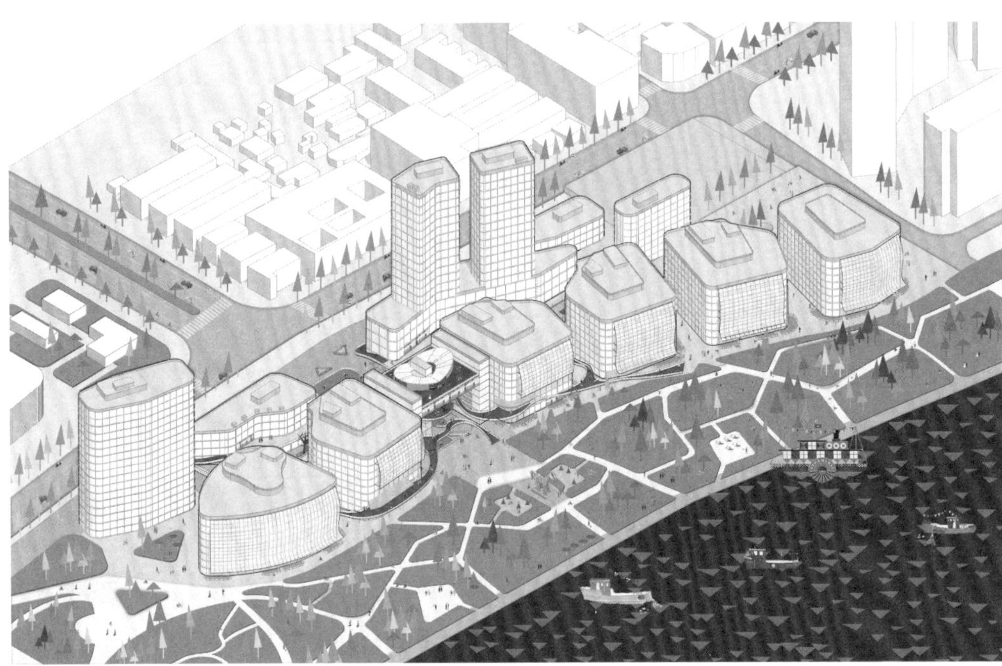

图6-16　音乐之门（国际客运中心东区）的改造方案

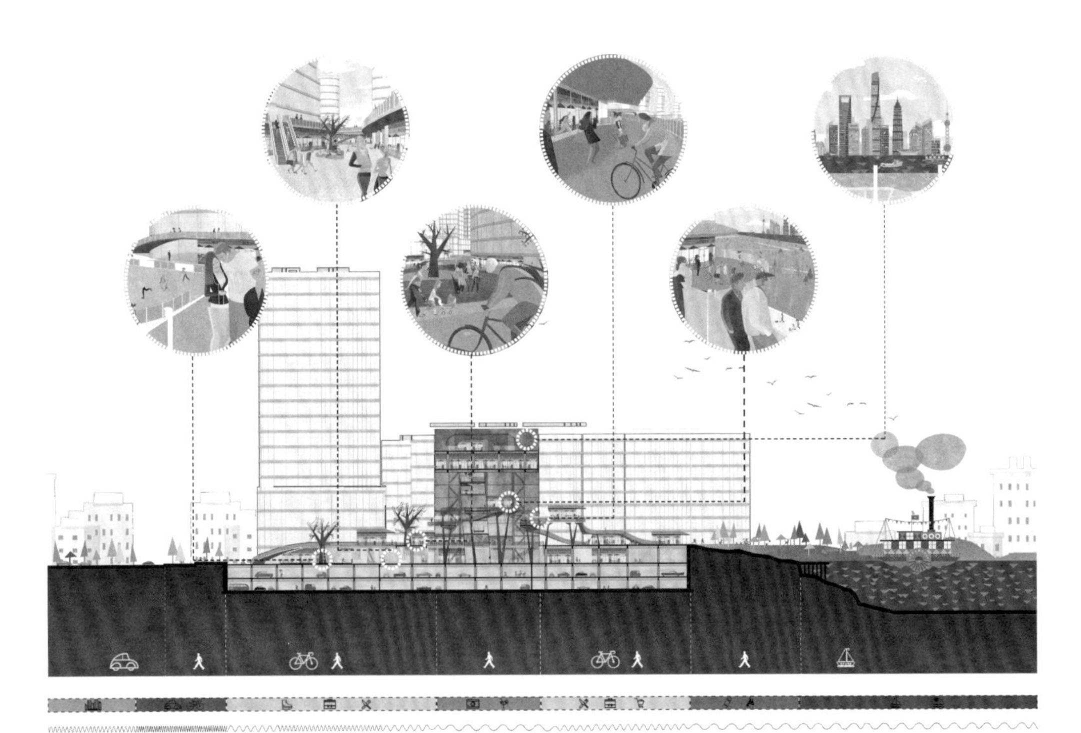

图6-17　音乐之门（国际客运中心东区）地区改造设计的剖面示意

图6-18 公平路轮渡站的单车天桥系统

5 基于基础设施的场地策划与社区营造

基础设施在提供城市必要服务的同时，本身也构成一种场所，人到达某个场所并在空间中巡游的过程就是城市吸引力的表征。城市水道既是自然景观，也是一种特殊的基础设施。随着不同发展阶段的产业在城市地图上的辗转腾挪，交通运输与工业产业的形态逐步发生改变，工业都会逐渐向服务业、金融业与消费休闲业靠拢。码头、栈桥、铁路与驳岸构成的早期基础设施遗存被逐步吸纳为滨水景观的一部分，但是由于所有权与管控主体的划线而治以及旧有滨水社区的士绅化改造，在很多情况下这些景观不可避免地沦为“观赏盆景”与主题公园，滨水空间的公共交往功能被悬置或降格。针对这一问题，景观城市主义理论与实践开始转向对滨水空间的基础设施系统的关注，在泛滥的形式符号海洋中探析空间的工作机理，在地形策划的框架下建立一整套改造基础设施景观的策略与方法。当不同的基础设施串联成网络，乃至构成一种新的地形系统后，它可以作为“触媒”，撬动进一步的场所与社区更新。

历经10余年的规划建设，黄浦江滨江地区的“三道贯通”（跑步道、漫步道、骑行道）已经初现成效。但是由于先期的空间设计与管控范式的缺陷，即使已经经历了一轮大规模的更新开发，滨江空间内部的要素有所整合，但是对外可达性与连通性依然较低，已经高度“私有化”的滨江空间被各种物权与管理主体切分为条块碎片。在实践中，规划、市政、建筑与景观的专业壁垒依然未能打破。前一轮滨江贯通计划中的景观改造措施依然未能消解防汛墙对滨江视野的阻碍作用，压倒性的办公、酒店、游艇与邮轮码头功能过度挤压大众可以享用的轮渡、休闲与聚集的绿地与广场，码头、轮渡、地铁、街道与步道等基础设施要素各行其是。作为公共利益的形式代言人，设计者对基础设施项目的介入或许可以凝聚不同的利益相关方的共识，通过最少的干预成本改善区域的空间质量。基础设施作为公共利益的物化，可以统筹分散的利益诉求，快速建立可执行的共识与愿景。进一步地，整个滨江社区将受益于基础设施主导的空间更新，公共空间的贯通将引入更多的公共事件、活动链与目标社群，这将推动文化、艺术与创新社区的培育。

第七章 拱廊与室内都市[1]

随着大型公共建筑的出现，室内空间得以容纳愈加多样的公共活动，在一些大型公共建筑如观演厅、体育场、主题公园、城市综合体中，包含了多类型的经营主体与复杂的社会关系。这种在室内出现的“类城市”生活状态被一些学者称为“室内城市主义”（Interior Urbanism）。拱廊出现于19世纪初，是一种最基本、最典型的室内都市，并与当代的大型百货商店、城市综合体等空间类型有着千丝万缕的传承关系。本章将对这一谱系进行考察，追溯了消费这一行为的形式演变与社会效应，为持续研究私有、半私有空间中的公共行为设立合适的视角。

1 本章内容最初以《拱廊及其变体：大众的建筑学》为题发表于《新建筑》（2014年第1期），收入本书后有修改。

1 媒介中的拱廊

19世纪，随着结构工程技术的发展，室内空间成为城市孕育城市社区的新场所。自瓦尔特·本雅明的《拱廊计划》（*The Arcades Project*）的英文版正式面世之后，西方学术界开始重新审视19世纪繁盛的建造文明与现代主义之间的关系。由于英译本的问世，《拱廊计划》在新千年初被英语世界的空间学者“再发现”，同时激发了当代建筑学者对于现代主义建筑“前史”进行反思的热情[2]；但是，从建筑师的视角回顾此思想源流的文本依然稀缺。本章并不希望过度评价本雅明在当代建筑学与文化研究联姻中的作用，而是希望通过《拱廊计划》与其他一些建筑学学科内文本的交叉阅读，还原拱廊及其变体在现代主义建筑史中被模糊的面目与地位。

2 大卫·哈维在其《巴黎：现代性之都》（*Paris: Captial of Modernity*）的开篇就提到1999年的英文版问世所形成的新一轮《拱廊计划》与本雅明研究热潮，并表明了对本雅明所开启话语的延续与致敬。目前唯一系统、详实的一手研究来自德国建筑史学家吉斯特（Johann Friedrich Geist）在1983年的专著《拱廊：一种建筑类型的历史》（*Arcades: The History of a Building Type*）。

拱廊应该首先还原为一种具有自身历史的、与零售模式的发展相关的室内化公共空间原型，它源自一系列启蒙时代源自民间的空间形式创新，后在美术馆、百货商店、火车站等建筑师自觉的公共建筑创作中形成系统化的形式语言，并迅速失去它原初的权宜性空间的意义，它与主流现代主义建筑史的关系是并行的。近 10 年内所谓“商业综合体”“豪布斯卡”“体验式商业街区”等巨型室内消费空间的海量涌现尤其为这种交叉阅读提供了一个契机。本章试图回答以下几项问题：究竟拱廊的空间与城市史意义是什么？作为社群容器的拱廊商业运作模式与作为建筑类型的拱廊结构体的关系是什么？拱廊所要服务的对象——大众——在现代主义建筑发展史中的地位如何？ 1960 年代以后的当代商业建筑实践同 19 世纪的拱廊的关系是什么？

2 1800—1850 年的拱廊与其消亡

在本雅明的晚期笔记汇编——《拱廊计划》中，拱廊是作为诸多 19 世纪新涌现的建筑与空间类型之一种被描述的，以拱廊为原型，百货公司、林荫大道、玻璃展览大厅、全景舞台等类似的室内化空间（不一定在室内）均被细致地审视。19 世纪初的拱廊依然是民间智慧的产物，空想社会主义者傅立叶（Charles Fourier）的社会单元“法郎吉”受到了拱廊潜移默化的影响，但直到 1830 年代才正式提及拱廊这一建筑类型（图 7-1）。法国工业家让·巴普蒂斯特·高登（Jean-Baptiste André Godin）在 1859 年以法郎吉为原型建造了“社会宫”[1]（图 7-2）。傅立叶、圣西门及其跟随者对新社会形态的持续探索也让包括拱廊在内的新空间形式发扬光大。拱廊汇聚了各种大型室内空间的共有特征，是 19 世纪建筑学成就的集大成者。拱廊本身是室内化改造的“城市后街”，是百货公司的前身，是玻璃展览大厅应用于零售商业模式的典范。拱廊的连续环绕的店铺更能引起全景舞台的想象。

1 社会宫（*Familistère*或Social Palace）最初是作为一座炉厂工人的配套住宅，底层配有合作式商店、洗衣房、育婴堂等服务设施。社会宫一直保持着合作公寓的状态直到1968年。

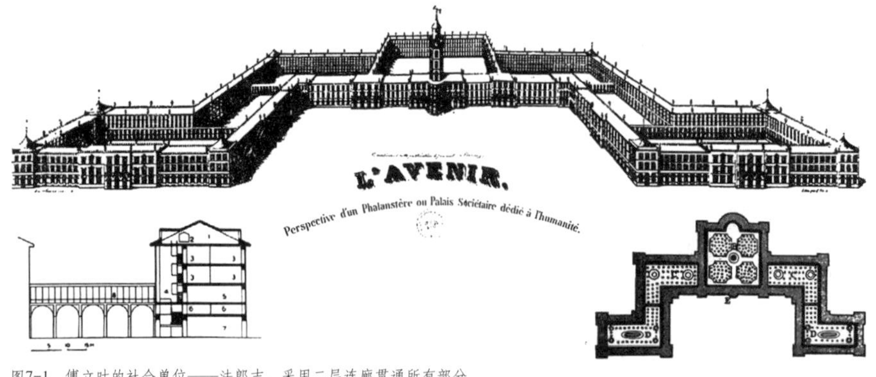

图7-1 傅立叶的社会单位——法郎吉。采用二层连廊贯通所有部分

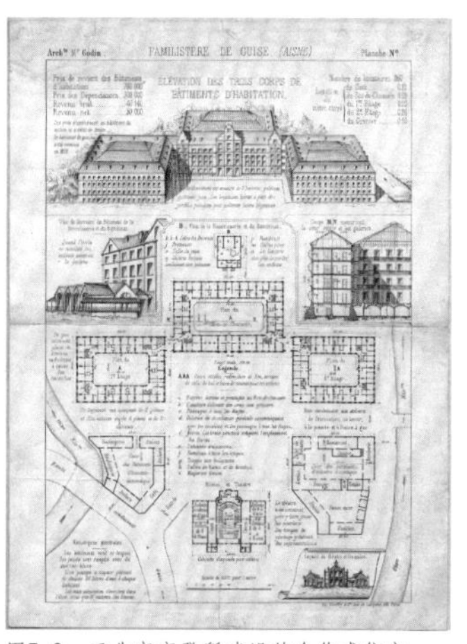

图7-2 工业家高登所建设的合作式住宅——社会宫（1859年），是以法郎吉为原型的社会空间实验

拱廊在第一帝国与波旁王朝复辟时出现，最初并不是一个符合社会规范的机构或空间类型。拱廊是一些小店主以投机的方式集资建造的“违章”构筑物，其目的是为了形成贯通一个城市街区的商业街巷，并让面对面的两排临时性的店铺呈现出只有官式建筑（宫殿、图书馆等等）才能拥有的华贵立面，比如柱廊、壁柱与线脚。最初，拱廊的商业行为仅占据首层，二、三层为楼上的公寓，供楼下商户居住用，公寓之上再覆盖铸铁玻璃顶棚，各铺面各自有独立楼梯通往二、三层，类似如今的联排式多层住宅，早期巴黎的拱廊多属于这一类型。之后，随着拱廊建筑类型的正规化并向英美等国家推广，拱廊的商业部分延伸到了二、三层，随着城市区划法的实施，租户也不复愿意居住在一个纯商业建筑物中，各铺面的楼梯从室内独立出来，方便上下层铺面租给不同的业主。最终，整个拱廊变为一个整体商业建筑物，楼梯变为共有。楼梯形式的演变标志着拱廊所容纳的社会组织形式的变化，拱廊从法律边缘的灰色建筑物开始，不断向上流社会阶层移动，它们的服务对象是日渐勃兴的中产阶级消费群体，它所排斥的是城市中不断无序聚集的底层民众与公共卫生威胁。拱廊使得临时店铺变成了时尚精品店，店主可以培养稳定的客源与现金流，并长时间地、有组织地持有货物而不必担心滞销。

在拱廊之前，连续的拱券或半室外柱廊在欧洲城市已经出现了几百年，但是那些场所往往是贵胄所建，如圣彼得教堂广场上的柱廊、法国皇家宫殿的柱廊等（图 7-3），它们代表的是贵族与市政当局方

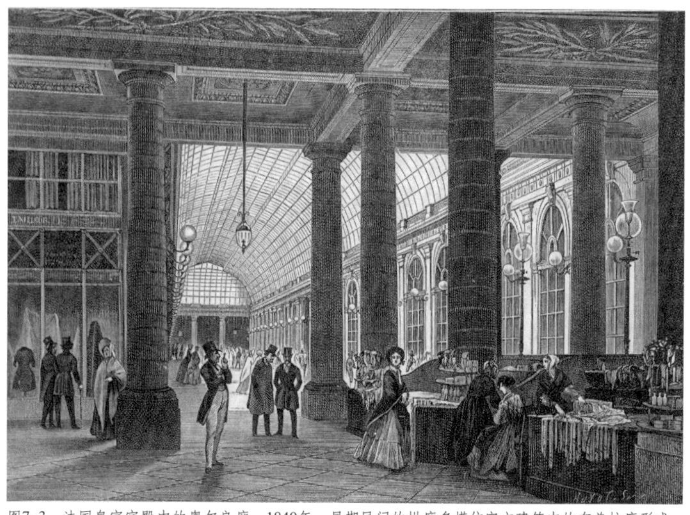

图7-3 法国皇家宫殿中的奥尔良廊，1840年。早期民间的拱廊多模仿官方建筑中的有盖柱廊形式

的审美品位，是一种有效的美化空间的手段。拱廊是一个服务于世俗的零售行为的社会机构（虽然是在法律管制边缘的）[1]。零售交易在中世纪与文艺复兴时期是个不入流的社会活动，零售行为的发生地往往是简陋的木质售货摊位，没有资格进入永久性建筑内部。由于还没有大玻璃橱窗，临时摊位也比较小，购买者很难直接观看或触摸货品，必须通过问询、阅读商品广告等了解货物，所以就不存在逛街这种行为[2]。本雅明发现，19 世纪初期，有收入的闲逛人开始出现，由于有固定收入的人增多，社会生产力提升，人们的闲暇时间增加，逛街变成了一种对空间本身进行消费的活动，原本徒有交易功能的沿店面空间日趋精致化、室内化，变成了可供把玩畅游的景观，而百无聊赖的逛街人自身也成了被他人观看并“消费”的对象，淹没于形形色色的人潮中。在《公共人的衰落》（*The Fall of Public Man*）中，美国哲学家理查德·塞内特认为在工业革命前 15—18 世纪（即所谓的旧制度时期，主要指 18 世纪中叶前）的知识分子们所主张的公共领域理想已经在大生产下消费主义的急剧发展中徒剩躯壳。在旧制度时期，作为公共领域代表的广场是试图排斥大众的商业行为的。密集城市中心区的广场常常被想象为世俗世界中的净土。塞内特所言的公共空间的衰落其实是一个启蒙时代绝对的、博物馆化的公共领域不断被大生产与消费行为庸俗化的过程（图 7-4）。

奥斯曼改造前的 19 世纪初的巴黎是一个零乱、泥泞、马车横行、街道拥塞的中世纪城市。由于经历快速的城市化，大量底层人口涌向巴黎的街道上谋生，街道成为各种肢体矛盾与社会矛盾发生的现场。与人口的城市化相伴的是基础设施的滞后，当时的巴黎的建筑缺乏通风与照明，街道几乎没有硬质的现代铺地、给排水与垃圾处理设施，更不用说交通管理设施。在路边行走时，巴黎的居民必须跳过污水塘

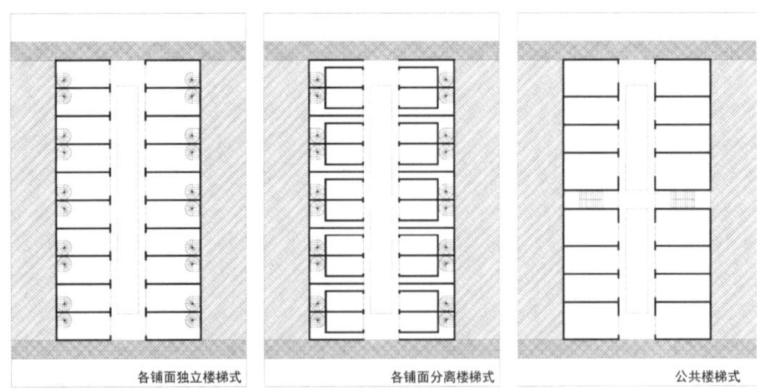

图7-4　楼梯形式的演变标识着拱廊所容纳的社会组织形式的变化

1　本雅明在笔记中强调了“人群”（crowds）与“大众”（masses）的区别。“人群”主要意指大量密集的人，而“大众”包含了广泛的阶层，尤其是劳动阶层。这是西方马克思主义社会学家们习用的一个概念。本雅明认为拱廊服务的还仅仅是密集与大量的“人群”，人群是缺乏自我（阶层阶级）身份的自觉认同的，而“大众”是后来资本与消费更集中、更发达后，人群自我构建身份与立场的结果。

2　这里的零售货品指dry goods，即除食品以外的衣物、银器与餐厨具等贵重物品。

1 道路中央排水是中世纪小街巷的普遍排水模式。两侧侧石排水是18—19世纪市政工程改造的产物。奥斯曼（Georges Eugène Haussmann）引入了饮用水与排污水2套上水系统，路沿石边的污物由排污水冲刷干净，污水直接排入塞纳河的小支流。随后，宽敞的下水道承载了越来越多的基础设施功能，上下水、电路等管线都放置在下水道中。

并闪躲来自檐口的滴水。擦鞋匠随处可见的原因是鞋袜随时会被弄脏。人行道只在少数的高规格道路才有配置，马车根本不避让行人。在很多情况下，路上会有一些界石，类似于隔离带，行人在过街时可以临时依靠这些界石避让马车。街道只设浅浅的中央排水明沟，没有下水道，直到1838年中央排水的街道才被全部改造为现代的两侧排水模式，并加建人行道[1]。同时，城市中的独立住宅已经完全不见，肩并肩的多层公寓成为主流，居住密度随着人口涌入迅速提高。

在城市资产阶级的私人居室不断缩小并被挤压的同时，客厅与环廊式庭院却越来越多地出现。这其实表现了市民阶层的生活形态的悖论，一方面他们将真正的私人空间压缩到最小，另一方面又倾注巨资来装点那些外露的公共半公共功能的空间；一方面新的社会机制与相应的空间形态不断产生，另一方面大众冀望借助前一个世代的“合法性”外衣掩饰“不合法性”的新空间。对拱廊而言，这种“合法性”来自教堂中殿的隐喻与公共广场柱廊的借用。而“不合法性”则来自拱廊的建造本身是没有市政当局许可的。这种矛盾一直存在于现代建筑的整个发展进程中，并且被全盛期现代主义思想压制。在这个过程中，昙花一现的拱廊成为自发的公共生活面相丰富的载体，拱廊将内街变成了市民阶层可以以消费逛街为名优雅地进行社交的场所。

拱廊的出现得益于几种19世纪的发明与材料革新——边缘平直的玻璃、燃气灯与铸铁结构。平直的玻璃边缘与天棚的铸铁结构更好地搭接，拱廊内便免受漏雨之苦；燃气灯使得一个街区的内部不再受制于自然的采光条件；铸铁使得结构与装饰的自由度大大提升。直到19世纪中期建筑师拉布鲁斯特（Henri Labrouste）与帕克斯顿（Joseph Paxton）才将这些技术大规模地用于大型建筑物的建造上（巴黎圣日内维夫图书馆、国家图书馆、水晶宫等）。由于地处干燥明亮的半室内环境，因泥泞道路而带来的种种行走中的失态行为都见不到了，王公贵族与庶民百姓都可以在一个玻璃顶棚下以一个共同的逛街人的面目出现。在一个公共的环境下，这种因共同的消费活动而获得的社会身份——逛街人，又可以将私人身份置于安全的经济身份的庇护下，逛街这一行为掩饰了这种经济身份的短暂，并将街面上的拥挤与冲突隔离在外。这时，拱廊的社会机制与空间形态到达了短暂的统一。拱廊也是乔治·齐美尔所谓的大都会密集视觉刺激的集中体现。拱廊表现了一种廉价工业制品的华贵，一方面容纳来自商品的刺激，一方面刺激“崇高”与“优雅”的体验，是密集的当代技术的炫耀式呈现。

图7-5　美国第一个拱廊——普罗维登斯拱廊，建于1828年

拱廊是在现代工业密集涌现当中的产物，因为数量的生产已经不能满足人的体验需求。品质的差异化渐渐取代数量的生产，变成愉悦人群的主要方式。

巴黎的第一个拱廊——全景廊街出现在 1800 年前后，其余大部分拱廊出现在 1826—1834 年之间。法国之外的西方拱廊式建筑多数在 1850—1900 年之间建成（图 7-5）。在 1850 年前后的巴黎，兴盛一时的拱廊式商业模式渐渐被空间更宏阔敞亮、营销方式更先进、资本实力更雄厚的百货公司所取代。百货公司大多是独立的建筑物，这和嵌在城市街区之内的不受法律保护的拱廊有着根本的区别。今人所见的大多数欧美国家的商业拱廊其实已经是大资本营建的百货公司的一部分，如巴黎的乐蓬马歇百货公司（图 7-6）。这类早期购物中心可以让拱廊的商业部分延伸到二层以上，形成 V 字剖面的室内化谷地，二层乃至三层的两侧环廊在某些部位通过天桥连接。这些百货商厦的体量比 1830 年左右的拱廊要大许多，比如克利夫兰大拱廊、莫斯科的国家百货公司、米兰伊曼纽尔二世拱廊等（图 7-7）。位于香港上

图7-6　巴黎的乐蓬马歇百货公司内部

图7-7 美国的克利夫兰大拱廊，建于1890年，是19世纪末的购物中心

环的西港城建于 1906 年，曾用于西环街市，是东亚地区的早期拱廊建筑案例。

第一次世界大战之前，由于西方主要国家的建筑防火规范日趋严苛，相邻建筑之间已经不能再建造这种产权模糊的建筑物，同时城市对卫生、通风与日照的需求日益迫切，花园城市、城市美化、进步主义等社会运动之后，小型自发建造的拱廊建筑几乎绝迹。作为一种自下而上社会组织的拱廊的历史从百货公司出现后就已经终结了。但是，作为一种建筑空间类型的拱廊延续到了 20 世纪初，一直渗透进柯布西耶的“住宅单位”（Unité d’Habitation）的概念，但是柯布西耶完全剥离了拱廊的世俗交易功能，徒留居住功能，其实这种剥离从傅立叶的社会主义乌托邦——法郎吉的时代就开始了。1960 年代，在经典现代主义遭遇巨大危机的时刻，“拱廊化”的城市改造方案又大量出现，比如英国的第二代新城坎伯诺尔德的市镇中心、伦敦的皮卡迪利广场、埃德芒·培根（Edmund Bacon）所主持的费城的东市场街改造等。

3　拱廊的变体

虽然拱廊这一建筑类型在现代主义运动之前就已经不复流行，拱廊的各种衍生变体却依然活跃在现代建筑史中。在柯布西耶根据自己的“住宅单位”所发展的阿尔及尔规划中，从输水道变形而来的蛇形巨构城市横亘于整条海岸线上。整个带形城市有 13 层，上面 6 层，下面 6 层，当中层是一条供机动车行驶的高速公路面板。每层都包含双层空间，公寓单元如自由生长的细胞般嵌入这些双层空间中，居民可以根据自己的需求自由改造。这个巨构输水道的形象来自阿尔及尔的殖民地新城女皇大道的基座所形成的连续拱廊——它们形成了一种连绵不绝而又自我复制的空间隔断，为进一步的功能置入创造了无限可能。但是，柯布西耶对世俗的零售交易空间的习惯性忽视几乎就是盛期现代主义精神（High Modernism）的致命伤。柯布西耶把商业变成了仅仅服务于一个封闭小社区居民的附属服务设施。在《雅典宪章》的城市 4 大功能中，最接近商业行为的娱乐休闲被定义为公共开放空间上的非交易性的活动，这种理念同启蒙时代对公共广场的完美想象如出一辙。原本应该占据城市生活的一个关键部分被丢弃了（图 7-8）。

建筑师对纯净的、绝对的公共广场的偏好来自旧制度晚期的启蒙时代。但是在真实的世界中，随波逐流的“大众”对室内化的、奇观般的商业空间的喜好则与 19 世纪的巴黎居民对拱廊的猎奇心理无异。拱廊以及后来的城市世俗空间自身的矛盾性并不会在历史的进程中消解，消费与娱乐所形成的主题性、体验性社区几乎至今长盛不衰。同

Ainsi, à Fort-l'Empereur pourront être logés « royalement » 220.000 habitants, au fur et à mesure des besoins, et chaque architecte y fera la villa qu'il lui plaira d'imaginer.

图7-8　柯布西耶的阿尔及尔规划，从输水道变形而来的蛇形巨构城市横亘于整条海岸线上

主流的建筑学历史叙事不同的是，这些世俗的空间乏人研究，既不知何来也不知何往，它们有着自身的历史进程。

本雅明将拱廊的发生、发展、衰退比喻为一种超现实主义“梦境”，以至于研究它需要以类似大梦之后“猛醒”的方法来研究，“猛醒”创造了一种脱离出自身历史进程的清醒视角，在梦境依然历历在目的时刻，反思“昨夜”的懵懂。如果仔细审视拱廊发展史本身，那么可以看到这段“梦境”——一种无法再清晰复述的历史进程——与我们所熟知的精英现代建筑史是并行的，它时隐时现，与现代建筑史的话语发展相勾连，但并不被后者包容。这段精英现代建筑史就是本雅明所颠覆的进步的意识形态。本雅明更笃信效率与信息的进步并不相当于人文的进步。在人文领域，20 世纪相对于 19 世纪甚至可能是退化的，如同拱廊所代表的 19 世纪社区形态与社会文明史实实在在存在过、繁盛过，它却在进步的意识形态的狂风骤雨中消失无形。20 世纪所依赖的几乎所有的技术革新与城市空间的革新都在 19 世纪出现了，但是对于效率与理性的信仰让那些不见容于效率与标准的空间形式都迅速消亡了。进步历史观从认知挪移到生产领域的结果就是将多样的社会文明都推向一个共同的终点。具有无政府主义倾向的社会学家杰姆斯·斯各特（James C. Scott）在《国家的视角》（*Seeing Like a State*）中对柯布西耶做了如下的评价：

> 柯布西耶的城市被设计为一座生产的车间。在这种语境下，人类的需求都被科学地规定了。他从未考虑为谁设计，或者他们是否有自己的诉求，或者空间使用者的需求是不是多样的。他对效率极度关注。他将零售交易与食品生产功能视为城市噪音，并认为这些都可以由集中化的旅馆服务所提供。虽然楼面空间可能是为社会活动提供的，他却从未谈及公民实际的社会与文化需求。[1]

如柯布西耶想象中的“白板”巴黎、奥斯曼的第三帝国巴黎、巴西利亚、苏联城市规划，乃至当代的新加坡城市规划，都可以看作一个“国家的视角”下的整体都市。

在进步与技术的洪流过后，我们也可以说拱廊在顽强地延续着生命。拱廊的第一个“变体”百货公司是在第二帝国时代的巴黎兴起的，经营百货公司的可能就是早期拱廊的小业主，在资本实力雄厚之后，他们非常自然地抛弃那些带顶棚的城市后街，转向更大规模的货物流

1　见SCOTT, J C. Seeing like a state: how certain schemes to improve the human condition have failed. New Haven, CT: Yale University Press, 1999, 115. 其中译本将“High Modernism”翻译为“极端现代主义”，虽然反映了作者的无政府主义倾向，但是与真实建筑史学中的“High Modernism”本意有所违背。为此，本书均翻译为“盛期现代主义”，以避免过于主观的价值判断。

动与商品展示方式。百货公司采用卖家定价，一般不能讨价还价。连续的店面不存在了，买家进入的是一个庞大的货品展示廊的内部，商品分门别类。买家可以自由地比对、观察货品，在没有干扰的情况下做出决定。本雅明认为，这时买家们才会将自己视为一个“大众”团体中的一分子。他们享受统一的售价，遍览多层楼面的货架，在同一种消费者身份中获取安全感。极为讽刺的是，一个大众群体身份的建立不是在城市广场，却是在大型百货公司里。百货公司是整个奥斯曼巴黎的重要组成部分，是将消费这种不登大雅之堂却又充满活力的行为理性化的载体。

从19世纪中到20世纪中期，全球商业模式变迁的前沿阵地从巴黎转移到了纽约，又从美国东海岸转移到了西海岸，最后跨过太平洋到达亚洲的东南沿岸。美国建筑史学家理查德·朗斯特雷斯（Richard Longstreth）曾经对美国的郊区购物中心代替传统都市中心的历史（1920—1960年）进行详细的论述。20世纪中期的传统百货公司开始了新一轮的转型。这个时期的百货公司的连锁经营日益发达。随着城市蔓延，百货公司不停在城市郊区开设分部，几个百货公司分部的集中就形成了郊区购物中心的雏形。郊区购物中心往往是由几个大店构成主力店与行人街的终端，一些小店铺沿步行街布置。这些购物城构成了不断形成的美国郊区的新市镇中心，如果对比百货公司代替拱廊的那段历史，那么这两段历史都是在现当代建筑史主流叙事边缘的插曲。

美国最早的2个郊区购物中心——洛杉矶西木村与堪萨斯城乡村俱乐部广场悄无声息地改变着资本主义空间的面貌时，美国几乎对欧洲的现代主义一无所知。西木村与乡村俱乐部采用的是地中海式小镇的建筑类型，这在盛期现代主义看来无疑是一种倒退。但是如果深入考察这些购物城的平面布局与经营方式，却可以发现资本的运作、租赁与业权转移中的控制、业态的布置等等都比未经规划的市镇中心具有更多的理性与标准。由于均好性与利润率的趋同，商业的高度密集成为合理选择，商业体量从单一建筑延伸到了多街区乃至超街区规模。这种消费空间内核披挂起一个更温情并“合法”的殖民地西班牙风格外衣。就像19世纪的拱廊披挂起象征华贵的连续柱廊的外衣。进一步，这种空间类型的起源更接近洛杉矶的农夫市场以及美国各地所建的同类临时市场。由此，现代性是多面相，甚至是多线程的，拱廊从最初崛起于城市的内街，到变身为富丽堂皇的百货商厦，再到被现代主义运动压制以至于化身为其他变体，每一次历史的选择都未必在进步或理性的意识形态导引下。文化、习惯、建筑规范、技术、经济乃至宗教都影响着它们各方面的面貌。这些因素的拆解是认知层面的，在现实层面它们依然形成一个社会整体，如同一个梦境般难以解码。

1960 年代以后，西方社会的制造业外移，高速公路与城市快速干道替代了轨道交通，并将城市切分成互相独立的区块。整个西方经济进入服务经济与消费主义时代。拱廊的变体几乎就是盛期现代主义所忽视的那些世俗的空间类型，除了百货商店与大型购物中心外，到 20 世纪还出现了步行街、社区中心购物中心、人行专属区等。这些概念都有各自的定义与历史（包括运行方式与空间上的），不能仅仅从字面理解。它们的意义都在于将传统的街道、市镇中心与广场室内化或商场化。某些市镇中心的业主会集结成公司化的开发与管理主体以统筹整个市镇中心的经营，业主之间的竞争关系变成了共谋的关系，比如洛杉矶的圣塔莫尼卡第三街、卡尔弗城等。

传统的百货公司依然存在，只是它们改头换面，以更亲近体验与展示的形象出现。在商场化的过程中，一些原本与消费无关的社会机构也参与进来，例如加州大学洛杉矶分校与延斯（Harold Janss）所开发的西木村密切相关，斯坦福大学曾经参与斯坦福购物中心的开发。“商场化”这个词本身就包含了社会与空间两层含义：商场化在社会层面是将整个城市街区变成一个大资本控制下的零售店。在空间层面，商场化则意指类同 18 世纪的建筑师建造公共柱廊那样地对城市的步行化改造，人行道与内巷被抽离出来成为一个放大的公共区域，甚至走向三维空间。人行道与车行之间完全隔离。这种空间类型的涌现几乎印证了理查德·塞内特与马克·奥吉对“超现代”空间的判断：空间是人群流动的衍生物；空间已经不是为了停留，而是为了通过；在共同的消费活动中，人群获取了一个集体身份与归属感。启蒙时代的公共广场由于排斥零售行为，也排斥了构成“大众”概念的经济基础，拱廊的出现弥补了这种建立在经济行为上的公共性，拱廊不仅是一种空间类型，也是一种社区组织形式[1]。

1　奥吉认为，相对于传统人类学里所研究的那些人类学场所，在当代城市大量建造的是无数的“非场所”（non-place）。人类学场所定义了社群所共享的身份、关系与历史，比如祭祀空间、村社的广场、小镇的教堂等等。这种场所是在社会流动性非常低的前现代时期经由社群与空间长期的互相塑造中形成的，这类空间具有交织的共同记忆与共同物质环境。“非场所”是指那些在快速现代化过程中不断涌现的新设施——主题公园、大商场、地铁站、候机楼、高速公路、各种城市中的通过性空间等等。“非场所”打破了空间与人自身身份之间长期磨合所形成的关系。人与“非场所”之间的关系受契约与指令的控制。人们要进入这些“非场所”必须要获取一种即时的身份，比如上地铁要买票，进商场要消费。一旦进入“非场所”，人必须丢弃自己原本的人类学身份而获取一种新的身份。

4　室内化的公共空间

在本雅明的写作中，拱廊是自生的解放力量展示的现场。在没有大资本介入时，小业主们通过法律灰色地带的投机行为共建了一个基于零售行为的社区。本雅明痴迷于一种自下而上的个体力量的组织与它们所造就的更大尺度的整体性与群体身份。这种群体身份正是社会内聚力的基础。同时，拱廊所表现出来的繁茂、奢靡的视觉文化也无法用盛期现代主义建筑学的线性历史观来阐释。来自民间的拱廊毫无选择地混合了当时所流行的各种形式语素，而这种折中主义的态度是现代主义难以容忍的。本雅明更将拱廊与傅立叶所实践的空想社会主义社区单元法郎吉联系在一起。有意思的是，后者却是一种排斥资本与商业，以劳作为目的与手段的志愿合作社区[1]。所以，拱廊几乎是各种实验性社会形态的雏形。

1 本雅明在笔记中写道："让我们描述一下街廊，这是一个和谐的官殿所具备的最诱人且珍贵的特色……法郎吉不需要任何外部的街道去接通它的各个部分。这座中央华厦的各个部分都可以经由一个宽阔的、贯通整座建筑的二层通廊连通。在任何一个终端这些二层通廊都有由柱子支持的步行桥连通，也通过地下通道和相邻的建筑接通。所以，任何部分都由室内的优雅舒适的通道连通，即使在冬日也有供暖与通风。这个通廊主要在二层，它没法放在地面层，因为地面层是供马车进出的……"从这段描述来看，拱廊的空间组织形式是法郎吉这种乌托邦巨构的雏形。

在最近的 10 年，改变整个中国的城市中心区面貌的是不断涌现的"城市综合体"（图 7-9）。这些综合体的体量与功能的丰富程度超过了欧美的类似项目。它们占据着各种规模的城市的主要街道，以一种炫目繁茂、毫无节制的形式统治着当代都会生活。与拱廊、百货公司、郊区购物中心一样，这些空间是生产、服务与消费更趋集中，资本在一个更大的自由空间支配的结果。但是并不能将它们简单等同于欧美的同类购物中心综合体的移植，它们在获取自由的同时也必将在另一个社会或技术层面受到束缚。拱廊的兴起部分缘于小业主的投机行为，同样地，如果看作一个文化景观，那么综合体就如本雅明所说的"一片树叶"一般呈现了当代中国城市主义这株植物的所有面相。中国城市综合体的复杂性远远超过西方的购物中心，功能也包罗万象，零售消费仅仅是其中一个部分。

拱廊与百货公司都是历史进程中转瞬即逝的空间，它们是纪念碑化城市的反面，代表了城市灵活、机动而又世俗的特征，从建造伊始就已经可以预见到改造或拆除。近期中外各地的百货公司纷纷转型，或改造为新的体验式商业综合体，或构成线上线下一体化消费系统中的实体部分。与此同时，"公共空间"这个被绝对化的概念也应当挣脱它启蒙时代的记忆的约束，在新的社会语境中获取新的意义。如同拱廊被百货公司替代，由于电子零售业的崛起，各种拱廊原型的消费空间变体也终将慢慢淡出历史，或者重新获取一种表现形式，但是群体的消费行为与建立在新消费行为上的即时性社群关系不会停止发展。本雅明提出了一个在当下的"猛醒"后如何叙述作为"梦境"的历史的方法论，在猛醒后的睡眼惺忪中，历史被挤压为意象与碎片，所谓的理性与逻辑都被直觉与反射代替，或许只有适时将安全的历史审视距离打破，空间学者才能离开研究的舒适区，进入真实历史的深层世界。作者认为，在拱廊及其社会形态即将成为一段苏醒后无法追忆的流光溢彩的梦境之前，应该把这段社会空间史放置在更广阔的历史语境中反思。以往的拱廊与现代性及现代主义建筑之间的关系讨论常限于视觉文化方面，而对空间方面的讨论往往简略。在将本雅明19世纪丰茂的城市景观转变成文本的同时，必须将其重新置入具体的空间对象中，在这段尘封的历史中，我们甚至可以发现新的公共空间类型的可能性。

图7-9 在最近的10年，改变整个中国的城市中心区面貌的是不断涌现的“城市综合体”。图为香港朗豪坊内部

第八章　西木村与商业街区

商业街区是城市化水平发展到一定程度的现象，与后工业时代的一系列城市症候密切相关。街区形式广泛地存在于欧洲的历史城镇中，也存在于国内具有开埠历史的商贸城市，以街区为空间要素的商业社区的营建是既有的传统街区更新的必然选择。在以现代主义模式指导的城市化（或郊区化）中，规划师往往采用巨型街区或尽端道路的形式，于是传统的街区生活没有了容身之地。因此以小街密路的商业街区提供了一种传统街区生活的替代形式，并建构本地居民可以集聚的场所。本章将对这一特殊的城市更新现象的源流进行考古，并揭示它对修补城市肌理的连续性、创造社区化的公共环境的意义。

1　街区式商业社区溯源

“商业街区”是一类商业社区案例的统称，美国学者称其为“Main Street Mall”或“Townscape Mall”，其外延较为宽泛，包含以小街密路或步行化巷道为基础所形成的商业功能区[1]。在中国的当代城市语境中，街区式商业的意义尤为特殊。近年来，延续并置换原有的城市功能几乎是所有城市更新实践的主要关切，类似上海新天地、天津五大道与成都宽窄巷的改造范式更多是腾笼换鸟式的功能替换，其风貌控制与导引兼顾协调与存续，基本尊重更新后的街区与城市有机融合。与这类城市更新实践不同的是，在剧烈城市扩张过程中“无中生有”地创建商业街区与公共生活，虽然依附于消费行为，但是一些人气旺盛的商业街区已经开始扮演社区公共空间的角色，这种对社区公共空间的生造在主流的城市史研究中往往被刻意矮化或忽视，然而它却反映了快速城市化后公众的场所需求对功能需求的替代，它在空间策略与场所营造中所遭遇的困境与破局的经验依然可以启示今后一段

1　对此可见加州大学伯克利分校的索斯沃斯教授（Michael Southworth）相关论述。“Townscape”常被翻译为城镇风貌，是一种综合了街景、立面、景观与市政工程的综合空间体验。

时间的社区营造实践。

商业街区实践在西方已经有近百年的历史，并以美国的堪萨斯城的乡村俱乐部广场与洛杉矶的西木村社区为最早范例。两次世界大战之间的20年是西方社区营建模式的关键转型期，以美国为代表的新兴国家的郊区化已经初露端倪，经过进步运动的城市居民的社区自觉意识不断高涨，中产阶级的住房短缺基本缓解。郊区化的副作用就是原有城市中心的商业区无法满足郊区居民对公共生活的需求。此时，商业街区作为大型百货公司与郊区购物中心之间的过渡类型登上历史舞台，它以传统小街区市镇中心的形象出现，以亲切与怀旧的风貌扮演公共生活的承载者角色，并成为传统中心区百货中心与晚期的郊区商业综合体之间的过渡类型[1]。即使是在大体量的商业综合体完全统领商业空间的20世纪后半叶，以步行化小街区为主导要素的商业街区在新千年再次异军突起，用不断调整的姿态回应媒介时代的社交生活新需求。

1 百货公司起源于19世纪后半期的法国，后该空间类型进入美国，20世纪初期是百货公司的黄金发展期，多数美国城市的中心区都有大体量的百货公司群。两次世界大战之间的时期是美国城市郊区化的开始，市中心的百货公司遭遇客流危机，商业空间的转型箭在弦上。百货公司演变为连锁化经营，并分散到各个郊区市镇中心，几个连锁百货往往就可以结合为一个郊区商业中心区。路易斯·芒福德对这一百货连锁化经营现象有过论述，并极为前瞻性地称其为“一种新邻里单位中心的组织方式”。

典型的美国风貌型商业街区是一种以地产开发为引擎、消费活动为内容、场所营造为主题、空间管控为保障的社区活动中心，它制造某种“异域”的沉浸式环境，通过营造体验与激发事件来刺激消费与交往行为。60年以后，捷得建筑师事务所在好莱坞山环球影城游乐园外的主题性商业街区作品“城市步道”与位于新港的“时尚岛”将郊区式商业街区引导向一个新的模式，并且影响到了我国的社区公共空间演进。这促使我们去探究商业街区作为一种社区营建模式的形态学、类型学演变以及既有的商业街区在历史中对持续变化环境的调整与应对。

2 西木村及其空间管理

西木村位于洛杉矶西郊，是现代商业街区建设、发展、衰落与更新的典型案例。当哈罗德·延斯出于自己的商人本能规划他的南加州模范城镇——西木村的时候，并没有意识到他的商业操作手法已经为后世设立了一种范式。在延斯的时代，洛杉矶的西进前线已经推进到了延斯的农场的东邻——贝弗利山庄。如果按照当时所流行的地产开发方式，延斯也将会用棋盘式的均匀道路网格将自己的农场分割成小块逐个出售，并以一种均匀的方式将整个地块渐次填满，这是典型的早期美国平均主义社区规划方法指导下的必然选择。但是延斯采用了一种完全不同的方法，即在一个全新的场地上新建一个纯商业功能的地中海式小镇，这一方法响应了当时在城市美化运动与田园城市等造城运动中确立起来的美学标准，以单一功能区（商业区）为对象，将传统欧洲城市的复杂性填充入一个巨型区块中。

西木村的产生兼有偶然与必然的因素。19 世纪末，洛杉矶的丹麦移民彼得·延斯（Peter Janss）与其子一同建立了延斯地产投资公司。1923 年，其中一个儿子哈罗德·延斯从其岳丈阿瑟·勒茨（Arthur Letts）那里继承了一处位于圣塔莫尼卡山下的圣何塞山庄农场。这个农场在今天大约就是日落大道、皮克大道、斯普凡达大道与洛杉矶乡村俱乐部高尔夫球场所围绕的大约 3300 英亩（约 13.4 平方公里）土地。其中有一块就成为未来的西木村商业区。在西木村之前，延斯开发了位于同一个农场内的圣塔莫尼卡大道周边区域，但是那一次开发并不成功，由于圣塔莫尼卡大道在当时是一条铁轨与汽车路并行的区域级快速道路，潜在客户既无法方便地停车以进行购物，也不能安全地穿越快速干道与地上轨道以完成消费所需的逛街行为，因此集聚于干道两边的商户根本无法从过往的交通上获取商机。在这次失败中延斯意识到了商业行为对空间质量与便利的敏感性，并开始审视投机式开发的局限与公共空间管控的意义。

在 1925 年，南加州见证了两座新城的崛起——圣塔芭芭拉与同样位于洛杉矶县的帕罗斯福蒂斯。值得注意的是，这两处新城的核心区都采用了统一的西班牙殖民地式风貌与步行化街区设计，并且严格限定新建建筑的风貌特质[1]（图 8-1）。即使对于 20 世纪初的多文化背景的南加州居民，地中海式风貌也是一种空降而来的异邦奇观。地中海式风貌让这些本地居民建立起自身与几百年西班牙殖民地文化的精神关联。两处市镇规划的成功让延斯隐约嗅到了新的商机。延斯在位于西木村东北边的霍姆拜山庄的前期开发中尤其注重建成社区的品质与风貌，并由此获得了经济上的成功，霍姆拜山庄的开发是西木村的预演，在此激励下，延斯立志要建设第二个好莱坞，一个南加州的模范城镇。同时值得一提的是当时洛杉矶规划局主席维特奈尔（Gordon Whitnall）的支持。维特奈尔一改当时通行的偏重保护土地价值的保守均好的规划方式，提倡一种牺牲局部利益但是保证长期与集体利益的规划方式。维特奈尔的政策主张鼓励了延斯的商业冒险。

1925 年，延斯把他圣何塞农场北端的 384 英亩（约 1.6 平方公

1　该风格被称为“*El Pueblo Viejo*”，即旧式乡村风格，这是一种从西班牙殖民地风格中抽取装饰元素通过改良而成的特殊形式语言。其特征为红色屋面瓦、白墙、铸铁窗框与扶手、装饰砖线条、亚热带植物景观等。为了维护这一城镇风貌，圣塔芭芭拉与帕罗斯福蒂斯都设置了专门的建筑艺术委员会，专门对各种改建新建项目进行艺术质量审查。

图8-1　帕罗斯福蒂斯一处广场的原始设计渲染，采用了对西班牙殖民地式风貌与步行化街区设计的统一规划（1927年）

图8-2　1933年的待开发的西木村，远处为加州大学洛杉矶分校校区

里）坡地策略性地卖给了市政府，而市政府再转手捐献给了加州大学，作为其除伯克利校区以外的第二个分校的用地（即加州大学洛杉矶分校校区）。该地的成交价只有市场价的1/4。这次公有与私有部门的合谋将后来的西木村的土地置于一座新兴大学与城市主干道（威尔夏大道）的中间（图8-2）。然而，这片土地绝不甘心仅仅成为大学城的配套商业区。在加州大学洛杉矶分校开始建设之时，延斯终于暴露了他的野心。延斯邀请当时在纽约与圣路易斯的综合性城市规划中崭露头角的规划师巴塞罗缪（Harland Bartholomew）来设计整个未来

的西木村。巴塞罗缪后来同奥姆斯特德公司一道参与了著名的洛杉矶1930年的整体规划计划，是美国城市美化运动的代表人物。由于巴赛罗缪本人在圣路易斯，无法亲自来设计，于是他委托了他公司的前任职员——来自圣塔芭芭拉的列昂·提尔顿（Leon Deming Tilton）全权代表自己进行设计。

巴塞罗缪的规划设计在后来整个商业街区的经营中确实起了非常积极的作用。依据巴塞罗缪的设计，西木村通过一条大约道路红线宽度为100英尺（约30.5米）的林荫大道——西木大道与东西向主干道——圣塔莫尼卡大道连接。西木村内的道路网格有意设计成不规则的有机形态。根据方案所建议的后期空间管控规范，所有的建筑都必须是某种地中海式风格，白墙，红瓦，庭院式，2到3层，临街立面不可低于17英尺（约5.2米）。在街区转角处鼓励建设具有西班牙殖民地式装饰主义风格的白塔，以形成一长段沿街立面的高潮，序列式装饰艺术主义塔群成为此地的标志性景观。这些高塔一方面对社区的使用者起着标志方位的作用，另一方面成为社区的形式符号，所以西木村也有“塔之城”的雅号。

西木村采用了2种不同于通常做法的路网结构来保证其对公共活动的吸引力。首先，不规则的路网结构“网罗”了人流。同当时已经成形的好莱坞商业区相比，西木村的道路网格呈现一种“吸盘”的特性，西木村只有几个对外出入口，且主要有效出入口只有西木大道一条。出入口将人流与车流吸入西木村的各个次级街道，一旦进入就迷失于不规则内部路网，不容易离开。西木村的不规则路网设计为每一处商户设置了差异化的区位，增加了商户沿街立面的可识别性，最大化了商户的价值。其次，主干道规划为尽端道路，阻碍了仅为过境的交通流。西木大道原本是一条连接皮克大道与日落大道的贯通性主干道，在加州大学洛杉矶分校建成后，这条道路在接近日落大道处被掐断，成为一条朝圣式的通向加州大学洛杉矶分校的终端式道路。此时的大学已经初步形成了主轴线格局，主轴线广场恰好与西木大道垂直，其入口设置在西木大道尽端广场上，这样就避免了圣塔莫尼卡大道既作为交通干道，又作为商业主街的窘境。与教学、本地社群或商业活动无关的人流被阻挡在威尔夏大道以南，西木村的上流消费、娱乐底色得以保证（图8-3）。

按照今天的看法，延斯类似于一级开发商。延斯对整个西木村的

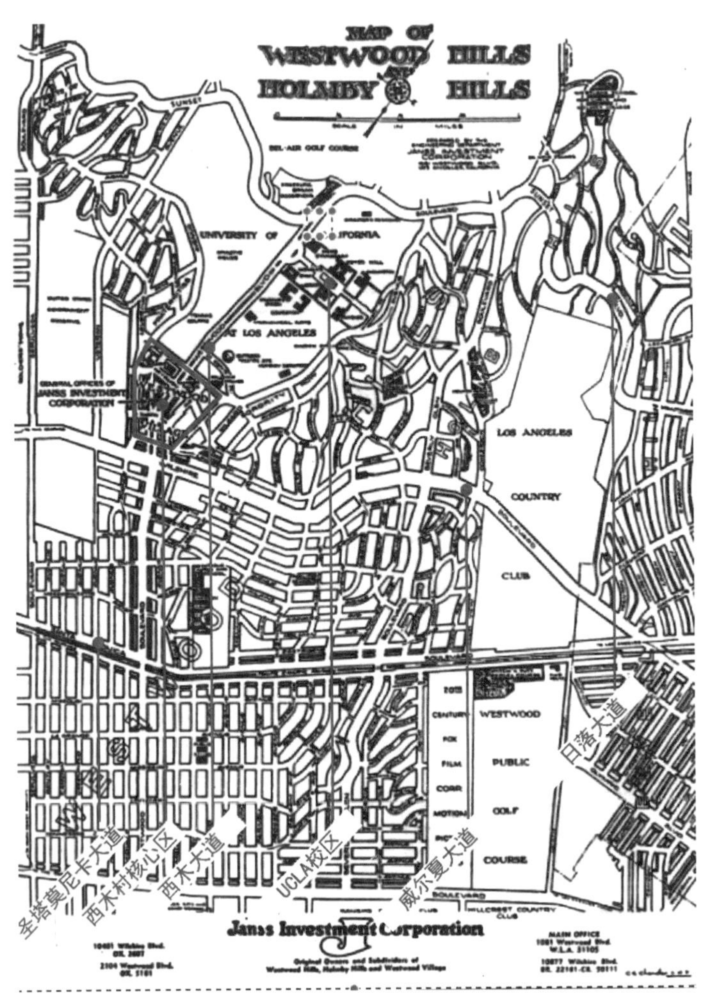

图8-3　根据延斯开发公司图纸所标识的西木村区位

规划与建设控制严苛得出奇。虽然在当时还没有出现如后来的人行口袋式（Pedestrian Pocket）的购物街区，西木村的业态分布依然符合当代通行的商业街区开发原则：街角设置主要的旗舰专卖店；超市与主力百货商店分布在外围，并且没有相互之间的功能业态冲突与区位重叠；小型商户聚集在非转角的街道两侧；电影院与剧院设置在空间深度较深的街巷尽端等等。所有的土地在转卖给单个开发主体时都附带了诸多附属空间管控条件，这些条件在地块二次转手时依然有效。整个西木村严格控制多种商业类型的均衡分布，并且土地在卖出时会再针对单个地块定制规划，比如根据每个商户的需求细化地块形态等。无论租或售，二级开发主体必须向延斯上报建筑方案，由延斯所组织的建筑师委员会批准后方可建设。延斯认为，只有一个具有审美质量的商业社区才能保持恒久的价值。西木村在 1928 年正式开张，并在第二次世界大战前成为与好莱坞等量齐观的具有特殊风貌的城市近郊商业中心。在一些历史图片中我们可以看到：在西木大道两边分布了各种样式的红瓦白墙的地中海式建筑，这些建筑仿佛是在不同的时期建起，一同构成一个完整的地中海小镇意象；村内种植高耸的棕榈树等热带植物；高级豪华轿车停在路沿；衣着华丽的贵妇款步人行道，颔首低语。

西木村的公众认知度在项目初具规模后迅速提升。1930 年，《洛杉矶时报》（*Los Angeles Times*）的编辑，洛杉矶的桂冠诗人约翰·麦格罗蒂（John S. McGroarty）受邀造访西木村。这次造访距上一次他经过这片圣塔莫尼卡山脉脚下的广袤庄园仅一年时间。在这次造访后，麦格罗蒂无法按捺自己激动的心情，将所见所闻写入了他编辑的介绍西木村最新建设成就的一本小册子《一年又一日》（*A Year and a Day*）[1]（图 8-4）。他写道：

1　麦格罗蒂长期供职于《洛杉矶时报》，这本小册子可能是他为社区所做的宣传册。另外，“一年又一日”在英语中指一个足够引起一定变化的时期，即隐含了对西木村所发生的天翻地覆变化的赞叹。

> 于是我回到了（圣何塞）庄园。我是被一个据说可称为神迹的巨变所吸引。我曾经钟爱的番茄园与葡萄园已经被一个崛起的新城镇取代。在这新城里满是圆穹隆、红瓦屋顶、绝美的门廊与修道院式的拱廊。在街道两边真正上演的是一个凤凰涅槃般的梦。这个梦的实现仅仅用了一年零一日……它不允许任何新的建造破坏这个业已成形的图景，这座新城凝聚了地中海建筑的精华，它就和一座西班牙或者腓尼基城市一般无二，它是如此可爱。

图8-4　麦格罗蒂的宣传西木村的小册子《一年又一日》扉页

固然这本小册子也有为这个项目进行营销炒作的嫌疑，不过剥开当时社会所盛行的乐观主义情绪，西木村确实与整个圣塔莫尼卡山麓一道唤醒了西海岸公众对欧洲地中海文明的自我认同。西木村是美国第二个、南加州第一个商业化开发的体验式购物小镇（第一个即前文提到的堪萨斯城的乡村俱乐部广场）。在建筑学上它具有某种“美国性”，与美国文化中不追问原真性、只追求实用与体验的偏向相吻合。它同美国的其他主题式社区一起形成了与来自欧洲的现代主义国际式并行的另一种现代化传统。这一传统在后来的后现代主义思潮中被重新发掘。

即便经过异常严谨的规划与经营，西木村依然暴露出 20 世纪早期体验式商业街区的弱点：低层且富于变化的地中海式建筑形态无法容纳日趋大型化、产业化的商业经营需求；它还没有像后现代主义运动一样，分辨建筑的基本建构语言与日益独立的表现性符号语言的区别；相对诚实的建筑形态没有为未来的二次改造与立面重塑预留灵活性。另外，它还没有明确生产、存储、体验与交易的产业链细分，比如它试图引入当时方兴未艾的电影工厂为小镇造势，但是事实上仅仅引入了福克斯一家公司。它对汽车社会的快速发展也预估不足，预留的露天停车面积很快就不堪使用。1950 年代中期，西木村的各地块悉数开发完毕，延斯公司内部由于家族成员之间的矛盾，也不再持有西木村的地产。随后，在欧洲导入的现代主义国际式渐渐成为主流建筑形态后，西木村的风貌开始受到破坏，一些最初的战前地中海式建筑被拆除，一些盒子式的现代主义建筑破坏了西木村街景的完整性（图 8-5）。

3 郊区购物中心的模式化

西木村是美国的商业街区从市中心百货公司向郊区购物中心转变的过渡状态。第二次世界大战以后，随着郊区化不可遏制地发生，西木村成为当时商业街区发展的孤例，大型的郊区购物中心开始定型。奥地利移民建筑师维克多·古鲁恩（Victor Gruen）对美国郊区购物中心的模式发展起到了关键作用。古鲁恩参与了美国 200 多个城镇的城市更新，重塑了美国社会关于购物中心的空间范型、交通组织与经营方式的整套理念，甚至郊区购物中心的诸多术语都是由他定义或将含义固化的，比如他在专著《美国购物城》（*Shopping Towns USA*）中提到的商户尺度适配、花园式多层步行廊乃至吸引人流的旗舰店的概念等等。这些概念在当时流行的哑铃式平面形制基础上创造了丰富的变体语汇。

图8-5　1940年左右的西木村内部街景

古鲁恩对美国郊区市镇中心区的城市干预正好与美国的快速郊区化时期重合。第二次世界大战后的郊区化浪潮解构了战前的美国城市形态，并形成了无数千篇一律的被高速公路和露天停车场环绕的购物式市镇中心。当代的城市史学家往往会将空间“茂化”（malling）的罪责套在古鲁恩身上。但是从今天的历史视野反观，这种指责是不公平的。1960 年代中期以后，由于欧美 30 年的城市更新运动所积累下来的社会问题开始爆发，古鲁恩开始将工作重心转向旧城复兴、市镇规划与城市研究，同时他对住宅、医院、社区活动等各种功能的叠合有着诸多的形式探索。从他拍摄的一部名为《弗莱斯诺：一个城市的重生》（*Fresno: A City Reborn*）的纪录片中，展示了对弗莱斯诺（加州中部城市）郊区化所带来的内城衰败的解决方案，但是他所能做的只能是将那些现代化过程中机械的、粗陋的环境因素去除，代之以更亲切近人的环境特质，而无法触及急剧现代化过程中公共空间丧失的社会学原因。古鲁恩的弗莱斯诺改造方案是在他所掌握的工具集条件下所开展的一次救赎，而这一工具箱的主要部分就是第二次世界大战后城市复兴中屡试不爽的消费空间。古鲁恩天真地认为，只要加入吸引人流的环境因素，对空间进行更精细化的柔性改造，衰败的社区就会重建；但是历史证明，那些失去了社会支撑条件的商业功能片区还是不可避免地走向衰败，即使它们早已严格按照古鲁恩所信奉的原则进行了精细的设计。

4 西木村的衰落与复兴

在第二次世界大战后相当长一段时间内，西木村是洛杉矶上流人群的汇聚地。1960—1980 年代是西木村的黄金时期，但是一些深层矛盾也开始浮现。最主要的深层矛盾是低消费力的大学生与高定位的商业场所之间的错位，大学生并不会为西木村增加高端客源，西木村也无法满足大学生的中低端消费需求。另外，周边租金与地价飙升，传统的餐厅被翻盘率更高的快餐厅取代，服务于青少年的流行文化专卖店赶走了服务本地社区居民的日用品商店，电影院从类似剧院的公共场所变为消费型场所，由此，西木村的整体风貌也随着功能替换而蜕变。

从 1980 年代开始，西木村开始显露老态，对此不明真相的人们常常归罪于 1988 年的枪击案[1]。枪击事件后，西木村开始用闭市的手段确保安全，限制夜生活。闭市的结果是上流商业连锁品牌开始撤

1 在1988年的1月30日晚上，27岁的日裔女图像设计师石川卡伦（Karen Toshima）像无数洛杉矶中产阶层年轻人一样去西木村赴晚宴，然而就在一间豪华餐厅的门外，她无意中撞见了两派黑帮火并，一颗流弹正好击中了卡伦的太阳穴。西木村枪击案的意义在于它让纸醉金迷中的西区上流阶层意识到了近在咫尺的安全危机。

出，整个西木村江河日下，繁华不再。到1990年代时，西木村已经完全沦为洛杉矶社群紧张的牺牲品。

其实枪击案只是西木村衰落的一个导火索，真正的原因来自外部。从1980年代开始，新的大型商业街区或集中式购物中心在西木村周边扎根，挑战了西木村在本区域的绝对地位，比如捷得（Jon Adams Jerde）设计的位于西木大道南端的西区馆，西部集团改造的世纪城购物中心，位于农夫市场的格罗夫购物中心，圣塔莫尼卡第三步行街购物中心等。这些新崛起的购物中心属于城市规划学者索斯沃斯（Michael Southworth）所说的“风貌型购物中心”（Townscape Mall）。在2000年以后，许多20世纪中期的大盒子式购物中心开始衰败，为了迎合公众的消费偏好，更精确地把握消费者的心理与功能需求，购物中心的经营者开始重新挖掘老市镇中心的潜力，并将新宗教、学校、健身、娱乐、集会等各种功能置入这些传统小镇形式的购物中心，这些购物中心多为小街区或步行街区式，营造主街环境，引入小巷和内院等近人尺度场景，在风貌上极力逼近地中海乡村形式。它们在购物中心的周边与地下放置巨量的立体停车位（比如帕萨迪纳老城购物区），将人群从多层停车场更高效地引入到更加浓缩的戏剧化环境中。这些戏剧化环境往往利用19世纪的敞篷小火车、马戏帐篷、旋转木马、街头表演、音乐喷泉、阶梯水景来引导观者的乡愁式情感体验，这种消费场景被称为“体验式消费”（Experiential Retail）。进一步地，这些功能策划使得建筑的环境体验脱离它本身的逻辑，成为独立的布景式环境。它们占据一个封闭式的超级街区，形成了某种异托邦商业巨构。

在这种情况下，西木村有了增强版本的后继者，同样位于该区域的圣塔莫尼卡“第三步行街”也是商业街区的代表，更与周边城市深度融合（图8-6）。第三步行街是从通过改造既有的城市街道，成立自治的委员会来管理功能组织与交通。虽然在营销上极为成功，但是它的业态管控、功能聚合与街道界面特征不明显，可识别性有待提高。从历史的语境中来看，第三步行街依然在享用延斯所贡献的那些规划方法遗产。它们通过撩动身处其中的观者的深层城市记忆来激发购物热情，通过消费活动购物者获取了某种“在场感”与文化认同。

关于西木村的复兴计划从1990年代就不断推出，但是这些文案大多躺在城市决策者的书架上，无人过问。1990年，位于西木村入

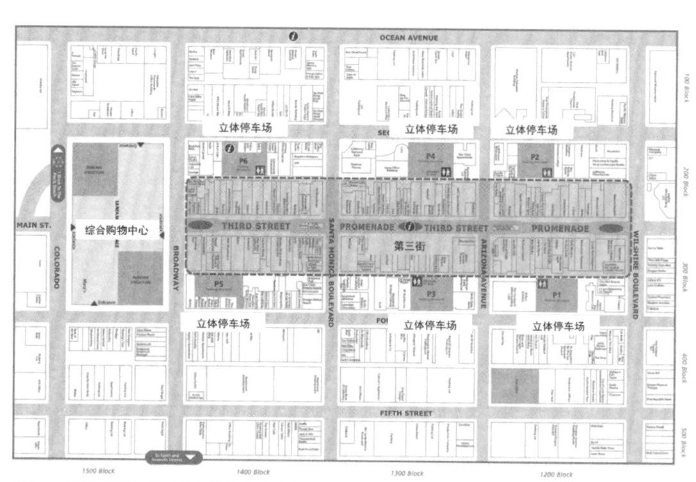

图8-6　圣塔莫尼卡第三步行街的业态分布

口处的哈默博物馆落成，西木村管理本地商户希望通过博物馆来撬动西木村的更新，但是这一计划并不成功。西木村在第二次世界大战后已经发生了巨大的变化，由于洛杉矶投机性的城市开发，威尔夏大道两侧建起了无数几十层的高级公寓与办公楼，隔开了西木村与城市主干道的视觉与功能联系，西木村变成了真正的“城中村”（图 8-7、图 8-8）。村内经常有整栋空置房屋几经转手却始终不能引进租户，西木村的商业用房空置率达到了全洛杉矶西区最高。由于私人产权的限制，大幅度更改现有的城市路网结构已经不可能（局部的道路变更一直在发生），一些策划书建议运用鼓励开发商变卖多余的区划开发权的手段来激活村内的商业开发，但是西木村的密度已经非常高，穷尽开发权的结果必然是将旧有的底层建筑拆除并重建中高层楼宇，这种方法无异于将西木村仅剩的风貌价值消耗殆尽。周边社区居民中的“邻避主义”（not in my back yard）盛行，他们不愿意自己的花园豪宅边上再建起高楼。有人建议加州大学买下空置的商业楼或土地，但是周边富庶的社区居民对此也极为反感，他们认为学校与学生就是降低社区质量的根源，罔顾历史上学生一直是社区格调的捍卫者（虽然不是消费的贡献者）。

社区居民掣肘的另一面是城市强大的复兴意愿。2010 年，洛杉矶西区地铁延长线的环境影响评价通过，该地铁将有一站设置在西木大道，目前这一地铁延长线已经在建设中。2011 年年初，一位加州大学校友向学校捐赠了 1 亿美元，其中 4000 万将用于建设一个具有会议酒店功能的综合体，由学校进行经营。除此之外，学校拥有的一

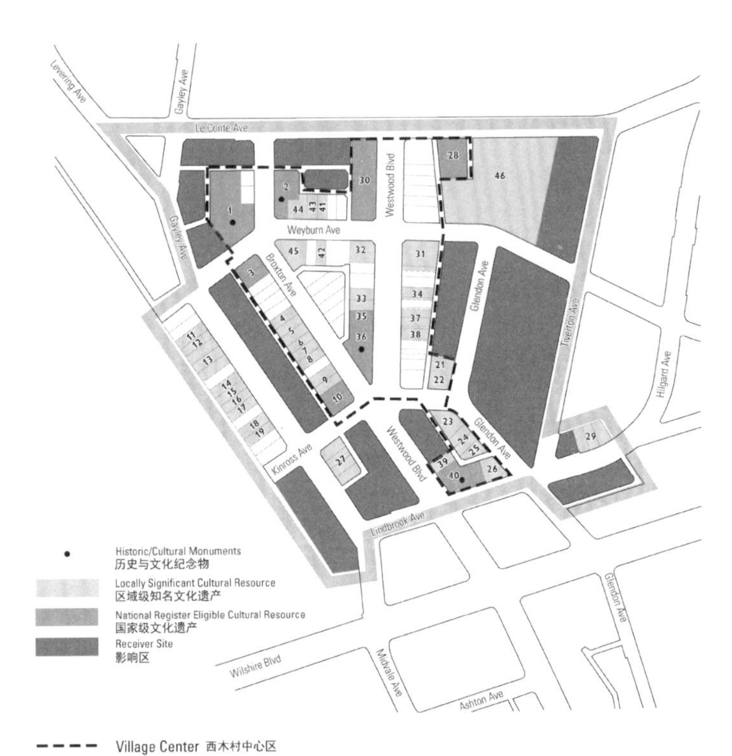

图8-7 目前西木村的建筑物功能分布

图8-8 西木村在威尔夏大道的玻璃幕墙大楼前显得格格不入

些停车场也有再开发的可能。这些新的建设计划都在刺激着学校与社区的神经。

2011 年，由加州大学“城市实验室”所牵头进行的研究中展示了 2 个实验性的振兴方案：“活文化”与“轻车行”（图 8-9）。这两种方案都反映了体验式商业街区在 21 世纪的转变趋势。首先，西木村衰落的背景不外于美国的商业零售模式所悄然发生的改变。由于电子商务活动的激增，实体店面的体验功能盖过了实际的交易功能。其次，事件经济、狂欢经济渐渐成为经济活动的引擎。由于美国人的消费事实上已经达到饱和，要激发新的消费模式只能通过某些主题性的游行、集会、狂欢等活动，即所谓的“活文化”。最后，1930 年代的西木村的基础设施已经无法适应今天的需求。即便未来地铁开通，地铁与周边商业之间的连接，地铁与公交的接驳都需要一个步行无缝连接的空间设计方案。从城市史的视角来看这 2 个方案，它们依然缺乏对西木村本身的城镇风貌空间遗产的尊重，而这正是本地社区所异

图8-9　加州大学“城市实验室”提出的“轻车行”西木村改造方案

常珍视的。然而学术圈却时常固守对原真性（authenticity）的机械理解，漠视这种历史相对短暂的传统。非常态的事件经济与基础设施固然重要，但必须是建立在适度保全西木村城市意象的基础上的。

5 回响与反思

在西木村建设60年之后，捷得事务所在好莱坞山上的环球影城主题公园南侧设计了他们在洛杉矶最重要的体验式街区——“城市步道”。同西木村相似的是，这个项目是一个更大的城市引擎的配套设施。对于西木村这个引擎是加州大学洛杉矶分校，对于“城市步道”是环球影城游乐园。“城市步道”连接了环球影城的停车区与游乐园大门，在空间序列上是后者的前奏。街区由一段长达450米的连续商业步道串起，分为东西两段，由一个被穹顶覆盖的喷泉广场连接。“城市步道”两侧的建筑充满了各种电影文化符号，构成或隐或现的戏剧冲突。各种熟悉的电影角色、场景与情节都以极度夺人耳目的形态出现。值得注意的是，这些符号并不脱离它们特定的建筑空间角色，转角的处理、穹顶与塔楼的设置、业态的分布等都明显受到西木村等早期商业街区的影响。建筑师捷得本人将这个作品称为哲学家鲍德里亚（Jean Baudrillard）所谓的“拟真”（simulacrum），即一种脱离了指涉的媒介幻象——用局部的真实拼凑整体的荒谬。在“城市步道”所建立起的渗透到每个角落的幻象中，身处其中的观者无法察觉一种全局的非现实感，相反却不由自主地被无处不在的戏剧冲突所调动。这种设计手段正呼应了鲍德里亚对于后现代文化景观的描述（图8-10）。

西木村在紧凑的空间格局中密集地呈现了现实城市内需要一定的空间广度才能呈现的多样性与戏剧性，它是浓缩的城市布景。西木村的塔群是一组相对独立的要素，这是美国第二次世界大战后的符号文化的预演。塔本身的形式一定程度脱离了它们的基座成为独立的符号部件，但是去除符号功能的塔依然是一种“合法”的建筑元素。同样在后来的体验式商业街区中，各种角色与符号也尝试以一种符合基本建构原则的“合法”部件的形式存在。除了一些非常明显的广告标牌，某些符号是希望嵌入到建筑与环境小品内的，比如一个路灯可能是一个字母，一根柱子可能是一个人物，一个屏幕本身可能是一堵必需的墙，一座广场中央的设立式纪念物可能是一个电影角色，等等，这种符号的嵌入性确保了之前所论述的“拟真”中的“局部的真实”。这事实上需要让建筑师扮演一个导演的角色，他指挥棒下的建筑姿态则

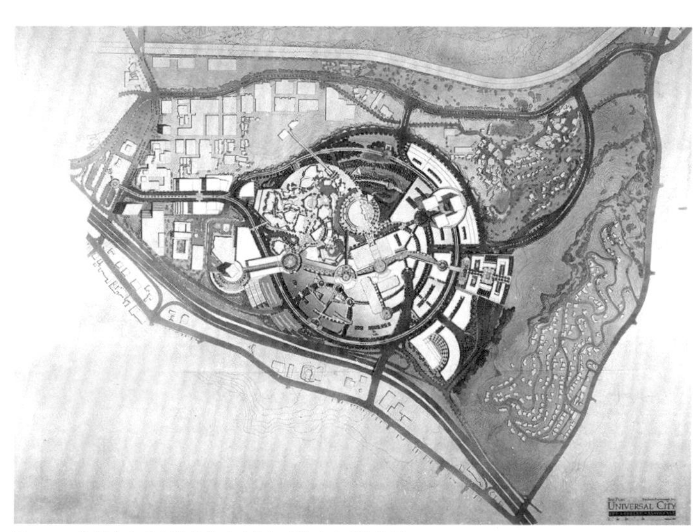

图8-10 捷得事务所设计的体验式街区“城市步道”规划

如同演员，他不必规定每一个部分的姿态，但是必须设定局部动作的规则。建筑形式在一定的导则限定下，构成一场形式语言的戏剧表演。

一定的历史距离能够帮助我们更清晰地认识更深层的城市建筑学规律。无论是西木村还是它的后继者，它们都将空间的步行体验作为空间营销的价值依托。西木村与“城市步道”的区别在于，西木村的建筑风格并没有脱离形式与空间存在，建筑物的构成符号要素也在空间中才获得合法性，但是到了捷得深度介入的后现代主义建筑实践中，体验高度密集的呈现随后成为自主的系统，符号的集聚构成了一种媒介。反观西木村，它的空间处理具有某种“泛”文化性，并非单纯的地域特征的拼贴。地中海式风格本身的砖－木构造逻辑具有一定的普适性，和大多数地区的乡土建造文化可以对接。

当西木村所展示的空间质量再次被认真对待时，已经是近 30 年之后的简・雅各布斯的时代了，雅各布斯从一个公共知识分子的角度将那些早就在行业内构成常识的知识公之于众，她所总结的混合功能、小街块、新老建筑搭配、适宜密度等规划原则，早在西木村的时代就被践行了。当代学者相信原真性是维持场所活跃程度的关键指针，但是构成场所的原真性的要素可能比其字面上的含义要复杂得多，甚至可能与其字面上的含义南辕北辙。体验式商业街区虽然从未被承认为原真的社区，但是却构成了一种典型社区的镜像，暗示了一般场所营造的策略与常识，值得被后世的研究者持续关注。

第九章　香港战后规划与准福利主义[1]

香港代表着一种极端地理、文化与社会条件下的特殊城市类型。它拥有比上海、纽约、伦敦等全球城市更高的居住密度，却掌握着极为高效的空间管理办法与利用方式。以往的香港城市研究的误区在于将香港视为一种高密度城市的解决方案，尤其是公交主导型都市（TOD）的范本，却忽视了它成型的历史时空。香港的任何片段无法被轻松复制，它极其苛刻的空间利用也不适用于多数城市。在教学与研究的实践中，关于香港的讨论与疑问时而浮现，因此本章将摒弃“公交都市”或“紧凑城市”这一论述套路，从香港在第二次世界大战后的50年的城市规划思想史中，梳理一个城市寻找自身合适形式的心路历程，从中发现公共空间作为一种溢出价值（福利）的本质特征。

1　本章内容最初以《香港战后规划的思想流变：契约、福利与空间》为题发表于《国际城市规划》（2017年第3期），收入本书后有修改。

1　香港的法定图则与契约规划迷思

麦理浩（Murray MacLehose）治期（1971—1982）及其所代表的第二次世界大战后城市空间治理是理解内地改革开放早期的城市建设模式转型的关键。回溯历史，香港的社区规划制度对内地的主要贡献有二：空间圈层化与城市设计法定化。

首先，圈层化确保了合理的邻里尺度，香港在容纳高密集度都市生活的同时保有一个多单元城市的功能与结构。除了中环、尖沙咀等城市中心区，香港是由一系列围绕轨道交通站的社区单元所构成的。由于采用了多层级的城市设计导则编制方式，相比于中国内地城市，香港的城市社区内部往往形成了较好的功能平衡与结构自主，并且通过完善精细的人行与交通网络进行内外连接。这种结构来源于第二次世界大战后盛行于欧洲的福利主义城市体系，尤其是英国与北欧的第二代新市镇模式。

其次，论及城市设计法定化，则无法回避“法定图则”。从1980年代开始，国内土地出让市场的破冰带来了规划制度的变革，由于可以学习的范本并不多，以深圳为代表的珠三角城市开始大量引入香港式的社区模式与多层次城市设计导则编制方式[1]。深圳从1980年代后期就开始试验法定图则制度，1998年正式推行。香港的法定图则的主要组成部分是“分区计划大纲”，其层面接近控制性详细规划，深圳在相当于香港规划体系的详细规划层面设立法定文件内容，比传统的详规更严密细致。必须指出的是，香港的多层次城市设计体系不仅是英美法系衍生出来的契约型规划的表现，也是20世纪中期英国福利主义规划思想的产物，它的作用主要在于确立完备的社区形态，营造在空间和功能上都自成一体的卫星城式社区。因此，在强调城市设计的法规特征的同时，必须回溯香港规划制度中的“（准）福利主义”空间原则与其适用的时空条件，而这些原则往往并不直接反映在条例与图纸文件中（图9-1）。

1　以深圳为学习对象，许多国内城市都存在“城市设计导则法定化”的探索方向，法定图则处在分区规划与详细蓝图（修规）之间，涉及土地利用性质、开发强度、配套设施、道路交通和城市设计导则。法定图则的编制、审批、公众咨询、定期检讨和修订都必须经过一整套严密的立法程序，审批后成为确认的法令文件，审理法定图则不是规划主管部门，而是立法机关。

第二次世界大战刚刚结束后的香港依然是一个主要由唐楼构成

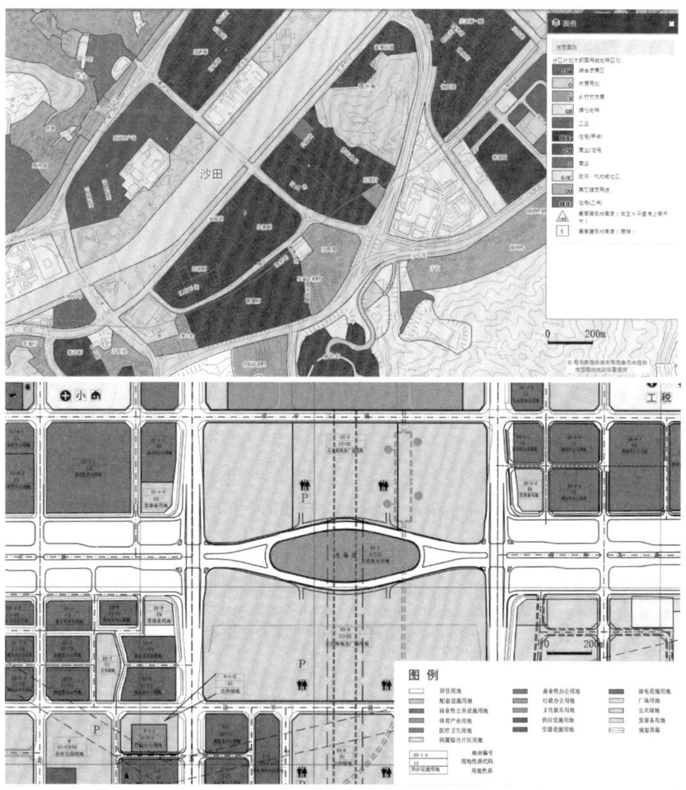

图9-1　香港沙田（上）与深圳中心区（下）的法定图则

的城市[1]，城市发展主要集中在维多利亚湾两侧的狭长海岸地带。1960 年代，香港有两种城市形态目标可供选择：集约型与扩张型。早在 1971 年，建筑师白自觉（Jon A. Prescott）就在《香港：高密度发展的形式与意义》（Hong Kong: the Form and Significance of a High-Density Urban Development）一文中指出，欧洲式的低密度“花园城市”与“卫星城市”的结构并不适合香港。他非常看好尚在规划阶段的轨道交通站点与高密度城区的整合发展，并指出这可能是解决高密度城市与高生活标准的一条路径。时至今日，可以说香港在高密度的同时实现了花园城市的空间标准。

1　香港20世纪中期以前建造的多层无电梯楼房，其式样来源于华南地区的近代骑楼，因为主要由华人居住，故称为“唐楼”，与后来更现代化的高层住宅“洋楼”相对应。

目前，解释晚期殖民地时期香港的城市形成机制的观点基本分为 3 类[2]。第一类观点为“危机 - 反应论”，即认为香港的规划政策是对香港的地理、政治与经济条件的合理反应。比如缺乏可建设用地，安置大量内地难民，协调冷战时期的地缘政治冲突等等，这种观点较为普遍。第二类观点可归纳为“契约论”，将香港的空间规划归因于精密而严格的城市立法技术（如香港大学黎伟聪教授的研究），崇尚在普通法系基础上对规划立法，反对第三方（即业主与政府之外的规划专业者）对规划行为的干涉。第三类观点可称为“理性权力论”，其中，以伍美琴、邓永成为代表的学者认为香港的空间管理以“理性化”了的权力的面目出现，将权力的意志包裹在中性的知识中，强调空间中各要素体系的整体运动过程与治理管控之间的不对等关系，以此批驳强势的、机械的官方（或资本方）城市规划思路。在这 3 类观点中，第一类只解释了一种空间发展的可能性，但是并未解释为何香港能够将这种可能性转化为空间策略。第二类观点将研究带入深入毫微的技术与制度描述，比如黎伟聪教授将香港的规划制度总结为“契约性规划”（planning by contract，即政府与土地主之间的契约），以与“法令性规划”（planning by edict）相区别，对第三方的空间干预表示排斥，却忽视了香港的地理特征和社会条件在保证规划实施中的积极作用，将这些客观条件视为一成不变的恒量，这类观点本质上还是在为正统的古典自由主义辩护。第三类在管控方法与空间权力结构的不对等中揭示了香港的技术官僚政权的决定性作用，并借此提出在规划公共参与中“建立共识”的关键作用，但依然未能从历史实证中引导出取得“共识”（价值模型）的清晰路径。后两派学者亦无法在全球城市史视野中解释香港空间发展史内嵌的位置。契约规划论对内地规划的影响甚巨，但是业界往往忽视了规划立法化与民主化背后的地理历史背景与时代精神。基于以上回顾，本书希望以香港的规划编制历史

2　本书讨论的“晚期殖民地时期”指1945年以后的港英政府统治时期，即1945—1997年。第二次世界大战以后，亚非拉地区的去殖民地化运动风起云涌，一些原来的殖民地相继独立，为了应对本土的反抗运动，港英政府逐渐采取了一些有利于殖民地休养生息的政策，并大幅度提升本地居民的生活条件，这与传统的殖民主义统治已经不同，具有福利主义的特征。

为对象，探索香港城市社区规划中的福利主义思想的流变，以此作为理解和衡量中国内地改革开放后城市发展得失的重要注脚。

2 准福利政权

学界普遍认为香港是个实行放任主义（Laissez Faire）的自由港。部分香港学者未能跳出普通法系传统去看待那些规划技术表象后的基本前提。上述黎伟聪教授的“契约性规划”就是这种观念的产物。理论上在香港回归前，香港土地皆归港英政府所有，这并非从英国土地制度传统而来，但是其精髓依然是以效率和市场规律优先，一地一约，所有的土地在出让一定期限的使用权时皆附有规划条件，土地的承租方可以在规划条件内进行最大强度的开发。1984年之前，香港实行批租制（一次性地价反映整个出让期的地租），之后实行的是批租与年租混合的土地出让制度。批租制度使得香港政府在经济腾飞时期能够迅速通过土地出让（往往价高者得）补充公帑以发展城市基础设施，而在城市发展成熟以后通过加收年租使得政府共享土地增值带来的利益，实现可持续的财政收入。由此可见，所谓契约性规划固然保证了土地能够获得规划允许范围内的最优效率的发展，但是它的成功也仰赖稳定的经济与人口增长预期与稀缺的土地资源。

契约性规划能够成功实施的条件也是因为香港绝大多数建设项目位于新增的填海土地之上。香港有百年的填海造地史，但是在第二次世界大战以后填海的规模与速度明显升级，而且填海的地区往往容纳了最高强度的开发，政府能够通过对新出让土地的规划来左右整个大都会区的城市形态。除了传统的四环九约，市区的柴湾、九龙西与九龙湾，郊区的沙田、将军澳、大埔与屯门等地也都是填海所得。香港曲折的海岸线与广阔的水域面积决定了填海造地能够在包括中心区域的地理空间均匀发生（2000年以后造地活动基本悬停）。即使如此，由于新造土地在空间上分布比较均匀，所以香港可以保持原有的城市地理结构而不至于如欧美大都市那样在城市蔓延中对通勤圈的尺度失去控制。如果不考虑这些前提，不考虑新发展土地多在新造地上发生，契约性规划只能背负名义上的正义性，而无法在现实层面取得相对于法令性规划的优势（图9-2—图9-4）。

内地在规划民主化的过程中多奉契约性规划为圭臬，却没有看到契约化只是香港社区规划的经验之一，它只在特定的时空条件下服务

危机-反应论与因果论

1. 缺乏可建设土地
2. 多山地形
3. 历史原因接纳大量难民
4. 地缘政治地理冲突
5. 英国恢复“荣光”的企图
6. 拥挤的生活传统

制度契约论

1. 土地批租制度
2. 土地租约修改制度
3. 自由放任经济
4. 土地财政
5. 严苛建筑规范
6. 契约性规划论
7. 法定规划（图则）体系

空间政治学派

1. 日常空间实践
2. 社会权力与执行权力对抗
3. 文化丢失论
4. 公私合营传统
5. 缺乏共识的规划
6. 空间划分模糊性

准福利主义体系

1. 知识官僚阶层成为社会中坚
2. 规范化的制度环境
3. 社会动员与社区建设
4. 政府对土地分配的有限干预
5. 大公司在社会服务供应中的作用
6. （与西方相比）空间共享的文化习惯
7. 对现代主义范式的本土化改造

图9-2　香港空间组织的深层动因图解

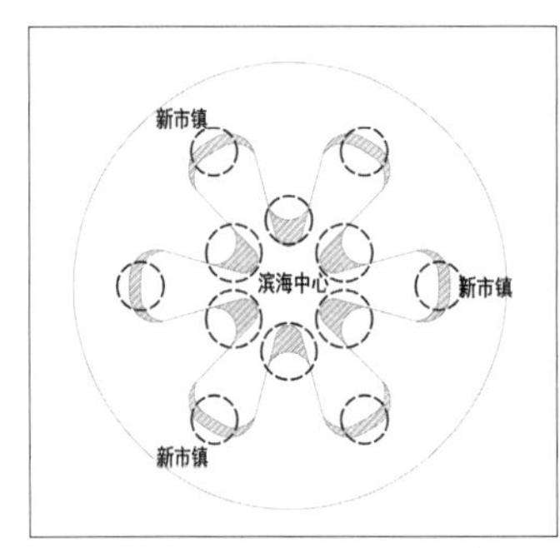

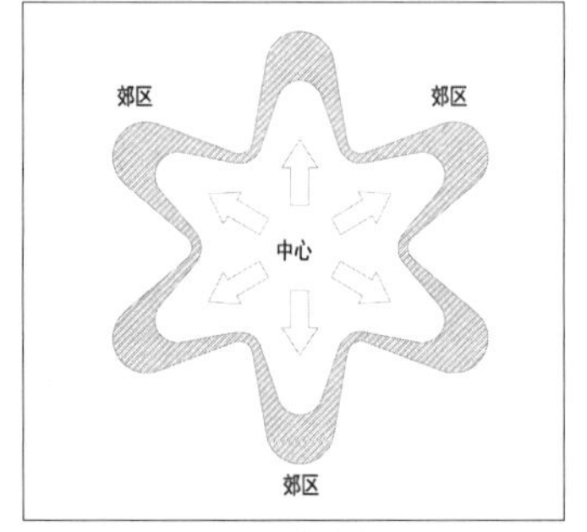

图9-3　左图为基于曲折海岸线和新增填海造地的香港开发模式，右图为一般单中心城市的扩展所带来的“摊大饼”式扩展，斜线阴影区域为新增土地

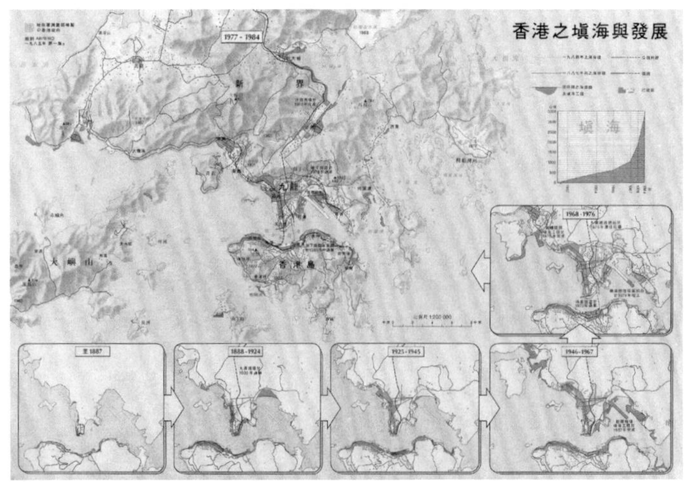

图9-4　香港在各个历史时期的填海造地区域

于特定的社会组织与城市地理香港在法定图则（类似分区规划）的框架下，还定有详细的内部图则，内部图则细致地规定了各种涉及社区公共利益与私人利益平衡的条款。在整个城市的空间组织上，香港持之以恒地采取了欧洲新市镇模式，而内地相应的社区规划在计划经济时代尚能部分实现社区公共利益与功能平衡，在城市开发资本化的过程中社区利益往往被忽视，最后公共服务的实现甚至远远不如实行资本主义的香港。

那么，香港的社区与邻里利益究竟是如何在空间实践上实现的？卡斯特尔（Manuel Castells）的《石硖尾症候》（*Shek Kip Mei Syndrome*）是一部质疑香港自由放任经济神话的论著，但是它的讨论基本上仅限于香港的公共住宅政策。卡斯特尔将香港和新加坡的公共住宅视作一种政府对劳动力要素价格的干预，但是由于作者的学科背景与实证研究本身的局限，它很难在香港的规划史和建成环境这个层面去探究住宅政策以外的空间干预所形成的区域比较优势。与之相对应的是，近期西方的建成环境史学者开始重拾对福利国家与建筑学的关系的研究兴趣。由马克·斯温纳顿（Mark Swenarton）等学者主编的论文集《建筑学与福利国家》（*Architecture and the Welfare State*）是这一系列努力的代表。其中，建筑学者迈尔斯·格兰丁（Miles Glendinning）的短文《从欧洲福利国家到亚洲资本主义：英式公共住宅在香港与新加坡的演变》（From European Welfare State to Asian Capitalism: the Transformation of "British Public Housing" in Hong Kong and Singapore）从规划史视角解析了香港的建成环境的福利资本主义间接"渊源"。虽然该文由于其篇幅和分析深度的限制，并没有深入探究东亚微型经济体（如香港和新加坡）的建成空间的制度基础，但是它设置了"福利资本主义与东亚资本主义"这样一个议题，并且把这个议题放在东亚的（前）殖民地港口城市的"去殖民化"背景下。在一本通篇讨论欧洲福利资本主义与建筑学的论文集中，这样的章节设置已经暗示了某种学术态度：一方面，福利资本主义的建筑学与城市学在西方是一个已经"完结"的话题，第二次世界大战后的现代主义的巨构城市理想已经随着福利国家政策的式微而被视为一个历史陈迹；另一方面，一些亚洲国家与地区用各自的政策措施实现着欧洲福利资本主义在半个世纪前所设立的社会目标，这些政策措施与城市建成环境的空间特性有着巨大的相关性。

关于福利资本主义的讨论多基于约斯塔·艾斯平－安德森（Gosta

Esping-Andersen）的《福利资本主义的三个世界》（*The Three Worlds of Welfare Capitalism*）。艾斯平-安德森将资本主义的福利国家划分为3种类型，分别为以英美为代表的典型的自由主义福利体制、以德国为代表的法团主义福利体制、以瑞典为代表的社会民主福利体制。这些分类没有纳入东亚国家的福利体制。无论香港是否真正有一个"福利资本主义"的历史时期，它在1960年代以后明显加强了政府对经济行为的干预，尤其是麦理浩当政时期的政策是艾斯平-安德森的3种欧美福利国家体制无法覆盖的，卡斯特尔将其归纳为"发展型政权"。发展型政权以经济增长或获取比较优势为目的来提供社会福利，比如对于香港和新加坡，提供福利的方式就是向大量的低收入人群（往往是在历次内地的战争与运动中流亡到香港的难民）提供住宅。香港大量建造公共住宅的时期正好是香港的轻工业大发展时期，公共住宅在香港这个高地价的地区等于补贴了工人工资，并把工人输送至荃湾、观塘、沙田与屯门这些新发展的工业区。卡斯特尔认为这种补贴工资的方法是一种政权对经济的干预，这和新自由主义视野中的亚洲现代化叙事有着根本区别。

卡斯特尔的立论始于住宅供应，也终于住宅供应，由于学科视野的限制，它无法突破到住宅以外的广阔的建成环境领域去解释港英政权对各种公共服务成本的干预，比如交通与其他社会服务。在这一点上，它尚不能破除香港的自由放任经济的神话。由此，作者提出一个"准福利政权"（Quasi-Welfare State）的概念，以此来概括香港通过城市空间干预来降低社会服务成本的政策。这种政策的作用是实现一种空间集约的生活形态，并通过各种资本与消费机器的宣传力量来强化政策的合理性。在这种政策下，政权通过3种形式来实现社会服务的补贴：直接补贴（如住宅与基础设施）、间接补贴（如港铁的物业-轨道联合开发策略形成的交通成本补贴）与空间补贴（香港的集约化空间形态所实现的社会服务成本压缩）。这3种形式的补贴在历史中依次出现，在1980年代后，集约化空间逐渐变成地产商的盈利工具，港铁公司与大地产商等大型机构完全左右了香港社会的空间生产。同时，政府规划文件并未及时将这种潜移默化的空间生产范式的转换反映为政策语言，换句话说，描述香港自身空间特性的公共话语与这个城市已经发生的变异是不相适配的。正是这种极端化的类集体主义空间的自我强化，使得香港在人力成本优势已经不复存在的情况下，依然在1980年代后的很长一段时间保持了地区的竞争优势。

3 香港福利主义规划回顾

第二次世界大战后的香港城市发展史可分为 3 个时期：第一个时期为 1945—1967 年，这个时期人口激增，住宅需求暴涨。以石硖尾大火、偷渡难民大幅度增加与“左派”动乱为代表的事件不断冲击香港的社会基础，港英政府基本上只能以被动的姿态对各种社会问题做出回应，由于第二次世界大战后社会秩序缺失，只能由政府来主导现代化。第二个时期为 1967—1984 年，香港社会最靠近欧洲福利资本主义。各种社会危机在 1966—1967 年集中爆发之后，香港事实上进入了一种全民动员状态，这在整个香港历史上是不多见的。它以麦理浩治期为核心，是香港政府大幅度提升以住宅为主的社会福利供应，本土意识增强，初步实现现代化的时期。麦理浩治期之后，社会危机逐步消除，规划政策常态化，但是与之相关的就是全民动员的历史条件不复存在。这与新加坡形成了一定的反差，后者用政治干预的手段使得全民动员的状态长时期维持。第三个时期从 1984 年的《中英联合声明》到 1997 年的香港回归为止，此时香港的公屋与基础设施建设已经初具规模，香港已经发展为一个高收入社会，消费空间与交通空间的结合进一步改变了社会生活形态。在 1998 年的亚洲金融危机与 2003 年的公共卫生危机（SARS）后，香港的空间生产与消费主义的结合日趋紧密，与早期的准福利政权体系已经渐行渐远。

3.1 艾伯克隆比的单元式社区

如果从城市发展的自主性与能动性的角度来看待香港的空间史，那么 1948 年是香港历史的一个重要时刻。这一年，参与过大伦敦规划的英国规划师艾伯克隆比（Sir Leslie Patrick Abercrombie）为香港做了名为《香港初步城市规划报告》（*Hong Kong Preliminary Planning Report*）的规划草案。该草案在 1950 年代才成为可供实施的规划总图。真正意义上的自觉的城市改造始于 1967 年的《殖民地规划大纲》（*Colony Outline Plan*），正是该大纲将一种基于公共交通的垂直整合的城市作为发展模型。1984 年的《中英联合声明》发布之后，香港又进入了一个新阶段，这个时候香港命运已定，华人地产商崛起，地产市场的投机倾向日趋严重，但是借由一系列的基础设施建设，香港的城市化区域进一步扩展，空间成熟度进一步完善。

在艾伯克隆比写出《香港初步城市规划报告》的年代，“香港”

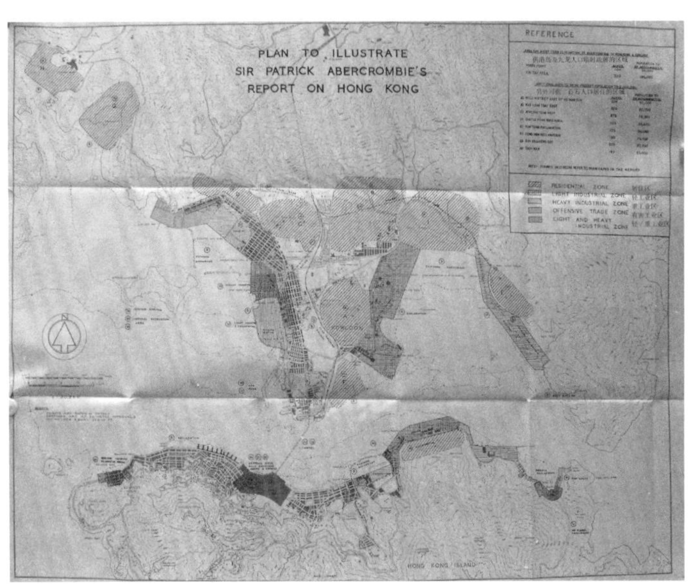

图9-5 艾伯克隆比在《香港初步城市规划报告》中对香港单元式社区的规划，采用了同大伦敦规划类似的方式

实际仅仅指夹峙维多利亚湾的2个城市化区域：维多利亚城与九龙。在当时的150万人口中，有100万人集中在维多利亚城与九龙弥敦道的狭长海湾地带。艾伯克隆比的报告基本上延续了英国1947年《城乡规划法案》（*The Town and Country Planning Act of 1947*）的原则，强调对城市扩张的控制与社区建设。受当时占主导地位的雷蒙·恩温（Raymond Unwin）的"卫星城市"与沙里宁（Eliel Saarinen）的"有机疏散"思想影响，艾伯克隆比报告将区域总体规划与新市镇的概念引入香港，在此后的近50年内（1948—1997年）深刻地改变了香港的空间结构。从艾伯克隆比报告的附图中可看到，报告对社区单元的表达方式与1944年的《大伦敦规划》（*Greater London Plan*）中的表达是相似的，都是用泡泡状的团块来表达位于拥挤的老城边缘的新市镇。同时，在当时的九龙塘已经有初步规划的低密度的花园住宅区，而艾伯克隆比对这些已成规模的城市建成环境并未充分尊重，他对社区团块的划分是比较主观的，并将已建成区当作新社区之间的空隙与剩余空间（图9-5、图9-6）。

3.2 超级街区与社会认同

1959年，港英政府释放了中环地区的一大块土地，面积76英亩（约0.3平方公里），这个区域由原来的军港用地与一部分填海造地构成，

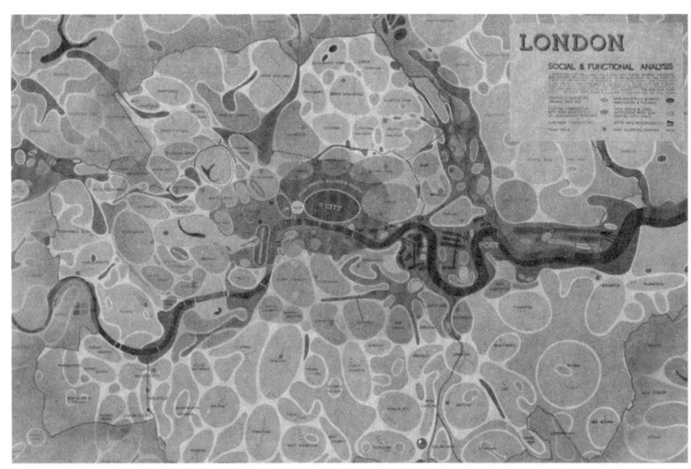

图9-6　1944年的大伦敦规划，气泡图形代表一个个社区

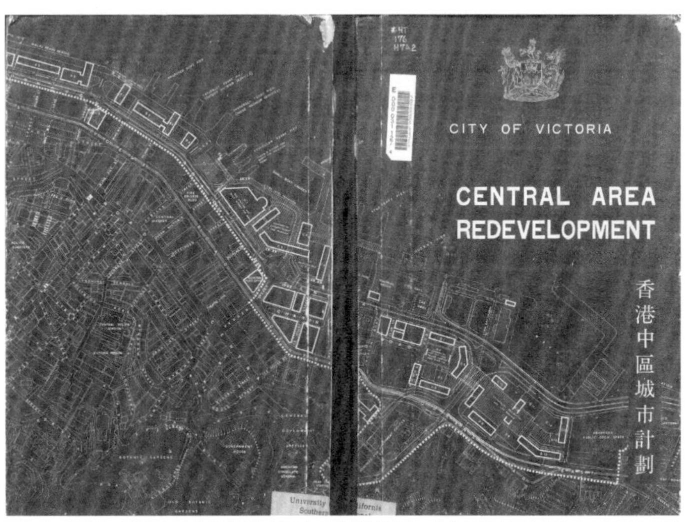

图9-7　1961年《香港中区城市计划》封面上的中区规划图，此报告将步行空间作为串联整个区域的系统

是今天西至上环西港城，东至夏慤花园的香港中央金融区，“金钟”的地理概念也是随着这块军港用地的开发凭空生造出来的。为了应对这次大批量的土地供应，港英政府于1961年完成了《香港中区城市计划》（*Central Area Redevelopment*），规定了一些至今依然在发生作用的规划原则，比如区隔行人与汽车，建立步行区，重视建成环境体验（城市设计的雏形），等等（图9-7）。其中，“步行区”是一个整合区域功能的立体综合步行体系，这使得一个高强度的商务区真正在物理空间层面上成为一个整体。在之后的土地开发中，原本设想

的开放的步行空间多半在实际修建中变成了互相串联的商场内庭。这使得 1960 年代后开发的新中区与之前自发形成的老中区成为两个独立地带。老中区是殖民地时期密集的唐楼景观的延续，区别无非是原来的唐楼向空中生长成为无数“铅笔楼”，而新中区是一个横亘在新填海地带上的现代中央金融区，也是无数现代综合体建筑的集合。由于香港置地这样的大地产商能够获取相邻的多个街区的土地，地产商在串联所统辖的地块上更加肆无忌惮，新中区的地权划分已经没有殖民地时期的痕迹，而更类似第二次世界大战后西方在城市更新运动中形成的“超级街区”（superblock）。便捷的步行系统从上环码头一直延续到金钟廊，将几十个小街块整合成一个巨构。

新中区的中央金融区虽然与同时发展的新市镇有着功能上的差别，但是它们来自同一种规划思想的相似空间愿景。从一个后来者的视角来看，艾伯克隆比为大伦敦所制定的泡泡图才是当代香港真正的隐形结构，虽然一代代的香港规划者不断质疑这种单元化的城市结构，但是香港实现了一种垂直空间上的单元化，在拓扑结构层面与大伦敦规划并无区别。在 1960 年代末制定《殖民地规划大纲》（*Colony Outline Plan*）与《香港集体运输研究》（*Hong Kong Mass Transport Study*）的时期，观塘等地已经成为新的轻工业生产区，华富邨、美孚新邨等远离市区的新居住区正在形成，但这些新发展区依然不是严格意义上的新市镇。直到 1973 年，《新市镇发展计划》（*New Town Development Programme*）正式实施后，荃湾、沙田与屯门才成为第一代新市镇。新市镇的出现完全改变了香港的传统城市地理格局，香港真正成为一个大都会区并被一个广大的郊区包围。在第一代新市镇之后，又有两代新市镇相继建成，分别是以大埔、粉岭 - 上水和元朗代表的第二代新市镇和以将军澳、天水围和东涌代表的第三代新市镇。在这些新市镇中，沙田是极具代表性的。沙田的规划始于 1960 年代末，1970 年代曾邀请英国规划师霍尔福德（William Holford）作咨询顾问，后来由香港规划部门的本土技术官僚完成规划，但是基本上采取了英国第二代新市镇坎伯诺尔德的模式，在消费与公共空间的融合上更趋成熟。1980 年代初，随着新鸿基等华人开发商投资香港的地产市场，沙田开始快速发展，其他 1980 年代发展起来的新市镇与新居住区也与此相似，都是英国第二代新市镇与香港的投机式地产开发模式的结合。这些新社区虽然被称为“新市镇”，但是它们其实是建造在填海地带上的精密的建造物机器。社区由标准化的建筑单元构成，采用有限的几种住宅平面形式与商业裙房格局，垂直功能分层清晰，空间层

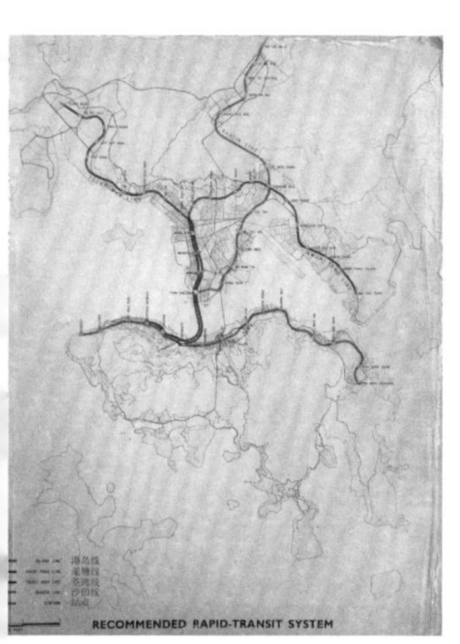

图9-8 1967年《香港集体运输研究》中规划的轨道交通线路

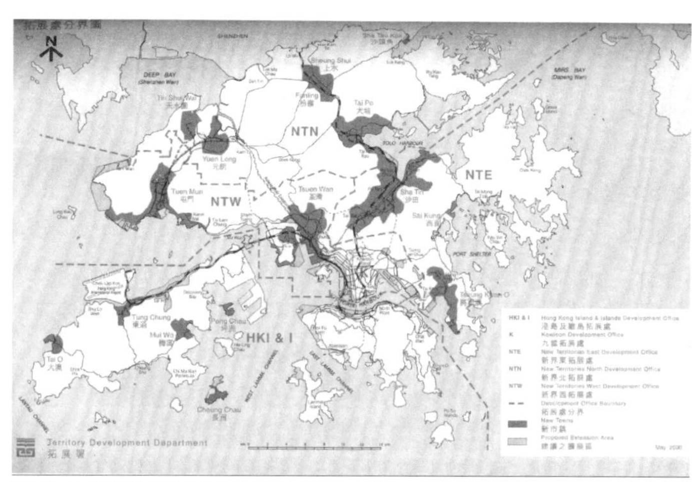

图9-9 新界拓展署的新界发展区区划图（2002—2003）。新界的相互区隔，而又自成一体的新市镇是地理、政治、社会与政策因素的综合结果

级关系严密，社区配套紧凑而完善（图 9-8、图 9-9）。

麦理浩治期是香港社会化解危机，提升社会福利，巨量扩充基础设施与住宅，重构社区归属感的关键时期。在以往的公共话语中，麦理浩往往被描述为一个极力改善香港民生的亲民领导者。这种描述在某种程度上是事实，但是真正推动香港的“准福利社会”建设的是来自英国本土的力量，尤其是在 1970 年代后 5 年的工党执政期。随着当时的港英政府内部文件的进一步公开，麦理浩善政的面目日益清晰。在 1966—1967 年的香港“左派”运动之后，英国政府已经意识到香港不稳定的根源是日益庞大的华人群体在殖民统治中的羞辱感与整体性的生活困顿。同时，提升了生活水平的香港将从一个廉价产品的生产交易中心转变为一个消费型社会，这会减少英联邦内部的贸易摩擦。1974 年后，来自工党政府的变革压力逐渐加码，外交和联邦事务办公室要求香港加快福利供应，并强行推进社会保险。为了化解这些变革压力，减轻本地的财政负担，麦理浩提出让大企业介入公共福利体系的建设，这为以后大地产商主导社会发展预留了可能。

麦理浩所推行的“新政”多达近 20 项，其中与城市空间重构有关的有“十年建屋计划”“开发新市镇”“兴建地铁”“康乐与文化发展”和“制定郊野公园条例”。这些计划的目标多为疏解都会区的过密人口、改善居住条件、降低交通成本、补贴劳动力的工资（公屋计划）、完善社区设施以增强社区归属感等。麦理浩这些计划看似庞大，但与外交和联邦事务办公室的宏伟目标依然相去甚远，因此只能算作一种“准福利政权”政策。公屋与基础设施计划从1960年代的港督戴麟趾（David C. C. Trench）治期就已经启动，1979年工党下台后开始减速，但是麦理浩认为，通过这些项目的启动来增强社区归属感才是要务，大量的投资进入这些社会建设领域，福利供应可以稳步推进，不必操之过急。事实证明，麦理浩的政策兼顾了本地精英和平民，企业不希望高涨的福利水平拖累利润，平民也从生活改善中获取了实惠。在空间层面，轨道交通站与消费空间融为一体，香港的第一个所谓的“上盖式”综合体东角中心就是在这个时期建成的。私人开发商与港铁的利益日益捆绑，港铁的发展不仅满足现有的通勤需求，而且将高强度开发引导到了港铁站的周边，轨道交通站往往也成为社区的中心，可以方便地连通康乐与文化设施，这已经超越了第二次世界大战后初期的新市镇中心概念，成为悬浮在城市轨道上的巨型孤岛。

3.3 消费空间取代福利空间

如果说香港的“准福利政权”城市结构是在麦理浩时期奠定的，那么1984年《中英联合声明》之后的香港发展则将这种城市结构与消费空间整合在一起，并进一步整合香港的空间与整个区域地缘经济的关系。整个麦理浩治期的香港城市建设是以《殖民地规划大纲》为蓝图的，而后者正是遵循艾伯克隆比的去中心化原则。虽然该大纲已经提出了许多切合本地地理与社会环境的空间改造建议，但是经过整个1970年代，许多预设的目标已经脱离实际。一方面，香港社会已经从一个低收入的低端制造业经济体变身为一个偏向服务型经济的发达经济体；另一方面，中国内地的改革开放与迫近的1997年主权更替为香港的进一步发展带来了变数。香港不再是一个东亚的自由港市，而是崛起的珠三角区域的一部分，但是它的基础设施与空间还未适应这一变化。港英政府需要设定一个高标准的目标以保证香港在主权更替前形成一定的发展冲量，这也是1980年代末期的《都会计划》（*Metroplan*）与《港口与机场发展策略》（*Port and Airport Development Strategy*）的产生背景。同《殖民地规划大纲》一样，这两项规划也仅仅是指导性文件，不是法定图则，但只有指导性文件才能反映更概念化的空间愿景。《都会计划》是一个高度参与性的规划文件，大量的建筑师、规划实践者参与其中，很大一部分规划成果是指导性与意象性的。它并不直接规定规划实践，却反映了1990年前后香港社会最原真的自我想象。

《都会计划》的酝酿始于1980年代中期，此时的陆港经济合作关系相当明晰，内地提供劳动力和土地，香港提供资金与管理技术，此时的香港更像是珠三角这一巨大的生产基地的“大脑”。大量港商投资珠三角的制造业和基础设施，他们需要更便捷的铁路、公路与港口设施以便紧密地联系香港与珠三角。1986年是上一轮规划的目标年份，经过20年的新城经营，再加上人口增加趋缓，郊区发展已经不是首要任务，而一个更强大的、通过各种“血管”和“神经”联系位于内地的生产基地的中央商务区才是此时的发展重点。所以，整个《都会计划》的主旨就是强化这种“大脑—神经—器官—四肢”的区域空间结构。“都会区”指的是不包括新市镇的港岛、九龙与部分毗邻中心区的新界地区。在之前，除了1961年的《新中区再发展规划》和1960年的《东北九龙发展计划》，都会中心地带的规划是缺失的。中心区的发展基本依靠大开发商的自行策划，缺乏公共绿地和开放空间。《都会计划》的现实意义在于明确了新机场以及机场快线建设的计划，启动了东西九龙的新开发计划，这重新定义了中环滨海地区在区域交通网络中的地位。

从编制体例上看，《都会计划》的编制过程表现为一系列小册子。它由目标设定和一些预设的愿景选项开始，通过一次次公共咨询，确立一系列城市设计原则。《都会计划》最初预设了3种机场搬迁方式：保留启德机场；机场搬迁到赤鱲角；机场搬迁到大屿山东部。最终确立了机场搬迁到赤鱲角的方案。以此为契机，《都会计划》将整个解放出来的维多利亚湾地区定义为都会区，计划描绘了新的金融、商业与总部发展区，比如现在正在建设的九龙湾企业总部发展区与西九龙发展区。从这些规划图上看，构成这些发展区的是消费主义与服务经济的功能区块，如休憩绿地、游轮码头、商业综合体与巨大的商业开发居住区。这是一种后工业时代的发展模式，完全不同于现代主义盛期的城市理想。与1961年的《新中区再发展规划》相比，《都会计划》描绘的城市形态更趋精确，这个想象中的亚洲后工业都会已经不是一个引自西方现代城市的片段混合，而是许多具备本土特征的空间形态类型的集合。值得注意的是，从1970年代末期开始，许多国际景观建筑师事务所进入香港，这些事务所擅长的是结合景观基础设施的整体场地设计，这和西方景观城市主义的兴起是同步的，这种变化趋势也反映在《都会计划》中，整个想象中的城市构成了一种以景观空间（如公共绿地和步行走廊）为主要结构的地表形态，建筑形态也顺应这种景观化趋势，成为城市地形的一部分（图9-10、图9-11）。

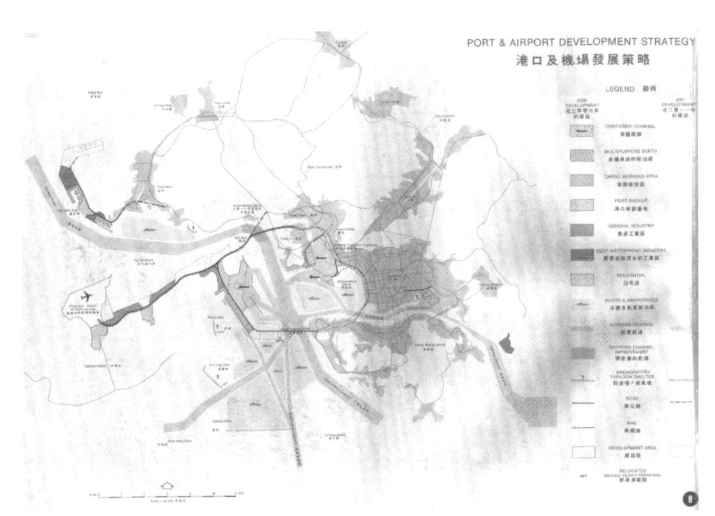

图9-10 《都会计划》中的“港口及机场发展策略”

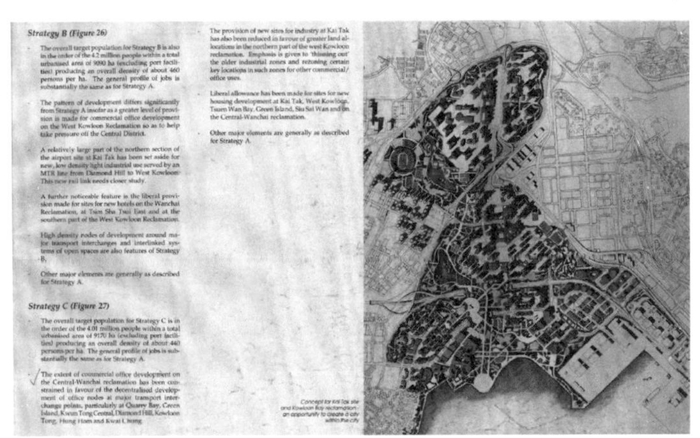

Strategy B (Figure 26)

- The overall target population for Strategy B is also in the order of the 4.2 million people within a total urbanised area of 9090 ha (excluding port facilities) producing an overall density of about 460 persons per ha. The general profile of jobs is substantially the same as for Strategy A.
- The pattern of development differs significantly from Strategy A insofar as a greater level of provision is made for commercial office development on the West Kowloon Reclamation so as to help take pressure off the Central District.
- A relatively large part of the northern section of the airport site at Kai Tak has been set aside for new, low density light industrial use served by an MTR line from Diamond Hill to West Kowloon. This new rail link needs closer study.
- A further noticeable feature is the liberal provision made for sites for new hotels on the Wanchai Reclamation, at Tsim Sha Tsui East and at the southern part of the West Kowloon Reclamation.
- High density nodes of development around major transport interchanges and interlinked systems of open spaces are also features of Strategy B.
- Other major elements are generally as described for Strategy A.

Strategy C (Figure 27)

- The overall target population for Strategy C is in the order of the 4.01 million people within a total urbanised area of 9170 ha (excluding port facilities) producing an overall density of about 440 persons per ha. The general profile of jobs is substantially the same as for Strategy A.
- The extent of commercial office development on the Central-Wanchai reclamation has been constrained in favour of the decentralised development of office nodes at major transport interchange points, particularly at Quarry Bay, Green Island, Kwun Tong Central, Diamond Hill, Kowloon Tong, Hung Hom and Kwai Chung.
- The provision of new sites for industry at Kai Tak has also been reduced in favour of greater land allocations in the northern part of the west Kowloon reclamation. Emphasis is given to 'thinning out' the older industrial zones and rezoning certain key locations in such zones for other commercial/office uses.
- Liberal allowance has been made for sites for new housing development at Kai Tak, West Kowloon, Tsuen Wan Bay, Green Island, Siu Sai Wan and on the Central-Wanchai reclamation.
- Other major elements are generally as described for Strategy A.

图9-11 《都会计划》中的九龙湾填海区，一个以景观为结构的企业总部发展区

《都会计划》是香港在主权交接前的最后一个指导性的都会区规划。它基本上奠定了21世纪香港的自我想象——一个以金融服务为核心的后工业都会。它设定了一个发展冲量，这一冲量跨越了亚洲金融危机与2003年的公共卫生危机，使得香港能够在新千年依然以较快的速度进行城市更新。今天香港的基础设施建设的框架依然是《都会计划》确立的；但是，此计划所依据的地缘政治地理环境正在发生改变，香港已经从独立的殖民地城市转变为一个珠三角区域的中心城市，它无法再使用特区政府的力量进行区域规划，而必须更紧密地与珠三角联动。《都会计划》是一个转型期的产物，它代表了以社区为基础的“准福利政权”空间结构向以全球基础设施为基础的新自由

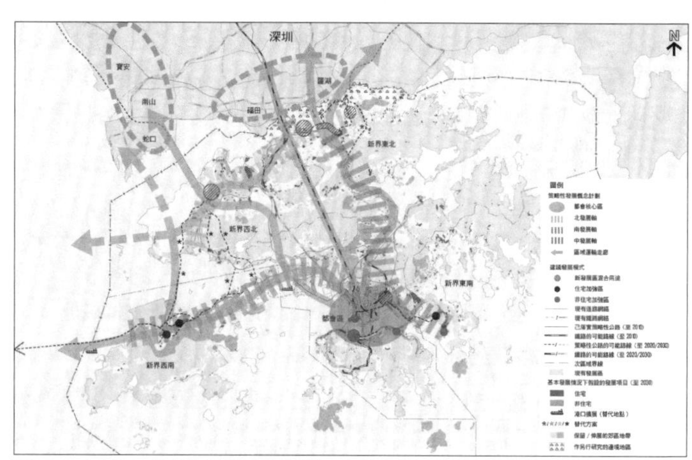

图9-12 《香港2030》所规划的区域发展结构

主义城市的转变。这个转变并不是“后九七”时代才发生的，而是在1980年代中期开始酝酿，在《都会计划》中已经充分表达。1996年香港制定《全港发展策略》，鼓励在都会区与珠江三角洲之间各主要南北向交通走廊设立新就业中心，并将跨境交通作为运输系统规划的重点。到了近期，《香港2030》这一新的策略性规划强调了日益严重的跨境职住分离现象，并指出现有的检查站制度已经完全不能适应跨境的区域性基础设施的发展需求。“边界”的存在已经逐渐成为香港制定未来空间规划的障碍（图9-12）。

4 结语与反思

我们至少可以在今天的香港看到3种叠加的空间结构：20世纪中期之前的以唐楼为代表的肌理致密的前现代城市；1950—1970年代的高密度的“准福利政权”单元化城市；后工业时代的消费主义城市。在这3种结构中，“准福利政权”城市曾经在建立香港自身的城市认同上产生决定性的作用，而这一模型又可以追溯到艾伯克隆比时代的欧洲新市镇运动。这一模型是去中心化的、平等的、自给自足的。每一个社区单元都是一个独立的市镇，有自己的就业区与市镇活动中心，有自己的绿地屏障与边界，经济活动也是相对均一分散的，这其实是一种霍华德花园城市的变体。这里，一个欧洲文明产生的理想城市图解与一个远东的前殖民地城市之间居然微妙地联系起来，甚至1980年代以后的消费主义的香港也是嫁接在艾伯克隆比单元社区式的空间结构上的。这个单元社区空间结构是香港社会保持稳定的基石。但是，这个单元社区空间结构也只能在一定的历史时期有效，这个时代就是极为特殊的麦理浩治期。我们可以预测，当区域基础设施与全球资本力量渐渐开始破坏麦理浩的城市治理遗产时，香港将会需要一种新的稳定的空间组织来对抗这种解体。

在中国早期改革开放史中，香港提供了一系列初期的现代化样板，这种影响在珠三角城市尤为明显，比如，广州的“五羊新城”就是一个受香港新市镇巨大影响的范例。五羊新城按照卫星城模式兴建，它在层级式社区服务、多层立体交通与绿地、组群式建筑布局等方面均学习了同时代的香港社区形态。1980 年代末，随着土地招拍挂制度成熟，内地社区规划逐渐从形式模仿转为制度学习，一个典型的代表就是法定图则制度。但是，法定图则制度在目前的内地规划实践中依然是突兀的，它需要以相关的整个法制体系的完备为条件。从实践来看，在目前的制度环境下，仅仅凭借纯粹的“契约”约束来保证城市建设与改造中的公共利益是一种过高的期望。在“契约”之外，传统社会主义的社会动员与价值推广的措施必不可少。以上已经清晰地说明，香港的规划成就也并非拜“契约性规划”所赐，而是各种主客观条件综合作用的结果。

多数港人认为今天的香港是一种自由经济与理性监管的产物，与任何“集体主义”的行政化指令无涉。在“后九七”时代，艾伯克隆比和 1970 年代新市镇建设的空间遗产更是乏人了解。当时的规划师对实现这样一个空间结构所调动的知识与耗费的用心并不是今天的决策者所能完全理解的。一方面，早期的香港规划官员用最小的城市干预成本和投资，实现了较高的社区环境质量。另一方面，在麦理浩治期，香港本土意识勃兴，社会凝聚力增强，社会动员能力不断提高，规划师们合理利用了这种集体心态进行社区规划。这些历史进程并非纯技术因素所能涵盖。即使今天产生这种环境的政治条件已经不再具备，它的意义已经不再彰显，但是，如果不对其进行深刻的反思与还原，那么，我们不仅无法理解形成当代香港空间形态的历史驱动力，而且对深受香港影响的我国整个改革开放时期城市发展史的全面理解与反思也无从谈起。

第三篇　教学实践

除了设计实践，教学实践（包括通识、专业与研究性课程）也是规范性理论得以验证、打磨并拓展其自身适用范围的重要途径。学院教学可以设定一个实验室般的设计研究环境，主观地抛弃一些对所实验对象造成干扰的噪音，对被测模型在不同条件下的适应性进行验证。不同的教学形式可以组织为完整的课程体系，比如通识、设计基础、自选专题、研究生设计等可以构成一个循序渐进的系统。在传统的设计课程逐渐走向研究型设计专题的过程中，灵活自主的内容逐渐取代了传统的单一教案，也鼓励教师在一定的框架内变通授课目标，并与教师自身的研究相结合。在研究型设计教学不断深化的同时，作者所在的教学小组以设计本身作为研究方法，以本体论、认识论与方法论循序渐进的态度，描述、分析并想象城市空间的可能形式，将城市空间的运作规律转换为操作性与趣味性较强的叙事与绘本，将学生对教学内容的参与热情最大化。

设计、教学与研究具有各自的操作规律，并不完全共享方法论与价值观。张永和教授与作者领导的教学团队从 2015 年起开始摸索关于城市中微观空间规律的全体系教学计划。这一体系目前包括面向本科低年级学生的通识课程“当代城市建筑学导论”，面向本科高年级学生的“广普城市的邻里空间修复”，与面向研究生的“城市形态导引”。在通识课程“当代城市建筑学导论”中，教学团队尝试将建筑学、城市规划等学科中涉及空间的前沿性内容提炼为适应多种专业学生的博雅类课程，吸引低年级同学关注城市与空间问题。而在“广普城市的邻里空间修复”课程中，则从专题的设计研究出发，将同学的兴趣引向城市空间问题的具体形成机制与解决机制上。最后，“城市形态导引的新型图则探索”课程将建筑师对城市空间的干预潜力发挥到极致，以目前国内外的城市空间规范与导则体系为研究对象，寻找积极介入空间质量提升的根本途径与工具。

在 3 个课题中，“空间的范式”是持续的共同关切，也会在现实的语境中进行充分的设想与论证。在“城市建筑学的博雅教育实验”中，空间范式泛化到具体的城市建筑学教学专题里，在空间的基本概念、学科前沿、研究方法与设计实践的介绍中不断穿插转换，成为一系列潜移默化的观念；在“广普城市的邻里空间修复”中，空间范式表现为植入学生的设计工具、设计立场与思考框架；在“城市形态导引的新型图则探索”中，空间范式表达为市政管理当局的指标导则体系。本篇以体系化的系列教学为基础，囊括了教学计划、教学实录与教学反馈，具体内容包括了理论依据、训练工具、教学成果、讨论实录、教师评语，等等。

第十章　城市建筑学的博雅教育实验

2018 年，同济大学建筑与城市规划学院张永和教学团队开始策划精品通识课程——“当代城市建筑学导论”，并在 2019 年春季学期进行了第一次教学实践。这一课程是全景化展现建筑学与建成环境领域最新研究成果的导论型课程，旨在搭建不断拓展的前沿学科研究与博雅教育之间的桥梁，后者是 21 世纪高等教育质量提升的关键路径。

1　背景——博雅教育中的工程学科

近年来，以培养职业建筑师、规划师、景观建筑师的“建筑 - 规划 - 景观”学科联盟正在经历来自其他学科领域的挑战。建筑学的学科危机由来已久，但又于今为甚，因为以往的挑战往往是对建筑学的内容的威胁，来自工程、设计与社会学科的挑战最终激励了建筑学内涵的充实，且并没有动摇建筑学在整个高等教育知识体系中的位置。然而，随着新兴的各种工程学科（人工智能、数据科学、设计创意、设计传媒等）逐渐走出自身的舒适区，进而融合周边学科以形成新的多学科领域时，建筑学因自身的多学科特征而具有的优越性开始丧失。在这种情况下，一方面，建筑学失去的是以往处在“百工之长”地位[1]的多学科融合的知识体系制高点，其融合学科的能力已经不能与新兴工程学科相提并论；另一方面，“建筑 - 规划 - 景观”学科联盟自身的前提也处在动荡之中，3 个建筑学院的传统学科各自独立地向周边相邻学科汲取营养并拓展边界，各自发展自身的学科基础，这令 3 个学科能够共享的共有知识体系越来越稀薄脆弱。因此，在各种压力之下，建筑学势必要做出对其专业基础教学的改革，在专业教育和通识教育的此消彼长下，重新定义并构建建筑学所需的基础知识。

1　建筑师的希腊语“*Arkhitekton*”直译为“大匠”(Master Builder)。它来自于两个词根“arkhi-”（主要的）和“teks-”（制造）。相应地，建筑学可以理解为“各种造物技术的集大成者”。

学科之间的深度交叉合作是应对“大工科”与“大类招生”等高等学校最新培养理念的必然路径。在这一背景下，传统的公共基础课程将吸收一部分前沿专业课程，以形成新的通识类课程。通识教育与中国古代的“六艺”（礼、乐、射、御、书、数）与西方中世纪传统的博雅教育（Liberal Arts）的“七艺”（文法、修辞、辩证、音乐、算法、几何、天文）是一脉相承的。文艺复兴之后，人文学科成为博雅教育的主导。20世纪初，美国的综合性大学模式崛起，科学类学科被由人文学科统治的博雅教育吸纳，今天欧美的博雅教育主要以科学与人文类学科结合为主导，但是旨在训练应用能力的工程学科很少能进入这一基础教育体系。近期，同济大学开始尝试将优势的工程与设计类学科知识改造为通识类课程，向所有专业的学生开放，通识课程“当代城市建筑学导论”正是在这一背景下获得教学实践的机会。

2 现实——新工科背景下的空间教育

建筑学与城市规划长期被视作专业知识，但是随着国家新型城镇化的不断推进，不同的工程、社会与人文专业都会涉及对城市与建筑空间运作相关知识的理解与应用，我国的城市化进程已经进入新阶段，新型工程学科的发展与精细化的城镇化过程紧密交织，而公众对建筑与城市空间的认知依然相对匮乏，由于决策者、经营方与各种相关专业人士对城市空间运作方式的误解而导致的规划与建设失误并不鲜见。其部分原因在于当前的人文、社科、工程类专业都没有设置针对“空间”问题的教育环节，这一任务不可能由各个专业自行解决，只能在学科交叉统筹的背景下，通过建筑、规划、景观专业与相关专业间的协作共同解决。针对这一情况，急需开发一门通识课程来提升未来专业群体的城市空间分析能力。其目的是在大类招生的背景下，培养具备全面工程素养的专业人才，并为未来的学科交叉创新夯实基础。

3 方法——循环渐进的观念强化

当代城市建筑学导论力图在“导论、前沿、方法、拓展”穿插完整的概念线索，能够在不同授课教师的独立课程讲授中不断强化对同一概念线索的认知。教学团队在组织教学内容时，即预先设计前后内容的铺垫与反馈，促使同学在不同的情景与语境下深入理解关键概念，这些概念包括：在空间要素层面上的街区、街道、共享等，在方法层面上的地图、评论、仿真等，在操作层面的尺度、结构、社区等。最终教学将实现灵活运用概念进行自由探索的目的。

比如在城市空间中经常出现的“街区”概念在4个模块中不断出现，并与具体的研究案例相结合，最终转化为理解空间的工具。在导论中，授课教师通过美国高速公路对街区形态的“破坏”，来示例街区形态对良好城市生活的支撑作用，并以各种不同的街区类型（传统街区、小区、超级街区、开放街区、门禁社区）来帮助学生理解多样的城市形态的形成机制。以街区尺度这一显性特征为切入点，探寻不同形成不同街区尺度的内外因素。

在“前沿”与“方法”模块中，授课教师以具体的研究案例拓展街区概念的应用范围。在“都市产业空间与创新街道”中，授课教师从产业链的社会网络角度出发，讲解不同的产业类型如何在一个街区中在垂直与水平两个维度扩散分布。在“老城厢与城市形态学”一讲中，教师以上海本地的老城厢的历史街区保护为例，介绍了西方的城市形态学（见本书第一篇）经典研究方法在中国城市形态研究中的适应性改造，通过回溯老城厢街道网络的发展历程，归纳中国传统历史街区中的各种空间要素的变迁规律。经典城市形态学的“街道、街区、地块、建筑形式”这一层级结构，被调整为老城厢研究中的“城镇、街网、里弄、单元建筑”层级结构，学生得以在身边的案例中探寻城市发展过程的规律。最后，在“拓展”模块中，刘家琨建筑师通过一个完整街区（西村大院）的设计实践过程的讲述，以建筑设计实践视角展示城市建筑的复杂性与其意义的丰富性，对有余力的学生进一步探寻城市空间的设计技能提供了一个范本（图10-1—图10-9）。

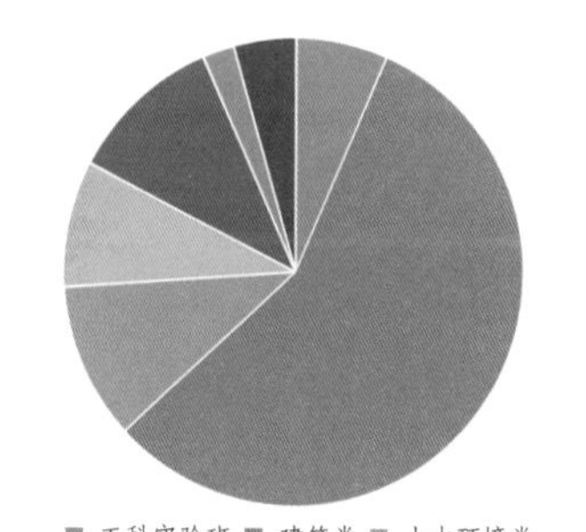

图10-1 参与“当代城市建筑学导论”课程的学生背景构成

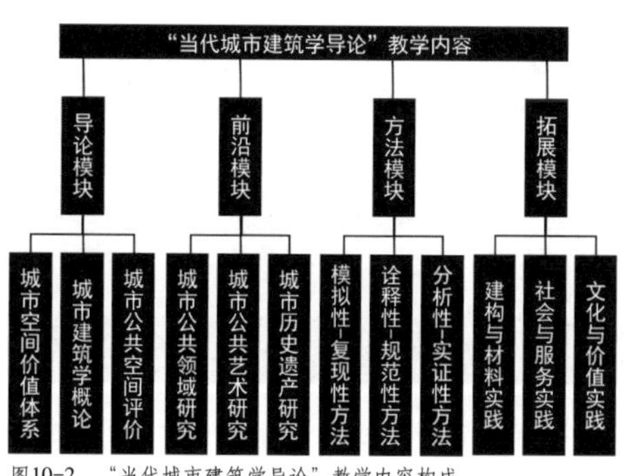

图10-2 “当代城市建筑学导论”教学内容构成

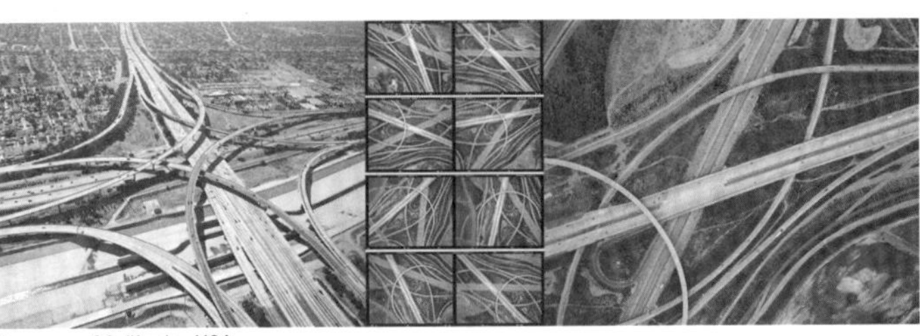

Freeways of California, USA
加利福尼亚州高速公路，美国
图10-3　教学内容：第一节导论课中对基础设施与街区形态关系的图解示意

街区·小区·超级街区·开放街区·门禁社区

街区 **City Block**	小区 **Microdistrict**	超级街区 **Superblock**	开放街区 **Open Community**	门禁社区 **Gated Community**
街区（街块）是最小单位的城市空间单元，往往四周由道路围合。 A city block is the **smallest area that is surrounded by streets**. City blocks are the space for buildings within the street pattern of a city, and form the basic unit of a city's urban fabric.	小区是由苏联最先实行的居住区主要单元，并推广到其他东欧国家。 The **microdistrict** is a residential complex—a primary structural element of the residential area construction in the Soviet Union and in some post-Soviet and former Communist states.	超级街区是一个超尺度的街块，往往以高层住宅与公园化的环境为特点。 A **superblock** is literally a type of city block that is larger than a traditional city block. It is composed of highrises and open grounds in park-like surroundings.	开放街区是一系列窄街密路小街区的集合，往往包容混合用途功能。 An **open community** is a form of residential community composed of a conglomeration of small city blocks and narrow streets. It is not discriminating against mixed-use developments.	门禁社区是严格控制出入的居住区单元，以封闭篱墙为特点。 A **gated community** is a form of residential community or housing estate with strictly controlled entrances, characterized by a closed perimeter of walls and fences.

图10-4　教学内容：街区、小区、超级街区、开放街区、门禁社区等概念的定义与区别

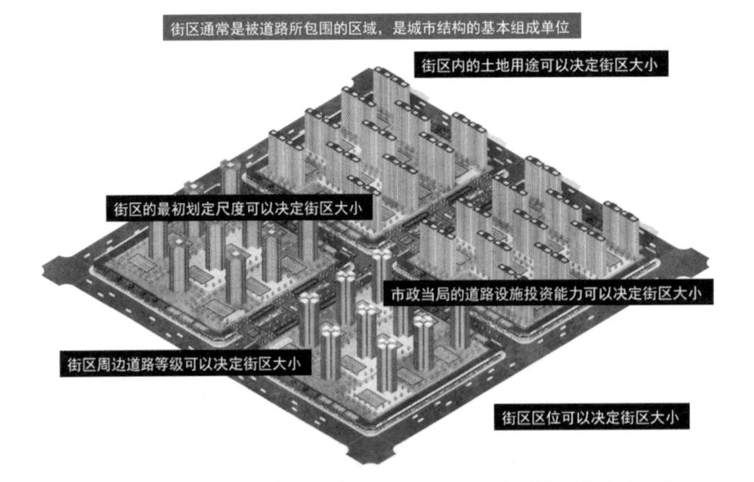

什么是街区？街区的大小由什么决定？
What is a Street Block? What Conditions Determine the Size of a Street Block?

图10-5　教学内容：决定街区大小的因素

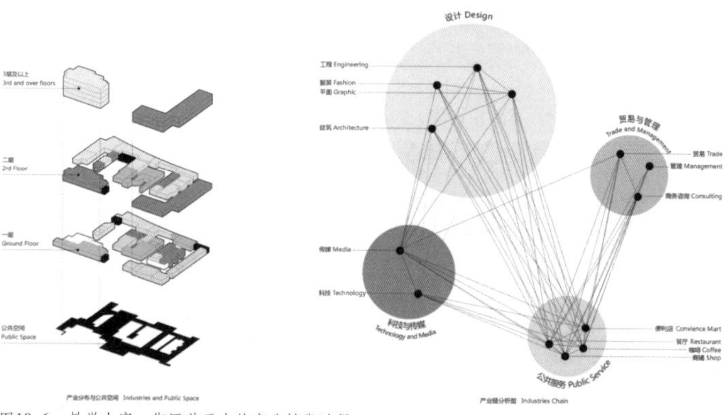

图10-6 教学内容：街区单元内的产业扩张过程

图10-7 教学内容：从老城厢街道系统看城市形态

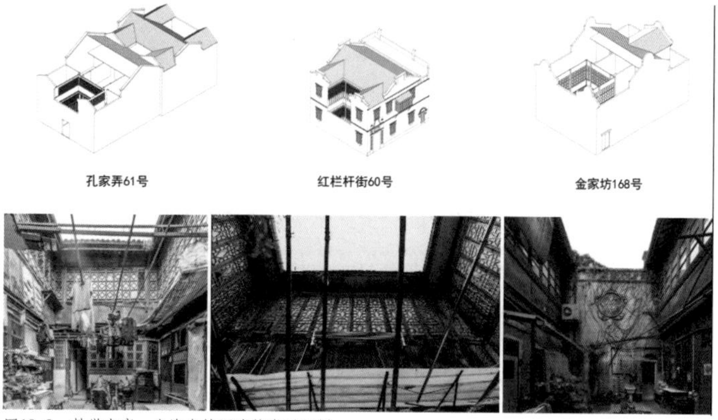

孔家弄61号　　红栏杆街60号　　金家坊168号

图10-8 教学内容：上海老城厢建筑类型示例

图10-9　教学内容：刘家琨建筑师通过西村大院讲述一整个街区的设计过程

4　操练——当代城市建筑学导论

4.1　课程安排

当代城市建筑学导论课程是以建筑学中的空间问题为导向，对所有文、理、工科学生进行城市空间基本知识教育的导论型讲座课程。课程以本科中低年级学生为主要受众，以模块化讲座形式授课，将一学期 17 次课分解为"导论""前沿""方法""拓展"4 个模块。课程内容包含面向基础的城市空间知识的多层级、多门类的专业知识与修养，尤其融入了当下建筑学研究的前沿热点。这些热点包括"共享建筑学""城市空间艺术与策展""基础设施城市学""超级街区""城市形态学""产业空间""垂直城市""虚拟仿真技术"等，引导同学从日常经验出发理解空间问题的运行规律，尝试从这些讲座中穿插进城市空间认知与城市空间设计的基础方法。在课程的最后几讲，还邀请了 2 位知名的实践建筑师来拓展同学的视野。每位授课团队教师都针对本科中低年级学生的特点专门对教学内容进行了调整，力求在通俗易懂的基础上，满足有进一步探索需求的学生的求知欲。本课程的最终目标为构建以城市建筑学为基本知识框架，对本科生的人文修养、社会意识与审美情趣进行综合塑造的博雅类课程（表 10-1）。

表 10-1 “当代城市建筑学导论”2019 年春季授课内容当代城市建筑学导论 2019 年春季授课内容

授课时间	授课内容	授课教师
第 1 周	导论模块——空间的城市	张永和
第 2 周	导论模块——城市基础设施与公共空间	谭峥
第 3 周	前沿模块——迈向共享建筑学	李振宇
第 4 周	前沿模块——城市空间艺术与策展	李翔宁
第 5 周	前沿模块——上海近代城市与建筑遗产	刘刚
第 6 周	前沿模块——都市产业空间与创新街道	许凯
第 7 周	前沿模块——未来步行城市模式	孙彤宇
第 8 周	方法模块——城市图解与邻里形态分析	谭峥
第 9 周	期中汇报——城市建筑的立体书模型制作	—
第 10 周	方法模块——空间治理与可持续的垂直城市	王桢栋
第 11 周	方法模块——城市形态学与老城厢	李颖春
第 12 周	方法模块——建筑评论与建筑师事务所	刘刊
第 13 周	方法模块——城市空间研究中的虚拟仿真技术	孙澄宇
第 14 周	拓展模块——城市中的建造	张永和
第 15 周	拓展模块——结构的诗学	柳亦春
第 16 周	拓展模块——当代城市文化建筑案例	刘家琨
第 17 周	期终汇报——同济联合广场的未来场景搭建	—

4.2 课程目标

本课程希望能够实现以下的目标：

（1）为建立建筑学的博雅教育新体系进行前沿探索与示范，在教学实践中筛选建筑学教育的通识内容，将隶属于公共性知识的建筑学内容加以编译改造，将以往的专业教学的基础部分精炼为可以被所有学科背景学生接受的通识型课程，打通专业内外的知识壁垒，培养具有复合知识背景的综合性人才。

（2）在全校平台上深化专业内外的交流，在贯彻“大工科”的通用人才教育理念下激发不同专业背景的学生了解并学习建筑学的兴趣，一方面吸引大类招生学生在一年级基础教育完成之后选择建筑学相关专业继续学习，另一方面吸引具有一定研究潜力的外专业本科学生进行跨学科学习与钻研，也为建筑学学术性硕士与学术型博士的培养做好铺垫，为高水平的跨学科研究创造条件。

（3）同济大学于 2018 年开始设置工科实验班，于 2019 年建立了新生院，新生第一学年主要以通识教育和专业引导为主，所有专业基础课对全校开放。在这一背景下，通识课教学实践的迭代与反馈可以推动大类招生下的建筑学教育自身课程改革，以此调整以往以专业训练为主的授课内容，大量纳入相邻专业的训练内容，培养学生坚实的知识基础、科学修养与适应力。

2019 年春季，当代城市建筑学导论进行了第一次教学实践，共有近 60 名本科学生参与了本次教学。从选课学生的专业构成来看，选课学生包括多个年级。按大类专业区分，建筑类（包括建筑学、城市规划与风景园林）、设计类与工科实验班学生占据了 2/3。从学生的年级构成来看，工科实验班与建筑城规学院的一年级学生是选课的主要群体，但是也有不少二、三年级学生选课。为了应对课程作业中涉及空间造型的部分，有一些非专业学生专门学习了辅助设计软件 Sketchup、Autodesk Revit 等。在中期考核后，少量同学因为不能适应教学而退出了学习，但是依然有大量非专业学生坚持完成了 2 次作业并取得了较好的成果。

5　成果范例

5.1　教学成果

教学团队在整个教学过程中安排了期中、期末 2 次作业：期中作业要求同学完成一部弹出式立体书，反映位于上海的某一个城市建筑（或公共空间）；期末作业以同济大学四平路校区校门外彰武路上的"同济联合广场"城市综合体所在街区为场地，要求同学在分析该场地所存在的现实问题的前提下，对场地上的综合体的某一项空间部位进行改造，想象一个未来的同济联合广场。为了帮助学生了解自己与其他同学的作业完成情况，互通有无，教学计划中专门预留了 2 次完整课时供同学进行课堂展示，并在课后收集作业并进行评分。考虑到专业内外的同学的基础差异，课程鼓励不同专业同学组队完成作业，同学们对 2 次作业均倾注了大量时间，甚至花费额外的时间学习了专门的软件与技术。

在期中作业中，同学们必须在完成作业前学习并不熟悉的立体书的制作规律，但是在小组协作下，最终作业呈现了精彩并多样的成果。比如某一组同学通过牵拉、折叠等技术制作了反映祝晓峰建筑师所设计的“华鑫中心”办公集群的空间特征。这组同学把握到了华鑫中心的位于一片城市绿地中的“悬浮体”结构特征，楼板 - 桁架与底部独立支撑墙体都被抽象为面片，在立体书的合页打开时，巧妙地通过成角度的牵引绳将楼屋面板、墙板、支撑墙等固定到位。该组同学采用了有一定质感、强度与厚度的材料，亦为中缝预留了足够厚度，使得最终作品的呈现出一定的质量（图 10-10）。

期末作业的课题相对开放，并且需要自行制定任务书，建筑规划专业类同学未能完全区分该作业与一般设计课任务的区别，但是在制作模型、绘制图纸上贡献了较大的力量，为非专业同学参与课题提供了帮助。非专业同学一般都从自身的专业特长出发，贡献了创造性解决空间问题的视角。如法学专业同学从列斐伏尔的“公共空间”观念出发理解与空间相关的社会生产、社会关系重组与社会秩序建构过程。该同学以垃圾桶的升级改造为空间生产的触媒，重构了“扔垃圾”这一公共行为，并分析了重新定义了垃圾箱所在的空间。该组同学分析了联合广场的人群活动现状，定位了 5 处适合放置垃圾箱的区位，并对垃圾箱重新设计，不仅调整不同种类垃圾投放量所需的筒体体量，也调整了投放垃圾的角度，使得投放过程更具趣味（图 10-11）。

建筑学背景的同学也在努力尝试突破自己的习惯思维，比如一组建筑学背景同学希望以虚拟空间为媒介，通过增强现实的技术在虚拟现实环境中重构城市空间中的体验。这能够最小化空间干预的成本，

图10-10　期中作业中，某组同学通过折叠、牵拉等技术制作的立体书，反映了祝晓峰建筑师所设计的“华鑫中心”的空间特征

并触发从媒体与知觉维度对城市景观意义的反思。另一组建筑学背景同学研究了预制装配技术，希望通过模块化拼装的技术来改造同济联合广场，以改变目前空间相对僵化、不适应学生群体使用的弊病（图10-12—图10-13）。从作业整体质量来看，期中作业的完成度要好于期末作业，另一个有趣的现象是，在期中作业中表现优秀的同学未

图10-11　期末作业中，某组同学想象通过垃圾投递方式来促进公共交往

真实世界现状

在 AR 眼镜下的形象

真实世界现状

在 AR 眼镜下的形象

图10-12　期末作业中，某组同学想象通过增强现实技术来改变空间体验

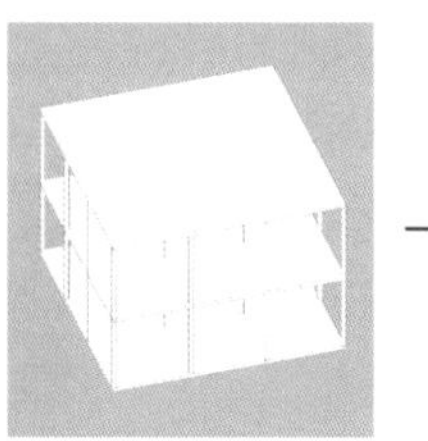
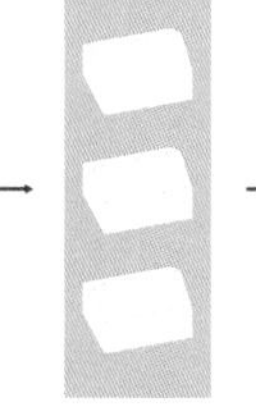

框架结构 模块单体 建筑整体

图10-13 运用“框架模块”方法改建的同济联合广场

必能够在期末作业汇中保持同样的作业质量。产生这一现象的原因是同学对开放性问题的工作范围很难有清晰的界定，导致无法有效地表达工作成果。另一原因可能是期中与期末作业的侧重点的差异，期中作业强调手工艺与造型等能力，而期末作业更考察对城市空间运作机制的整体把握。而在现实教学中，同时在这两方面表现优异的同学极为稀少，这也暴露了要求多种能力的城市建筑学的教学难度。

5.2 衍生成果

“城市建筑学导论”计划实施至少 3 次教学实践（2019—2021 年 3 次春季学期），预计到 2020 年年底推出完整的视频课件与自行编撰的配套教材。到 2019 年 12 月为止，本课程完成了如下的阶段性成果：

（1）课程组织起了包含有多位代表性学者专家的教学团队。本课程既有基础通识性知识的系统讲授，也有覆盖面广阔的专家专题讲座，后者涵盖了在学科前沿领域具有代表性的多位教授与学者的讲座，包括李振宇教授的“共享建筑学”、孙彤宇教授的“未来步行城市模式”、青年长江学者李翔宁的“城市空间艺术与策展”、著名建筑师刘家琨的“当代城市文化建筑案例分析”等。一个包含分析、诠释、思辨与实践能力培养的综合性课程体系正在建立。

（2）由于本课程“城市建筑学”所主要对应的学科领域“Urbanism”（城市学）在中文语境中没有理想的翻译对应，它的含义过于宽泛，也常常与城市规划、城市设计等既有学科领域混淆，所以目前所选择的教材并不能完全反映完整的城市建筑学框架。本教学团队目前正在撰写教材（即本书），该书力求包容国际上城市建筑学的经典内容与本团队先期教学与研究的成果。

（3）每一次课程都录制了视频，可以完成慕课课程的制作，已经初步满足了线上教学的条件。部分课程已经尝试采用现场基于个人智能手机设备的 VR 实验等方法来教学。由于授课场地环境的限制，该教学方案没有做大范围的实践，将在后期改进实验方法，能够在教室狭小的场地环境下实现教学实验。

6 反思与结语

6.1 收集反馈意见

在完成 2019 年的教学实践后，教学团队进行了 2 次反馈意见收集（表 10-2），采集到不同专业同学的 15 条反馈意见（占上课学生的 1/4）。除了与课程设置与安排相关的意见，同学的反馈集中在课程的针对性、专业性、作业难易度等几个方面。学生普遍认可教学内容，尤其认可教师对内容的打磨与内容本身的多样性，这从侧面反映从讲座本身来说，不同专业的学生普遍可以接受。学生的意见主要集中在作业形式与难易程度上，对非建筑或设计类专业学生来说，期中作业“立体书”的难度要大于期末作业“未来同济联合广场”，但是在相对清晰的表达形式的限定下，“立体书”的呈现结果远远好于“未来同济联合广场”。另外，对非建筑类专业同学来说，任何与空间表达有关的作业都是极大的挑战，同学不仅要学习相关的软件与模型制作技能，还必须广泛参考学习空间设计的案例，以抹平与建筑类专业同学的差距。这一现象迫使教学团队反思实践操作在通识教学中的意义。如果不借助空间表达操作，在一般的城市空间问题认识上，专业学生和非专业学生的能力差异极小，两类同学都能很好地理解大多数城市空间问题并形成独立的态度，换句话说，两类学生在文字表达上的水平难分伯仲，那么操作性内容是否应该是通识教育的必要环节？但是，一旦需要借助空间表达来解决具体空间情景中的问题或改善既有的空间，非专业同学的劣势则显露无遗，但是对专业同学来说，程式化的思维与表达套路（多从设计课上无意识习得）也是阻碍他们开拓思维的绊脚石。由此可见，动手操作的过程即使对通识类教学依然是意义重大的，而技能训练确实能够大大促进对空间问题的解析与解决能力。即使对通识教育来说，建筑学依然不是适合全盘讲座式授课的专业，沉浸式、体认式、言传身教式的教学方法比讲座要有效许多。

表 10-2 学期结束后收集的典型反馈意见

1. 江同学 2017 级 建筑学
课程安排和内容还好，作业和设计课时间冲突了，精力不够分配。
2. 易同学 2018 级 法学
课程内容还是挺丰富的，有几场讲座确实是相当精彩，有深有浅，也比较合适。
3. 彭同学 2018 级 工科实验班
课程安排挺好的，很多方面都有涉及！期中作业有点难，虽然做完收获很大，是否可以从非专业的同学出发想想？
4. 张同学 2018 级 工科实验班
吸引人的地方在于内容丰富，每节课都是不同的老师或者行业大家来讲课，内容也都是精心准备多次打磨，认真听一定会有所收获。课程内容很扣题，传授了相当多方面的“硬核知识”，甚至现身说法地展现了建筑学、城市规划等专业内的矛盾点。作业自由度很高，作业成品呈现多样性，能很大程度地激发创造力。
5. 陈同学 2018 级 城乡规划
收获有很多。例如共享建筑的讲座（李振宇教授讲座，编者注），其中分时共享，分区共享的概念对我的设计课上的三代居设计影响很大。在城市方面的一些讲座课对未来学习可能有帮助。
6. 许同学 2018 级 车辆工程
作业对非建筑学生不是很友好。能否更贴近不同专业？

6.2 学科与博雅教育的冲突与融合

虽然课程的最终成果显示，在一定的协作与技能“补课”前提下，非专业与专业同学的表现不相上下，但是一些涉及学科教育和博雅教育冲突的现象不可忽视。专业或学科的本源的含义是“规训”与“纪律”，这个词也可以作为“本体论”解读。这一含义暗示了实现专业教育的根本方法是严格的、规范性的训练。一定程度专业技能的身体性强化学习是学科教育的传统路径，或者说，专业本身就是为了形成某种肌肉记忆。传统的建筑学教育极其强调师徒传承、言传身教的源自布扎体系的工作室制度，即使是在当前的建筑学基础教育中，示范与模仿依然是重要的组成部分。但是“博雅”的初始含义是对学生自由探索各类知识的鼓励，要求减少规训式的技能强化训练，减少灌输知识的时间而代之以自主学习，从而培养学生的批判思维与创新精神。此外，专业与博雅的教学目标指向有差异，专业教育培养的是“傍身之技”，因此教学的组织均以未来从事此项职业为目标。与之相对地，博雅教育培养的是一个专业人才的基本修养，并不以最终就业为导向。因此，学科教育与博雅教育有一定程度的深层矛盾。

通过学生的学习态度、学习效果与学习反馈的分析，作者观察到一些专业与博雅教育间的深层矛盾，并尝试探寻形成这些矛盾的原因与可能的解决方案。

（1）高等教育本身的职业教育意义是始终存在的。无论是专业教育还是博雅教育，它们对学生的就业、择业与深造所带来的现实利益是学生学习的重要动力之一，教育者应该对此予以尊重。因此，仅仅有依靠“兴趣”来吸引多专业学生的动力是有限的，正是因为专业性内容所带来的技能拓展价值，各类背景的学生对专业性较强的内容并不排斥，总体上是积极接受并欢迎的。

（2）本课程中的期中、期末考核作业所需的建筑学专业技能对同学依然产生了压力与困惑。大多数非专业同学是抱着拓展建筑学与城市规划专业知识的目的来参与课程，并未对课程所需要的专业技能储备有充分预判。虽然最终成果的质量并不显示专业内外太大的差别，但是非专业同学对作业所投入的额外时间与劳动远远大于专业内同学。为了完成作业，非专业同学必须查阅大量资料，学习专门的软件，以弥补与专业同学的差距。

（3）学生的专业构成令作业内容的设置众口难调。建筑与城市规划学院与工科实验班（一年级）学生占据了一半以上，非专业学生来自设计类、土木环境类、机械制造类、人文社科类等多种专业。一部分非直接相关专业的学生在课程的中期考核之后选择了放弃。来自各方面的反馈显示，同学基本都能理解讲课内容，但是软件与工具的学习形成了壁垒。未来的作业设计需要更多考虑非专业学生，降低使用软件与工具的门槛。

（4）本课程的授课团队由核心团队与专题团队构成。专题团队的专家来自学院内的不同学科团队，以求代表广泛的研究领域前沿。但是，参与教学的教师在对非专业学生授课上经验不足，部分授课内容依然偏向研究与拓展，适合具备一定背景知识的建筑类学生，如果不能改进教学内容，恐对未来吸引更多非专业学生选课与进一步扩大授课规模形成阻碍。但是从教学效果来看，同学对偏向专业研究的内容反而表现出浓厚兴趣，一部分学有余力的学生对研究性课程极为欢迎。

（5）即使在以讲座形式组织的通识类课程上，传统的工作室授课方式的一些成功经验依然可以发挥其影响。在整个授课过程中，问答、互动与适度的“讲题”都对学生加深理解起到了关键作用。这需要教师从学生的视角出发来“回访”知识体系，对知识的组织形式进行编辑重构。

建筑学教学体系传统上是一种职业教育，它对接的是执业建筑师制度，是布扎体系的继承。然而近年来，建筑学的实践与学术环境都发生了一定的改变。一方面，建筑学学科环境、学科外延与就业市场同时发生改变，最显著的变化就是大型设计院（公司）对学生的就业吸引力不断降低，而地产、咨询、策划、策展等周边行业极大补充了毕业生的就业选择范围，这将迫使教育者做出改变。另一方面，来自智能、能源、环境与制造等各种工科专业最新发展的冲击越来越猛烈，建筑学在与这些学科的交叉中，往往处于相对弱势的地位，又进一步打击了建筑学走出学科边界的积极性。建筑学的职业教育功能固然将长期存在，它却正在（被动或主动地）逐步与通识教育功能相结合。因此，建筑类专业教育的通识化可能是建筑学突破其自身边界的破局之路。借助通识教育，建筑学有可能将“空间科学”提炼为多个工程、设计与社科专业所共享的基础学科，尤其是可能会涉及空间问题的专业。

但是我们也应该看到，博雅（通识）教育是手段而不是目的，学生对专业性与职业技能的追求并没有因为博雅教育的普遍化而减弱。恰恰相反的是，专业性与探索性教育反而更成为一种高等教育中的稀缺资源。许多学生希望学习到“硬核知识”，而所谓的“硬核知识”依然指向真正能够解决现实问题的傍身之技，因此在教学实践中，案例与专题是学生尤为欢迎的教学内容。与此同时，建筑学对空间与环境的核心关切并没有分毫损失，当前的建筑学教育者应该跳出职业教育的限制，进一步反思建筑学的通识教育功能，在修养、智识与价值观层面反思建筑学教育的意义，寻找建筑学可以施展拳脚的新边疆，从而探索建筑学的多样教育形式（图 10–14）。

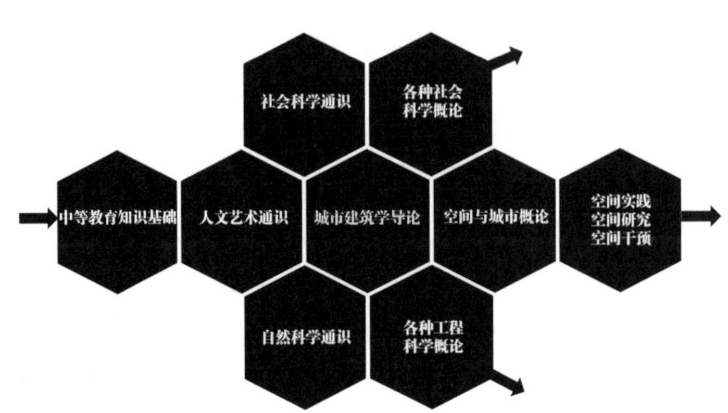

图10-14　城市建筑学导论的通识教育在高等教育知识体系中的地位

第十一章 广普城市的邻里空间修复

“广普城市的邻里空间修复”（以下称“邻里空间修复”）是以高年级本科学生的全面专业能力作为培养目标的专题性设计课程，也是教学团队最早开始实验，并积累了最多经验的课程。建筑学专业的本、硕学生对城市空间运作知识的缺乏是这一教学计划实施的动因。该教学计划的特点是批判地以新城市主义理论体系作为工作的立场，将城市史、建筑类型学、城市形态学的内容有选择性地植入多种教学形式中，结合建筑设计课与理论讨论课，以文献重绘、图绘图解、调研访谈、环境评估、情景再现等为训练方法，帮助同学理解局部的空间干预对社区空间质量的影响。至今，此项教学计划已经积累了一定量的教学成果，并最终演化为一套结合设计、研究与审辩能力的多重目标的课程体系。

1 背景——何为广普城市?

“广普城市”（Generic City）是城市化到达一定水平后的城市空间所呈现的城市空间质量降低的普遍现象，也是本教学团队的教学体系所要研究的根本问题。广普城市可能是城市在经济与市场规律下寻求自身的合理化的必然表现，但是却是以牺牲人的体验、人的感知为代价的真实存在的问题。在此背景下，“广普城市的邻里空间修复”是在普遍性中寻找并定义特殊性的实验。此实验以城市无限制的重复、蔓延、扩张后所产生的一系列弊病为需要解决的问题，从当代城市建筑学经验中学习方法，探索通过积极的空间干预来提升城市日常可感知空间人性化程度的策略。

1 “广普城市”译法参照王群译《小、中、大、超大》相关章节。

“广普城市”[1]是雷姆·库哈斯在其专集《小、中、大、超大》(*S*, *M*,

L，*XL*）中定义的一类城市现象，它概括了不同区域文化背景的当代城市快速扩张过程中的共同表现。库哈斯认为，由于城市中心控制力与吸引力的衰退，城市边缘成为建成区扩张的前沿，广大的边缘地带充斥标准化的空间类型，同时中心本身也被整齐划一的金融区与商业中心所替代，相似的高速公路、住宅社区、办公园区、主题商业街与停车大楼占据了每一个卫星城镇与次级中心，缺乏统筹规划的高速公路等基础设施将城市切割为一个个独立孤岛。无差别、无历史、无中心是广普城市的普遍特征，文化特征与历史遗产的过度开发与消费所导致的中庸与个性丧失是广普城市的首要弊病。

库哈斯观察到，作为一种城市现象，广普城市发源于美国的郊区，但是逐渐蔓延到亚洲与欧洲的历史城市，且有向后发国家移动的趋势。全球化的经济与市场规律最终通过标准配方，将所有城市中残存的一些可识别的文化特征消耗殆尽。广普城市的概念浓缩了库哈斯对广泛的当代城市文化景观的批判，只是这一批判过于依赖修辞法，不断游走于文化、环境与社会的各个方面以至于失焦，同时它亦未深入到空间的生产机制层面，这其实容纳了进一步探析与反思的可能性。本课程计划正希望将库哈斯相对宽泛的观察具体化到中国当代城市的情景中，在中国不同区域的城市空间中寻找与广普城市现象相对应的表现，并将问题的诊断与解决落实到建筑学可以掌控的工具与策略上。

1.1 历史背景

自 1988 年中国土地招拍挂制度建立后，中国的城市社区空间发生了巨大的变化。市场与经济规律和相对简单粗暴的城市空间管理制度结合的结果是中国城市产生了自身的合理化形式与习惯，而这一合理化形式牺牲了人的舒适体验与必要的公共领域。近 30 年的中国高速城市化在都会区的近郊与新城形成了库哈斯所谓的“广普城市”地带。以上海为例（根据第六次人口普查数据），上海中心城周边地区，即外环以外地区居住了一半以上的常住人口，而内环内的常住人口仅有 327 万，占上海常住人口的 1/7 左右，并且这一数字还在迅速减少。2018 年，上海新增的 38 座大型购物中心里，过半数位于外环外的郊区新城或中心城边缘，尤其大量集中于浦东周康地区、临港新城、青浦新城、嘉定新城等郊区人口导入区。与此相对应地，2018 年新增可售商品住宅集中于临港新城、青浦新城、嘉定新城、新浦江城等郊区新城，中心城区的住宅增量极为有限。

中国式的广普城市以巨大单调的板式与塔式建筑群为特征，摒弃了窄街、密路、小院为特征的传统街巷与院落，代之以快速干道、类型化住宅、门禁式社区与购物中心为元素的“现代”城市空间要素。即使在城市中心的既有建成区，机械化的历史街区更新套路也在蚕食近代形成的里弄与街坊，将本属于居民的生活型社区转变为消费型的城市橱窗。然而，在感叹城市文化再生力的孱弱之余，我们必须认识到每种具体的广普城市社区其实有各自的形成机制、组织肌理与场所空间，它们所产生的城市弊病或缓或急，或轻或重，需要空间实践者以一种既尊重现实也积极介入的态度来进一步辨析、评估，并在必要的情况下提出合理可行的诊断及空间优化的方案，而这正是库哈斯的实践态度。近期上海密集推出《上海市街道设计导则》《上海市河道规划设计导则》《上海市城市总体规划（2017—2035 年）》等城市设计指南，并在城市设计方法的变革上取得突出进展，更在城市的滨水工业遗产更新上取得瞩目的成就。但是，目前的研究重心依然落脚于人口不断流失的中心城区，对于蓬勃生长的广大郊区新城与城市边缘地带的研究依然笼统而片面，许多郊区新城已经历经 20 年的发展，新城已然不新，早先的建成区已经无法满足社会生活的急速变化，亟须深入的城市空间诊断以修正其发展方向。

1.2 学科背景

城市主义是西方建成环境理论中一个独立的领域（前文已有详述）。“Urban”的词源“Urbs”的拉丁语原义是被犁翻动过的土地，引申为城市建成区，也就是市政中心的广大延伸区。“Urban”与“Polis”具有词源上的区别，后者来自希腊语，指由市政机构与设施构成的城市中心，而前者指城市外周或城市化区域。新城市主义是一个以城市形态学、建筑类型学、建筑现象学与城市社会学为基础，探索人本城市形态的空间与形式条件的行动纲领集合。近年的新城市主义也在反思自身的可持续性，也在思考如何从一个包罗万象、囊括一切“好”的城市规范的纲领，演变为在一些关键领域实现突破的理论，以厘清核心关切。例如，阿列克斯·克里格（Alex Krieger）将这一核心关切归纳为对“集体生活”（Communal Life）的复兴探索。城市历史学家塔伦（Emily Talen）则强调城市形式规范自身的历史传承，她从世界区划法发展史中发现城市空间的共性标准，并将其作为“形式导则”的法统基础。塔伦关注形式规范的伦理功能，即当下城市意象共识形成的机制——当高度发达的技术对形式已经无力约束时，社会共识才是形式合法与否的评判标准。

在现实操作中，新城市主义以区划法基础上的法定城市设计导则为武器，创新性地定义控制对象、控制层次、控制标量与控制图则，以将相对抽象的城市设计理论转化为可以操作并为各利益相关方理解的共识性规则。但是，新城市主义对普遍的城市类型与范式的推崇往往成为其他的城市研究学派对其攻击的软肋，比如新城市主义与景观城市主义旷日持久的论战反映了两种学派对形式的态度分歧。新城市主义者将形式视为改善城市空间质量的关键，而景观城市主义者则将生态、交通与其他基础设施体系的运作过程视为形式背后的深层推动力量，并嘲笑新城市主义者的过度怀旧。这两派间的矛盾一度无法调解。

海恩斯（Matthew Heins）认为新城市主义与景观城市主义这两种学派共享许多原则，比如都尝试改善城市蔓延的弊病，都承认步行、公交与公共空间的积极作用，都通过城市空间的导则与规范来干预城市空间，等等，而两者的区别仅在空间修辞与审美偏好上。从旁观者视角来看，两者的区别更在于所针对的文化区域与语境的不同，新城市主义者往往以中小城镇与本土建筑文化为研究对象，而景观城市主义则将大都市、全球化基础设施与巨型结构为研究对象。建筑史学家罗伯特·费舍曼（Robert Fishman）基本赞同海恩斯的归纳，并指出奥姆斯特德（Frederick Law Olmsted）的“田园郊区”（Garden Suburbs）是两种学派的共同渊源。田园郊区是基础设施、景观与人文主义城市形象的共生产物，这一传统一直延续到 21 世纪，只不过战场从田园郊区变为大城市。综上所述，新城市主义与景观城市主义所使用的工具是共通的，新城市主义者所追求的城市塑形的规范与导则，可能在物质上正表达为景观城市主义者所关注的难以成形或成文的城市基础设施。他们的总目标没有冲突，这为综合运用多种来源的研究工具诊断中国式广普城市的弊病提供了理论支撑。

规范与导则始终是新城市主义的操作对象，城市设计的规范与导则应该包括“标准”与“建议”两种形式，标准是用于建立形式层面的范式，而建议是一种正面清单，指出决定形式的积极动因。作为一门基于研究的专题设计课程，“邻里空间修复”以新城市主义的方法、立场与态度为基础，综合采纳景观城市主义、城市社会学的研究方法，以案例研究、场地研究、类型－形态研究与设计导则编制为分项任务，提出修复邻里空间、重构社区的空间营建指导原则、范例与机制。需要注意的是，新城市主义的设计导则自身具有一定的先验价值经验与意识形态诉求（这也是规范性理论的共性），在运用这一设计方法时，应该层析并适当去除其先验的价值判断，在改造后使之兼具批判性与建设性。

2 现实——邻里溯源与小区困境

大型商品房居住社区的涌现是中国高速城市化时期的特殊现象，与土地开发制度、公共设施条件、居住文化与设计技术演变有着紧密关系（第二篇第五章已有论述）。自 2016 年《中共中央国务院关于进一步加强城市规划建设管理工作的若干意见》（下面简称《若干意见》）出台以来，关于“街区制”可行性的激辩未曾停息。推行街区制的关键政策表述是“原则上不再建封闭住宅小区”并且“实现内部道路公共化”。但是，新的政策导向暴露了小区时代各种空间概念的含混与新城市范式的抵牾。比如，街区与小区究竟是何关系？封闭性小区形成的历史、社会与经济原因是什么？推行街区制的必要性是否仅仅与交通拥堵有关？小街坊密路网是否是街区制的最终标准？社区街道的类型如何界定？街墙的完整是否是构成街区制形态特征的必要条件？封闭小区内部共有空间的建立与社区归属感的营造究竟如何在制度与空间两个层面实现？具体的建筑形式如何与街区制协调？步行基础设施网络如何创造性地解决街区制与社区安全、行为习惯乃至社群认同的矛盾等。解答这些问题需要深层次地回顾街区这一城市空间单元的发生史以及它在我国制度文化语境中的演进与现状。

街区（city block，或译为街廓、街坊）的概念古已有之，但是经过精细设计的街区形态涌现于近代城市的标准网格平面（grid plan），其代表是纽约曼哈顿 1811 年的路网规划、巴黎的奥斯曼式街坊与西班牙工程师塞尔达（Ildefons Cerdà）于 1859 年设计的巴塞罗那网格平面[1]。在 19 世纪，欧洲城市的街坊直接面对的是城市街道，街坊与城市间并无中间层次。真正使得街区与街道形态变得复杂的是现代邻里观念的出现，路网与门禁系统的复杂化，私密与公共功能的分区，交通方式的多元，促使邻里（而不是单个街坊）成为城市的基本构成单元。广义上来看，“邻里”就是历史上的各种社区形式在现代建筑学与规划学中的法定称谓，这种情况下，它不具有任何特别的含义，也不对所指的社区的形态、组织与规模做更细致的规定。从狭

1 中文中“街区”“街坊”与“街廓”等概念处于混用状态。本章中当谈及街区规划制度或街坊群落时，一律采用“街区”或“街区制”表述。当指代单个街区时，用“街坊”来描述。当特指街坊的外部轮廓时，采用“街廓”来描述。

义来看，产生现代邻里观念的邻里单位一词代表了从原理，到方法，再到实践的一个完整的纵向贯通的城市设计体系。直到今日，一些学者依然在孜孜以求的探索新地邻里范式。

邻里单位正式诞生于1913年的芝加哥城市俱乐部组织的社区设计竞赛，由建筑师德兰蒙德提出，随后成为流行于建筑师与规划师群体中的不成文的原则，并在1929年被规划师克莱伦斯·佩里在规划报告《纽约及周边的区域规划》中做出了更详尽的定义[1]。邻里单位的核心价值是以400米为限的人类舒适步行距离，将400米步行距离范围作为一个规划单元，并将社区的安全、便利、文化与休憩需求作为一个整体来考虑，所以这是一个基于人体工程的理论，具有持久的意义与价值（参见第一篇第四章）。1931年，佩里对邻里单位的设想被胡佛政府（1929—1933）吸收，在政府的住宅政策中逐渐推广，成为社区规划与地产开发的标准模式，其影响力持续40年，并在1980年代兴起的新城市主义运动中被再次运用，成为当代居住区规划与城市设计的重要理论源泉。1940年代，南京国民政府主持的《大上海都市计划》中吸收了邻里单位理论，并在闸北火车站周边的社区规划中具体运用了这一思想。

1 建筑师赖特也在1913年向芝加哥城市俱乐部提交了著名的以四联宅为基础的规划草案。关于1913年的社区规划竞赛，前面章节有过介绍。

新中国建立后，苏俄的“居住单位”模式对工业城市的社区建设产生巨大影响，居住单位由相隔400~500米的干道围合，占地20~25公顷，后来居住单位演变为小区制度，随后在改革开放之后进一步演变为商品房小区，20~25公顷的巨型街区尺度标准一直沿袭下来。直到近期，这种不成文的做法才开始遭受集中的批评。但是巨型街区（小区）是中国特殊的历史社会背景下的产物，也在城市与个人之间建立了小区这个管理层级，是有效管理并保护一个社区单元内集体利益的平台。虽然“小区”文化已经扎根于中国社会，但是它对小区外的公共空间的影响，对未来可以预见的城市更新、对宜步行的集约型城市的建立的正负面作用，都需要进一步探究。

3 方法——基于类型学与形态学的研究性设计

由于种种原因，国内学术圈对发源于欧洲大陆的建筑类型学与城市形态学的译介比较充分，但是对受其影响并对深度介入实践的新城市主义与景观城市主义等理论有严重曲解，后几种理论以规范性

(normative) 为主，兼顾实证性 (positive) 与解释性 (interpretive)，且在当代西方的城市设计实践领域具有更大的影响力。相较之下，城市形态学研究更侧重解释性与实证性，需要一定的转译才能成为直接指导实践的规范性理论。实证研究与设计实践的脱节使得在跨语境条件下讨论中微观层面的建成环境研究十分困难，"邻里空间修复"是建立在一系列规范性理论的辨析基础上的研究型课程设计专题。它贴近最迫切的当代城市的中微观空间问题，围绕"中国的当代城市性"这一根本关切，训练学生在复杂社会与经济条件的背景下提出合理的城市空间设计导则的能力。它兼顾城市设计与建筑学两个训练内容，试图在学科建设的层面重新定义并厘清城市设计的方法、内容与目标。

研究型设计已经是国际建筑学院校的主流授课模式。建筑设计教学越来越多地为可以普遍化、理论化的设计研究服务。研究型设计可以打破设计实践（需要规范性理论）与设计研究（需要描述性、经验性理论）之间的隔阂，作为研究型设计，"邻里空间修复"专题课的成果不是一个传统的限定基地的设计方案，而是一整套城市设计导则与空间准则。在教学中会穿插有文本关键词研究、信息化图解、案例研究、讨论会与研究报告等研究类课程的教学形式。

4 操练——新型邻里尺度的图则训练

4.1 课程安排

本课程从公共伦理、历史实证与人本主义立场出发，反思40年来当代中国语境下的广普城市现象，分析市场、习俗、经济、文化惯性深度纠缠下的当代邻里空间现状。在抑制私人驾车长途通勤，鼓励慢行或步行非通勤性活动的前提下，探索绿色出行方式所激发的城市行为，发现绿色出行方式所引发的高频出行链条的普遍规律，组织步行生活与多样的社区功能混合，支持公共交通系统与城市的进一步融合，构建当代中国的新邻里单位。课程有意避免目前西方当代城市空间研究与实践中的新自由主义倾向，反对以"邻避"(nimby) 心态所导致的对必要的公共建设的非理性抗拒，认同适度的集中公权力在良好空间塑造中的引导作用与积极意义[1]（图11-1、图11-2）。

1 所谓邻避现象，是当地方公众面对可能对周边环境和居民带来负面影响的公共设施建设时的情绪化抗拒。由于对信息不对称的恐惧或者对政府公权力越界的拒斥，公众可能会实施一些非理性行为，导致一些必要的公共决策流产。对邻避行为的界定并没有清晰的定义，也可能与公众的合理表达意见的行为相混淆，但是过度的、情绪化的邻避行为必然导致公共利益的损失。

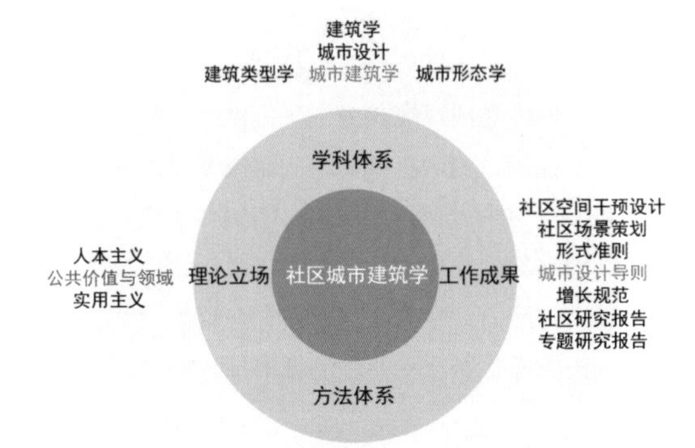

图11-1　本课程的立场、体系、方法与成果预期

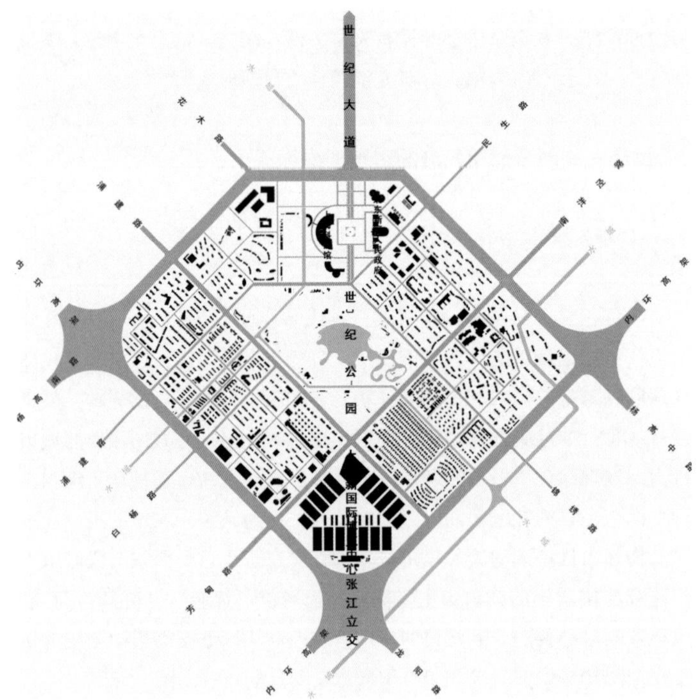

图11-2　现实社区的抽象图解以实现待研究社区空间结构的清晰化，图中为上海浦东联洋社区

4.2 课程目标

本课程将着重培养学生以下的一些专业技能与必要修养:

（1）理解新城市主义的基本概念及操作方法。新城市主义不仅是一种针对当代城市现象的理论，而且有整套的可操作的方法，这包括信息图分析方法、城市图解编绘法、档案与文献调查方法、群体行为调查与分析法、设计导则编制方法、城市断面样例编制法、情景策划法等等各种方法。学生应该在充分了解的基础上，批判地选择这些方法。

（2）掌握基本的城市设计知识。掌握城市设计的基本假设、问题与研究对象。理解从城市美化运动与花园城市运动，到现代主义城市理想，到城市更新运动，到文脉主义与后现代主义，最后到当代的新城市主义运动的历史演变。理解“城市设计”这一概念在战后的西方发生发展的背景条件，以及“城市设计”与广义的“建成环境设计”之间的关系。

（3）熟悉不同文化下邻里空间的差异。“花园城市”和“邻里单位”原则是在西方的城市化进程粗暴摧毁传统城镇肌理并制造出围绕工业设施的工业化城镇的背景下提出的。新城市主义是为了解决第二次世界大战以后的城市低密度蔓延问题而提出的。要理解这两者的主张，必须要洞察 20 世纪的西方城市空间危机的本质，即不断理性化的基础设施与公共空间的丧失之间的矛盾。而类似的理性化进程在中国的城市语境中则表现为高容积率下的广普城市现象。

（4）能够独立进行邻里单元规模的城市设计与形态导则的制定。本课题包括两方面的训练纲领：实践技能与审辨能力。实践技能主要落实在以“形式导则”与“控制性详细规划”的附属导控图则为形式的训练中。形式导则的理论基础是城市断面样例，这是一种在地理学中使用的生态圈层研究工具。固然本课题的较高层次要领是训练学生的审辨能力，但是它也必须外化为具体的操作，这包括学生的预设问题的能力，社会调查的能力，图解基地条件与设计任务的能力，表达设计意图的能力，空间策划与推理的能力，最终的图则与标量的组织与编制能力等。

（5）建立基于公共利益的、批判性的设计观。批判性训练包括2个方面：一是从公共价值与人本主义态度出发，对中国当代城市的弊病与问题进行反思，比如环境问题、社区隔离问题、交通问题、生活方式问题等；二是对已有的知识与概念进行反思，尤其是对近30年来不断出现在开发商与政府规划文件中华丽的概念堆积进行批判，重构对宜居宜业的街区形态的正确认知。

（6）能够独立地用中英文进行方案介绍、研究汇报与设计策略交流。城市设计任务是团队合作的结果，学生应当在这一过程中学习协作设计的技能，在任务初始建立合作的标准与原则，平衡集体目标与个人兴趣，并在整体的设计与研究推进过程中做出个人的贡献。交流不仅应该作为一种能力加以培养，而且应该作为建筑设计训练的内在构成部分，即设计本身就应该是用于思想的交流与传达的。这包括语言表达、设计表达、设计意图传达、思想交流与公共演讲等多方法的能力。在整个训练过程中，主持教师安排了多次面向不同背景专家的研究汇报[1]。

1　参与本课程教学咨询的学者包括耶鲁大学博士课程负责人阿兰·普拉图斯（Alan Plattus）教授、南京大学客座教授冯路、著名建筑师刘宇扬等。

5　成果范例

2015年春季，本课题进行了第一次教学实验，共有6名本科4年级同学参与课题并贡献了2组成果。作为一个研究与设计结合的专题设计，本设计要求学生以上海的某个特定尺度规模的社区为研究对象，并依次完成以下任务：（1）从文献阅读中选取的语义库里，选取可以定义该社区特征的关键词；（2）将该社区与国内外相似规模的社区进行跨文化、跨语境的案例比较；（3）发现该社区在公共空间组织、街道与内部空间营造中的问题，并针对具体问题编制能够改善这一状况的城市设计导则。最后这3项练习会整合成一个完整的研究报告。本课程的6名学生在关键词研究与案例研究中独立完成研究任务，但在自选址城市设计中将会组成2个小组，分别对场地进行调查并发展出创新性的城市设计导则与建筑形态控制附加图则。

为了与一些经典的城市设计模型（如邻里单位模型）相对应，也为了操作的方便，教学计划要求学生在对选定案例范围（1平方英里，约2.6平方公里）的社区进行广泛的调查与分析，具体的动作包括：

（1）在对“广普城市”现象的观察与批判的前提下，选择基地范围1（邻里单位），即约800米见方（即1/4平方英里）的城市社区单位作为研究对象，分析现存环境的组织形式及其主要矛盾，分析的方面如门禁单元的形式、空间部件的组织、居民行为的规律，等等。在此基础上，提出优化的建议，重点关注组团空间的组织，社区娱乐体育设施、公共交通的可达性，人行系统的连通性，绿地与景观系统的质量，甚至鼓励学生研究户型的基本类型与可能的优化路径，楼栋的进入方式，组团内公共部分空间等相对细节的优化，鼓励学生以穷举法对多样的优化策略进行横向比较。

（2）研究对象的既有公共交通体系，选择基地范围2（公交优先服务区）分析轨交站点周边400米步行距离半径（即服务区）范围内的步行可达性。翻转邻里单位中的公域－私域的内外关系，将以轨交站点为中心的影响域视为一种邻里单位，研究其内部的功能平衡与集体行为链条，并进行基于公交优先原则的优化，包括社区型公共活动中心、文化娱乐体育设施、支路网、立体交通、绿地系统，人行系统，公交接驳等的建设和改造。

（3）在（1）和（2）的基础上，研究邻里空间观念对理解当代城市空间的持续意义。对所选择的基地范围1（邻里单位）与范围2（公交优先服务区）进行比较，研究其空间关系，理解400米步行服务区在现实城市空间中的表现。

2015年春季本课题的两组同学分别以上海西区的“古北新区”和东区的“张江居住区”为场地范围，分别界定研究范围（邻里单位与公交优先服务区）并各自制定研究任务，两处社区都建成于2000年前后，代表了上海在住宅商品化改革之后所形成的典型大型居住社区形式，而两者又相对独立于周边的环境，服务具有明确社会属性的居民，具有研究上的代表性。

5.1 古北新区邻里研究及城市空间介入

本方案的设计操作对象为位于上海长宁区的古北新区，古北新区是上海知名的国际社区，其1990年代形成的一期开发由院落式的商住混合公寓构成，结合花园与社区广场布局，并且通过跨街道的拱门同城市路网交错布置，是社区设计的良好范本，并展现了丰富的空间处理手段。其二、三期开发逐渐抛弃了早先的开放性特质，逐渐向封闭式的超级街区靠拢。由于古北的各期开发都有独立邻里单位的特征（一、二期为居住型邻里单位，第三期为公交优先发展区），本设计的任务在于从新城市主义的方法论出发，对二、三期古北新区开发提出空间干预的策略，其目标是令二、三期社区通过微干预展示出第一期社区的开放、宜居特征。

汇报成果包含 3 个部分：关键词研究、案例比较与干预方案设计。方案抽取了 3 对关键词：社区中心与公共空间、街墙与进入方式、步行范围与可达性。这 3 对关键词概括了古北新区的一些显著空间特征，如具有清晰的社区中心功能与空间体系，以传统街墙为要素的街道空间，以及相对友好的步行可达性。案例比较部分探讨了古北新区与浦东联洋社区的比较，主要针对与上述关键词相关的门禁系统、进入方式、步行范围与商业与社区服务空间进行分析，并总结出邻里空间营造的一些规范与标准。

在具体的优化措施部分，方案从研究古北一期的建筑类型学特征与城市形态学特征开始，关注通过重组公共 - 办公 - 私有空间的层级来构建开放但安全的社区。通过研究门禁围墙系统、步行系统与商业 / 公共空间系统的空间干预来改善社区可达性。同时通过改善日前的地铁站与周边开发的协同状况来提升地铁车站的服务强度，用“城市填充”(urban infill) 的方式修补在先期的开发过程中留下的“灰色”欠开发区域。方案最后总结了一整套城市设计导则，包括“地下车库中的服务性商业街道”“人行道空间非机动车化”“无电梯公寓电梯安装及公共空间改造导则”3 项关键导则，具有相当的可实施性（图 11-3—图 11-5）。

5.2 张江社区邻里研究及城市空间介入

方案的设计操作对象是位于上海浦东新区广兰路地铁站邻近的张江社区，张江社区的核心居住区围绕地铁站发展，是张江工业园区的配套居住区，社区从 1990 年代末开始建设，主要围绕一个“中”字形路网布置，具有典型的上海近郊区大型封闭式小区集群的特征。由于其道路结构有相对明确的地理边界与中心，本区块可以使用邻里单位的方法论进行研究与分析。具体的操作对象是位于广兰路的“中芯

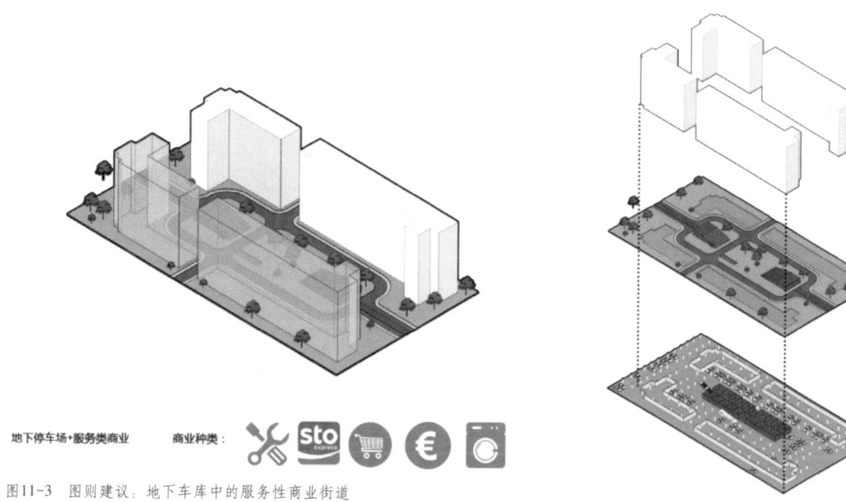

图11-3 图则建议：地下车库中的服务性商业街道

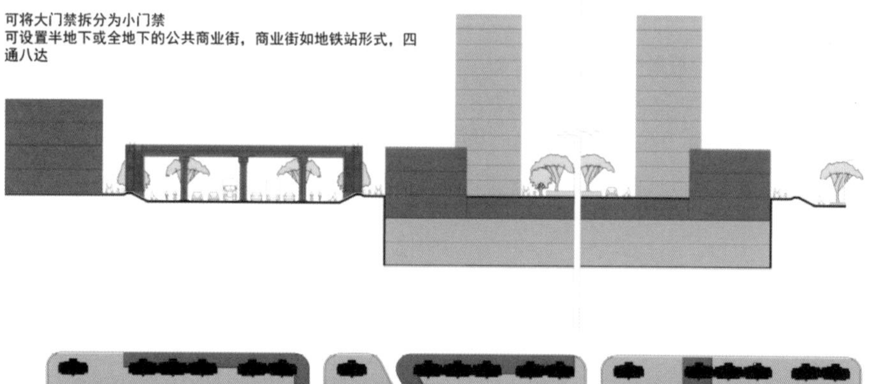

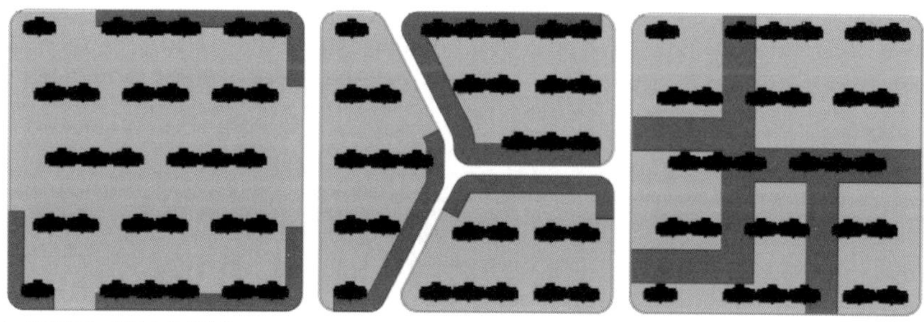

图11-4 图则建议：组团内慢行通道

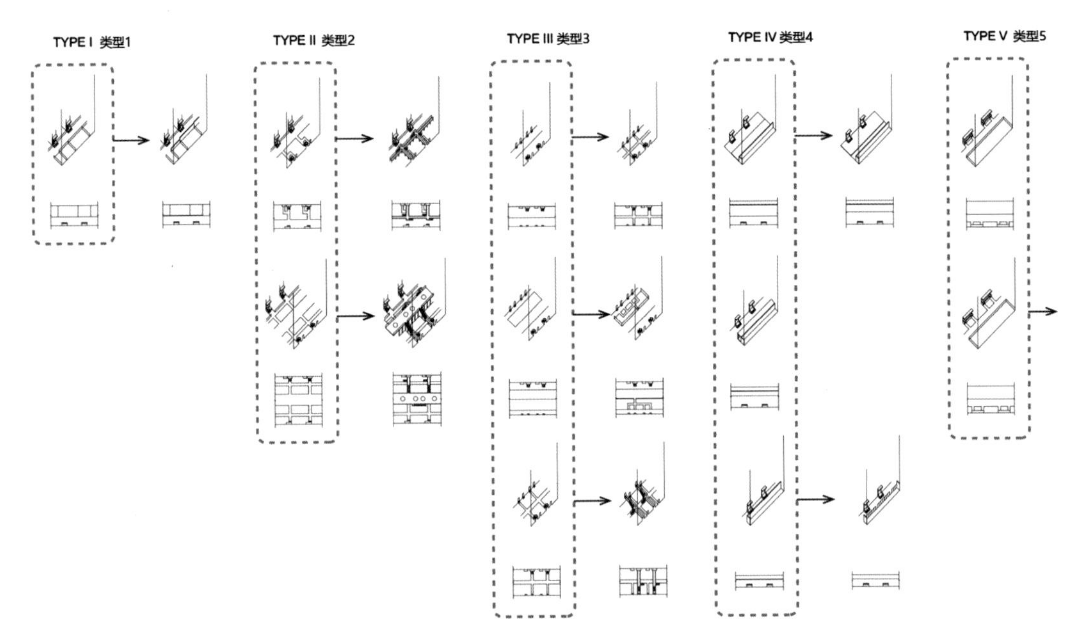

图11-5　图则建议：无电梯公寓电梯安装及公共空间改造导则

小区”。主要任务是改进大型郊区社区的公交可达性、绿地与公共空间的开放性与场所的归属感。

与古北新区的汇报方案相似，汇报成果包含 3 个部分：关键词研究、案例比较与干预方案设计。关键词研究部分涵盖了 3 对预设关键词：邻里与多样性，公交主导型城市发展，城市肌理与类型学。3 对关键词概括了张江社区的一些特征，如建筑类型的多样（不同小区覆盖多种密度与类型），以有轨电车 - 地铁接驳为主的本地公交解决方案，以及社区所呈现的特定城市肌理类型。案例研究部分探讨了张江社区与闵行区的新浦江城之间的比较，借助上文所述的城市断面样例工具，分析张江社区在开发强度与道路空间等级上的不合理性。并针对与上述关键词相关的社区人车交通方式、主要街道断面形式、社区健步骑行系统与滨水空间进行分析，并为下一步的空间优化策略提供参考。

具体的空间优化策略从研究张江社区的类型学特征与形态学特征出发，通过城市微更新策略构建郊区化环境中的人性化场所。通过滨水绿地系统、主街与沿街商业空间与健步系统的空间干预来改善社区的环境质量。同时充分利用有轨电车站点这一社区次级节点，通过增强目前的地铁站域服务区与周边有轨电车站点空间的协同功能来提升地铁车站的服务强度，并用渐进式的社区空间改造与绿地系统“血管”疏通方式将原来各自为政的独立小区整合为一个统一的大社区。方案最后总结了一整套城市设计导则，包括“立体健步系统”“主街尺度重构”“有轨电车站节点化”3 项主要导则，具有相当的可实施性（图 11-6—图 11-8）。

6　反思与结语

“邻里空间修复”教学实验完成于 2015 年，在时间上先于 2016 年所推出的《中共中央国务院关于进一步加强城市规划建设管理工作的若干意见》，也先于学术与公共舆论社区对“街区制”问题的大讨论。虽然街区制大讨论将许多专业问题从专业领域抛向大众媒介，是一次公共参与的启蒙与演练，却将许多含混不清的概念也一并留给了公众。

改造后
NOW

改造前
BEFORE

图11-6　图则建议：滨河公共骑行道走向及组织原则

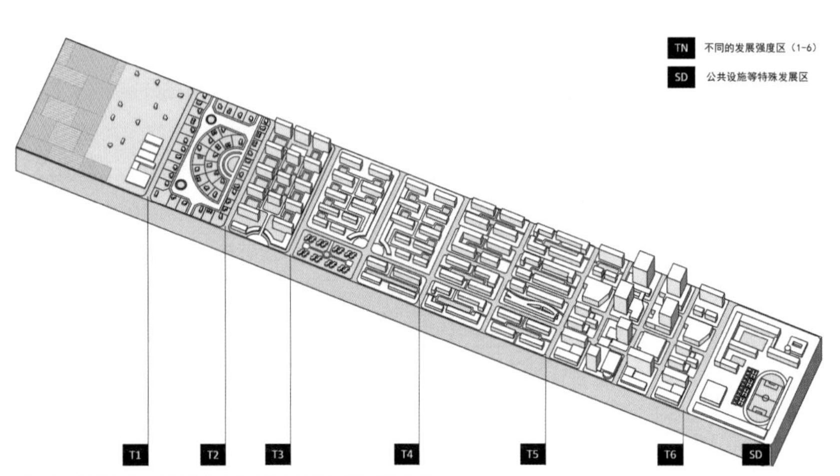

图11-7 图则建议：不同开发强度的形态规则暨街区断面样例

图11-8 图则建议：不同开发强度的形态规则暨街区断面样例

在建筑学内部，这种含混也普遍存在。“邻里空间修复”恰恰是针对这一状况，为学生未来处理相关的一系列问题所度身定做的研究性课程。通过这一课程，学生通读大量的邻里单位与新城市主义研究文献，对街区、街道、邻里、街墙、服务区、社区中心这些概念进行了前所未有的知识考古与辨析。在2016年之后，关于街道空间、设计导则、街区形态等普遍规律的研究成为一种显学，本次课程似乎起到一种讨论预演的作用。

“立场与价值”是本次训练的必要任务，也是本体论、认识论与方法论体系训练的灵魂。在讲课过程中，授课教师多次对社区空间研究中的不同立场与运动的派别与谱系进行归纳讲授，这令学生在设计实操中能够自觉地认识设计工具背后所隐含的社会诉求与利益博弈。在最后的成果中，同学们对新城市主义的研究工具（如图解工具、城市断面样例、空间层级分析、情景推演等等）都能够熟练地掌握，并定义了一些能够深入研究的现象与问题。课程（包括之后的几次课程）所体现的唯一遗憾，是大多数选课同学都没有持续将城市设计或城市形态研究作为自身学习深造的方向，这一现象始终预示了“城市主义”自身的困境，即这一研究领域的综合性过于显著，与之相对的是学科的社会认知过于稀薄，以至于实现有效研究的门槛太高，或其意义不能彰显，这也是城市建筑学教学中所需要持续关切的问题。

第十二章　城市形态导引的新型图则探索

“城市形态导引的新型图则探索”（以下称“指标城市”）课程的第一次实验进行于2016年秋季，并在之后完成了总共3次教学实验。相比于本科生，研究生具有更加完整全面的建筑设计职业技能，也对城市设计技能基本运用自如，但是一年级研究生还不能完全掌握从日常空间现象中发现研究问题的能力。针对这一问题，本课程鼓励一年级研究生从形式导则出发发现城市塑形的深层原因，在抽离出建筑师的习惯之后发现习以为常的城市形态背后的机制与文化因素。学生在课程中批判地认识到规范与习惯的力量，并从其内在矛盾中发现优化城市形态的潜在可能性。

1　背景——从区划法到形式导则

城市形态的导引与控制体系是决定城市空间要素的重要机制，这些指标主要包括控制性详细规划中的6大指标体系（土地使用、环境容量、建筑建造、城市设计引导、配套设施、行为活动），也包括影响城市形态的各种建筑规范与非强制性的城市设计图例图则等。控制性详细规划中的指标的主要来源是西方发展百年的“区划法”[1]。1916年，纽约出台了第一部区划条例，该区划条例将城市所有用地分为“居住”“工商业”与“不限定用地”3类功能区及5类建筑高度控制区。它对城市形态的主要贡献是设定了“建筑包络形”（zoning envelop）原则，要求高层建筑的临街面根据街道宽度确定日照角，从街道宽度的特定倍数的立面标高开始，根据日照角逐层后退。1961年，建筑日照角规定又被更灵活的沿街道退界与公共空间补偿规定所取代，公共空间补偿成为激励性规划的先驱。1916年区划法与1961年的区划法修订一起决定了纽约的天际线。

1　区划法（zoning code）是规划与建筑法规中的强制性准则，是法定规划的一部分，而城市设计导则（urban design guideline）指不具有法律地位的建议性导则。

经过百年的发展，尤其是在近年美国的新城市主义运动的《精明准则》（*Smart Code*）推动下，以区划法为代表的城市形态引导方式已经逐渐被更趋人性化的“形式规范”（form-based code）所取代。形式规范是一种更定制化、精细化的区划手段[1]，它主张为场地量身定制形态导引，与保证最低标准的区划法是两种时代语境的产物。根据城市史学家塔伦的考证与分析，形式规范应具有以下特征：具有明显的强制性；用规定私人物权的形式来保证公共领域的质量；一般推崇那些能够经受时间检验的形式。

1 新城市主义的形式规范的理论依据是以阿尔多·罗西、克里尔兄弟与翁格斯等人为代表的威尼斯学派与新理性主义。

形式规范中最典型的城市形态控制方法是城市断面样例[2]，这一方法将城市想象为一个广域的自然生态系统，每一种开发强度（具体表现为容积率）都会对应系统中的一个特定群落。城市断面样例的表现形式是一个指导性的城市形态连续渐变图谱，它只对一个特定群落的民用建筑基本形式、公共空间、街道界面等等做出一定的规定与引导，而将具体的用途混合的要求放宽。形式规范将“形式”（这里应当理解为一整套形式标准）视为优先于“用途”的控制要素，这是通俗化地运用新理性主义的一种城市空间导引与控制思路（图 12-1、图 12-2）。

2 断面样例（transect）原为地理学家洪堡（Alexander von Humboldt）用于地理学研究的图例工具，指通过跨越不同区域的横断面来表达生态环境的自然渐变，如从沿海到内陆的地表植被的变化等等。杜安尼夫妇（Andres Duany、Elizabeth Plater-Zyberk）将断面样例用于乡村到城市形态的引导，用某个街区在整个断面样例（即从乡村到城市）的生态位置来规定它所适用的空间组织准则。

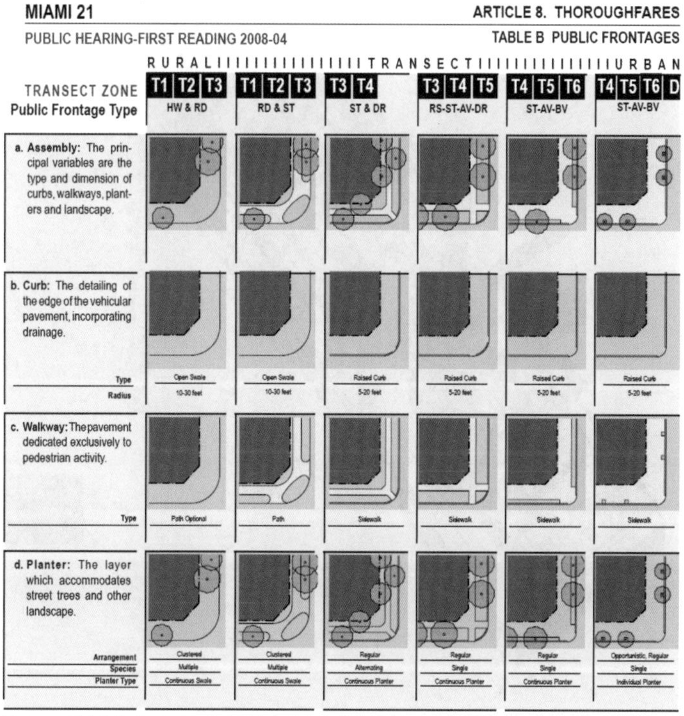

MIAMI 21 — ARTICLE 8. THOROUGHFARES
PUBLIC HEARING-FIRST READING 2008-04 — TABLE B PUBLIC FRONTAGES

RURAL ||||||||||||||||||||| TRANSECT ||||||||||||||||||||| URBAN

TRANSECT ZONE / Public Frontage Type	T1 T2 T3 HW & RD	T1 T2 T3 RD & ST	T3 T4 ST & DR	T3 T4 T5 RS-ST-AV-DR	T4 T5 T6 ST-AV-BV	T4 T5 T6 D ST-AV-BV
a. Assembly: The principal variables are the type and dimension of curbs, walkways, planters and landscape.						
b. Curb: The detailing of the edge of the vehicular pavement, incorporating drainage. Type	Open Swale	Open Swale	Raised Curb	Raised Curb	Raised Curb	Raised Curb
Radius	10-30 feet	10-30 feet	5-20 feet	5-20 feet	5-20 feet	5-20 feet
c. Walkway: The pavement dedicated exclusively to pedestrian activity. Type	Path Optional	Path	Sidewalk	Sidewalk	Sidewalk	Sidewalk
d. Planter: The layer which accommodates street trees and other landscape. Arrangement	Clustered	Clustered	Regular	Regular	Regular	Opportunistic, Regular
Species	Multiple	Multiple	Alternating	Single	Single	Single
Planter Type	Continuous Swale	Continuous Swale	Continuous Planter	Continuous Planter	Continuous Planter	Individual Planter

图12-1　形式规范“迈阿密21”中所规定的街角形式类型表

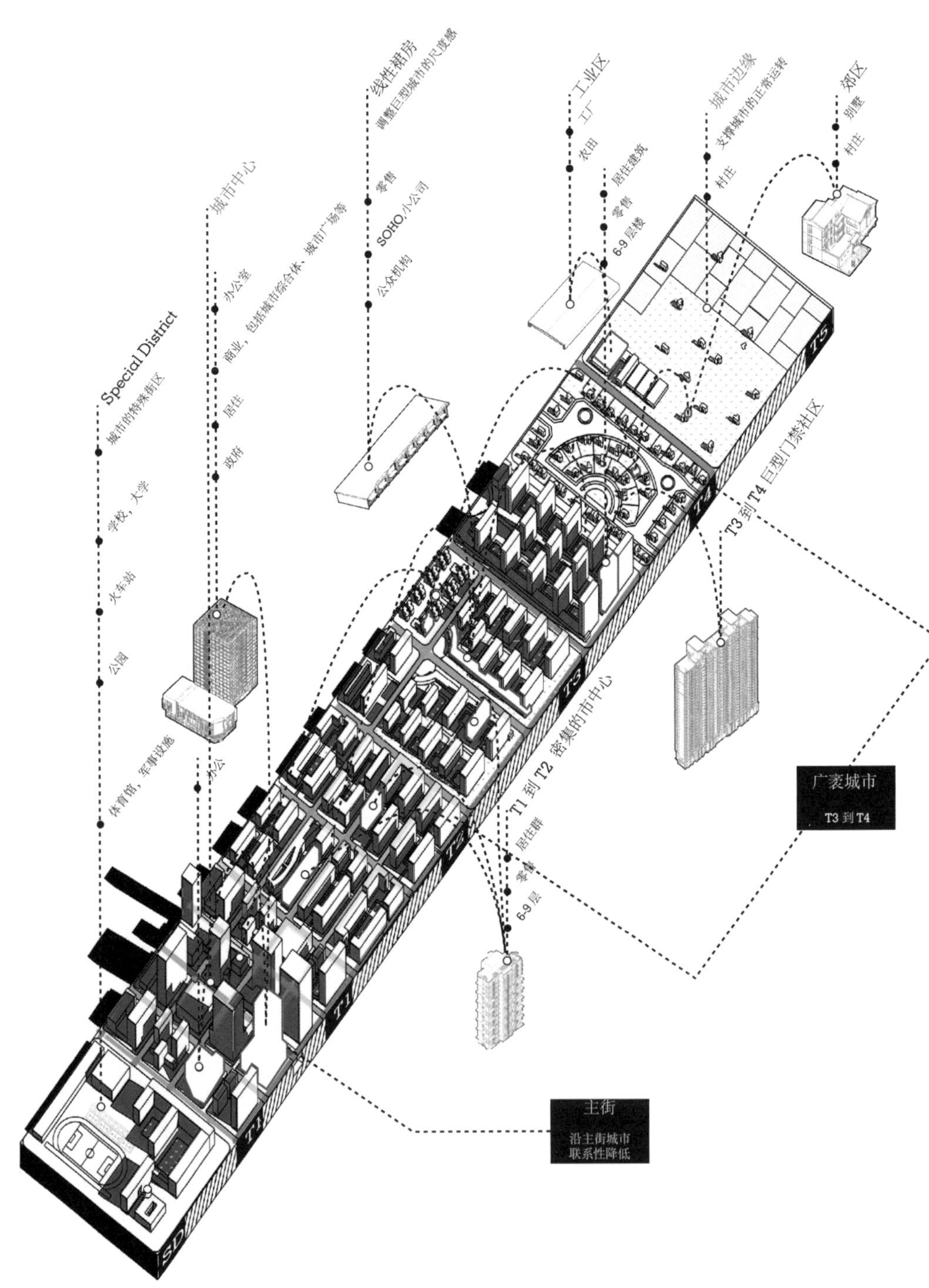

图12-2 中国大城市的典型城市断面样例

2 现实——控制性详细规划中的指标体系

“技术经济指标”的概念在1950年代通过苏联专家的影响进入中国的规划体系。1980年，美国女建筑师协会来华，带来了美国区划法土地分区规划管理的概念，我国的控制性详细规划在此基础上结合当时的国情孕育而生。1982年，上海虹桥开发区在其建设初期即编制了土地出让规划，首先采用了8项指标对用地建设进行规划控制，其中除了用地性质与用地面积，还有容积率、密度、后退、高度、车辆出入口位置与停车库位。虹桥开发区的实践逐步推广到全国。1995年，建设部编制《城市规划编制办法实施细则》将控制性详细规划规范化。1996年，控制性详细规划进入本科课程。由此，在改革开放年代，随着商品化的地产开发模式逐渐成熟，计划经济时代以工业生产为主导的指标逐渐与西方的区划法结合，成为一种均衡协调复杂利益关系的工具[1]。

1 这一部分史实散见于各种文献中，文中所列为“指标城市”研究小组通过多方资料查证收集。

以1995年《城市规划编制办法实施细则》为标志，全国各大城市相继推出《城市规划管理技术规定》以指导控制性详细规划编制。自此后，在20余年中，中国的城市中微观空间形态（天际线、街道界面、一般建筑形态等）是被一种相对严苛的指标体系所控制的，包括建筑覆盖率、容积率、绿地率、退界、建筑高度、停车等。在许多情况下，这些指标是包括在上文所说的控制性详细规划内的。虽然在一定的历史时期，指标体系对城市的环境质量起到了一定的保护与引导的作用，但是也产生了消极的影响。它的基本思想是在快速城市化时代通过统一的标准快速实现具备最基本功能的城市环境，解决的是从无标准到有标准的转变，而对高质量的城市公共空间缺乏引导。因此，既有的指标体系对自身在城市中微观层面的“指标－空间”关联机制，对规划阶段与建筑设计阶段工作的接续，对适用的地区地块的文化、地理与气候多样性所形成的空间形态差异等等，都缺乏有效的统筹考虑。指标体系能够快速地实现一个现代化的城市图景，但是，当高速城市化的进程告一段落，曾经广泛采用的指标体系已经无法跟上城市发展与更新的现状，这便需要规划师与建筑师共同思考对指标本身进行评估、分析与研究的方法。

3 方法——对广义城市形态标准的研究与分析

城市学家伊万·本－约瑟夫（Eran Ben-Joseph）认为对城

市指标导引体系的研究可分为3种，分别为描述性－指导性研究（descriptive/directive）、评价性－规范性研究（evaluative/normative）与历史性－社会性研究（historical/societal）。描述性－指导性研究关注研究标准制定的目标与导向；评价性－规范性研究关注具体的标准款项对城市发展走向的影响；历史性－社会性研究关注标准在历史与社会环境中产生的过程。中国的城市规划与设计学者对城市空间管控的机制研究已有一定成果，比如建筑退界、历史街区地块与建筑密度对街廓形态影响机制的研究，等等。建筑师群体尤其偏好从评价性－规范性研究的视角来推测具体的标准条目对城市形态演进的影响，这很大程度上得益于建筑插画师和理论家休·菲利斯的著名插画。

休·菲利斯较早地用建筑图解的方式记录了1916年的纽约区划法对建筑形态的影响，他的目标是寻找“建筑包络形”规定下的最高回报与最合理的建筑体型。菲利斯的图解被称为“退台建筑演化四部曲”（Four-stage Evolution of the Set-back Building）。区划法图解开启了一种形态学研究方法，即将某些导控规定极端化，并以一种寓言式的图解方法将这些导控因素对城市形态的驱动作用表达出来。当然，菲利斯的图解是放大了特定条件的共同作用，比如将利益最大化、结构最优化、均好性等等与严格的规划指标叠加在一起，这会产生夸张的效果，并不完全符合复杂约束条件下的现实情景；但是，其优点是去除了许多不具决定性作用的条件参数，更凸显关键参数的作用机制（图12-3、图12-4）。

在规范条文中控制性指标往往以单调的数字出现，而对指标的诠释却因为具体现实条件的过于复杂而流于粗疏。这种诠释或表现为一些具体城市设计案例的图集，或表现为仅具有解释功能的图例。无论菲利斯的体量研究还是新城市主义的城市断面样例都是对某种指标的具体化。这种推演不仅仅是翻译指标，而是对一种或几种指标控制下的城市形态演变的合理化预测与想象。

地图术（mapping）是城市研究领域对不可见或尚未表现的机制的图解。詹姆斯·科纳认为地图术不仅仅是对现实的复现，也能够在形式的可能性似乎已经耗尽后发现隐藏的现实。斯坦·艾伦则对建筑图的“标注系统”（notation）给予更多关注，他认为建造过程并非“翻译”或“解码”标注系统，而是将标注系统内不同元素的相互关系重

图12-3　休·菲利斯的纽约区划法建筑形态推演四部曲，收录在菲利斯的《明日都市》一书中

图12-4 1961年的纽约区划法修订反映在密斯（Ludwig Mies van der Rohe）设计的希格拉姆大厦，用让出前广场的塔楼提到逐层退台的做法

置在另一个空间中。在具体的图解策略中，“超现实叙事”（Hyper-real Narrative）是建筑学可视化研究中的一种重要方法，库哈斯的《癫狂的纽约》（*Delirious New York*）以及其合作者佛列森托普（Madelon Vriesendorp）的图解式研究是其中的重要代表。同时，“情景规划”（Scenario Planning）也是一种重要的城市策划方法，它对整体性的城市情景进行不同条件变量下的合理推演，容纳一定的直觉想象与不确定性，并且使用大量的信息图解（info-graphics）方法来构建利益相关方进一步参与讨论的平台。本教程吸收了库哈斯超现实主义图解的批判与反讽性，也吸收了情景规划方法的合理想象成分。这种教学方法的难点在于把握“超现实叙事”中的主观推测与图解本身所需要的客观推理之间的矛盾。

4 操练——指标体系的图解研究

4.1 课程安排

同济大学“中国语境的新城市主义”教学团队从 2015 年就开始了对城市控制性指标体系的研究，在总共 4 次的教学实验中，前 2 次以“广谱城市下的新邻里单元”为题，以“邻里单元”这一原型的发生、发展与演变为背景，探索影响街区形态、街道空间与日常环境的各种因素。前 2 次教学以本科四年级学生为授课对象，为之后的进一步的教案发展奠定了基础。随后，从 2016 年秋季学期开始，教学团队针对建筑学专业一年级研究生重新修订了教学计划，明确了城市规划的指标与导控体系这一核心研究对象。后 2 次教学过程均历时一个学期，考虑到研究生的学习能力与探索性设计教学的特点，每一次授课都不再采用传统的“评图”方法，而是采用由授课教师组织的讨论课形式，增加原理、方法与知识的讨论讲授的比重，必要的时候采用集体讲授与个别辅导结合的方式。

对指标体系的图解研究的出发点至少有两重意义。首先，这一研究能够揭示指标作为规定最低物质条件规范的初始意义，即在快速城市化时代保证建筑物所能提供的最基本的生活条件。其次，即使建筑师与规划师能够快速掌握运用区划工具进行空间与社会形态控制的能力，但是技术条件的快速变化使得区划法蜕变为阻碍城市自我更新的牵绊，图解能够发现区划法不同规定之间的内在悖论，为进一步修正区划工具提供参照（图 12-5、图 12-6、表 12-1）。

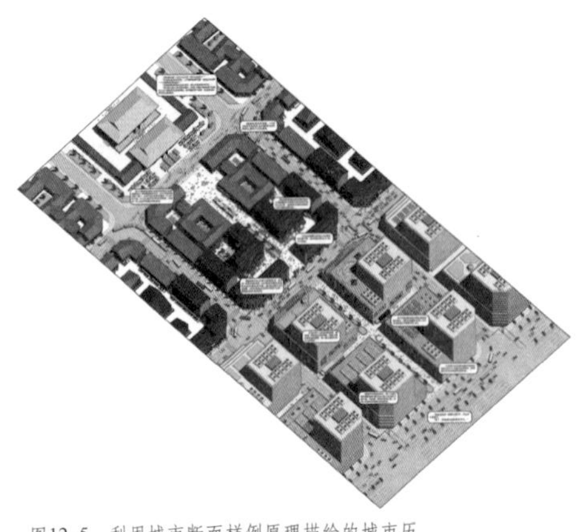

图12-5 利用城市断面样例原理描绘的城市历史场所周边建筑形态渐变导控批判性图解

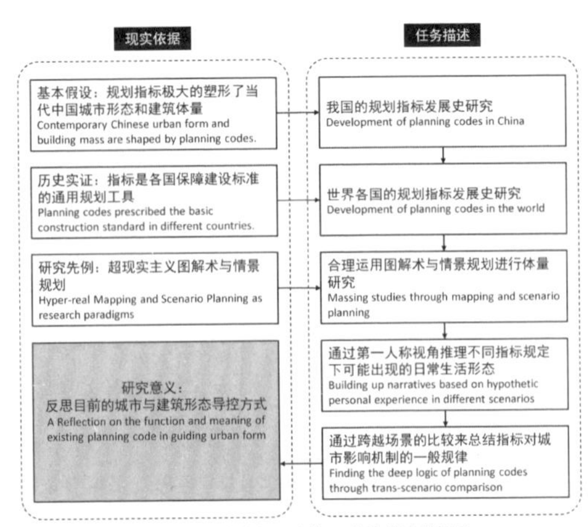

图12-6 同济大学“指标城市”研究性设计教学计划框图

表 12-1 “指标城市之城市蔓延”2017 年秋季教学计划

教学次数	课堂教学及讨论内容	课后任务与反馈
第 1 次 总论与介绍	讲授“指标城市－城市蔓延”的基本教学任务、西方新城市主义的基本思想与观念、城市形态研究的基本方法、工作组织方式与可能达到的目标	分 4 组阅读关于城市建筑类型学、社区形态史、指标体系与上海城市空间发展史的文献，准备下周的分组汇报
第 2 次 文献与案例	分组汇报文献阅读的成果并点评，讨论图绘方法、排版规则，确定研究对象并讲述现场调研的方法	以上海周边的郊区新城的指标导控体系为研究对象，分组进行现场调研与文献研究。每组调研至少 2 个对象以供比较研究
第 3 次 文献与案例	分组汇报郊区新城调研的成果并点评，讨论先期的规划及具体的控制性详细规划与城市设计导则在影响城市形态、建筑形式与公共空间中的作用	进一步对研究对象进行定量定性的图绘图解分析，了解“情景策划”（scenario planning）与“数据景观”（datascape）的基本方法。掌握各类指标与导则与城市与建筑形态之间的关系
第 4 次 初步策略研究	分组汇报深度案例调研成果并点评。讨论图绘图解与“情景策划”在分析与批判既有城市形态生成驱动力中的作用。确定每个组所聚焦的特定指标体系，如开发强度、道路网格、边界退让、建筑形态、用途混合等。并讨论这些指标可能引发的城市中微观尺度的空间形态变化	在对既有的规划指标体系进行充分的整理与图绘的基础上，发现既有指标体系在指导空间质量提升中的问题与潜力，提出通过指标体系的完善来撬动新型社区公共空间、新建筑类型与新社区生活形态的可能
第 5 次 中期汇报	以研究报告的形式进行中期汇报，并在每一个汇报后进行专家点评。邀请城市规划与建筑学 2 种学科背景的学院内外专家进行点评	记录并检讨专家点评中提出的问题
第 6 次 回顾与评价	对中期汇报中专家点评进行回顾与分析，分组讨论专家点评的要点并逐项讨论改进对策	在专家点评的基础上进行文献与案例的进一步深度阅读与研究。提出对第一阶段的任务完成情况的自我评价，提出下一阶段改进的目标与任务
第 7 次 报告框架设计	分组讨论最终研究型设计报告的基本框架、叙述结构、基本假设与范式、图绘表达形式、可能的结论与建议等等	准备终期汇报
第 8 次 答疑解惑	分组进行答疑解惑。以贯通从规划指标到城市建筑学层面的影响关系为标准，评估最终研究报告的学术与实践意义，讨论修正的可能	准备终期汇报
第 9 次	以叙事性的研究报告的形式进行终期汇报，并在每一个汇报后进行专家点评	根据专家点评修正最终报告，根据同济大学研究生设计课程的统一格式要求进行作业上交，准备基于作业的展览与出版等活动

4.2 课程目标

在“指标城市”教学实践中，教师不预设具体的基地，而是要求各小组根据指定的指标分项对既有的城市案例进行抽象性的图解。学生须将指标视为可以调整的、决定城市建筑形态的参数，将复杂的城市塑形过程约减为一定指标条件下利益最大化的开发行为，通过以数值形式表达的指标（自变量）与城市建筑形态（从变量）的关系研究，重新审视指标体系的合理性与有效性。需要指出的是，本研究要求严格尊重真实的各种建成环境形态的可能性，以便论证指标的合理性与有效性，即所有的空间要素都必须是具备可实现性的。教学要求同学完成如下任务：

（1）以控制性详细规划介绍的 6 种控制体系为基础，回顾现代城市史中的控制性指标演进的历史，收集各国区划法中空间控制指令体系的发展历史（目前已经涵盖美、德、日、英等国家）。学习菲利斯与新城市主义所运用的图解方法，对指标产生的建筑形态与城市形态进行推演。

(2) 广泛地收集我国典型城市的城市规划管理技术规定与相关建筑设计规范中涉及空间控制的指令体系，划分各种指标所能控制的形态表征，将指标分组，对单一的指标进行研究，通过单项指标的渐次变化发现生成的建筑与城市形态的规律，比如容积率渐次变化、退界的渐次变化、覆盖率渐次变化、街区大小渐次变化、不同功能组合的渐次变化等等，并与之前的国际区划体系进行跨文化对比研究。

(3) 区分规定性指标（prescriptive code）与效能性指标（performance-based code）2种导引体系。大多数指标为前者，即通过直接的形态控制到达某种性能目标，但是后者已经越来越多见于当前的城市更新过程。对比为实现相似目标而制定的规定性指标与效能性指标的异同，发现实现同一目标的不同可能性。

(4) 在单一指标体系的基础上，对不同指标参数要求下的形态表达进行叠加，分析在2个或2个以上的指标体系的影响下，不同的指标组合对城市形态与建筑形态的影响，揭示指标背后的社会与经济诉求及其博弈，这一操作允许相应的研究小组对形式操作结果进行一定程度的合理但极端的想象。

(5) 以一个标准邻里单位大小（800米见方）的理想城市区域为基地，在对中国大城市的日常行为基本了解的前提下，对指标操作下不同形态城市对日常行为与体验的影响进行推演，通过第一人称的视角来描述不同城市形态下的居住、步行、工作与交往的形式。

(6) 根据前面的多项研究环节，各组完成一份研究报告。报告应该包括特定指标体系的历史背景回顾，多区域的指标体系对比，指标作为形式参数或性能目标的形式生成准则研究，指标与日常行为与体验的相关性，指标体系的合理性与有效性评估，以及最终的对指标控制体系的修正建议。

5 成果范例

通过一个学期的研究，4个小组产生了4份独立的研究报告，报告覆盖了土地使用、环境容量、建筑形态、设计导则等在内的多种控制体系，着重探索多种形式条例在城市形态的差序变化中所起的决定性作用。每个小组都对指标所适用对象的特殊性与普遍性之间的矛盾冲突做了分析，其结论具有一定的共性：一方面，对指标的无条件迎合产生了某种极端且荒诞的城市场景；另一方面，导致这种荒诞场景的并非是单个指标的错误，而是整个指标体系的机械执行中对个体的、日常的空间需求的忽视，是指标所牵扯的各种利益相关方的非对称博弈，是统一的指标体系对城市特殊性的回应失效。以下择两例以讨论成果中所反映的典型问题（图 12-7—图 12-9）。

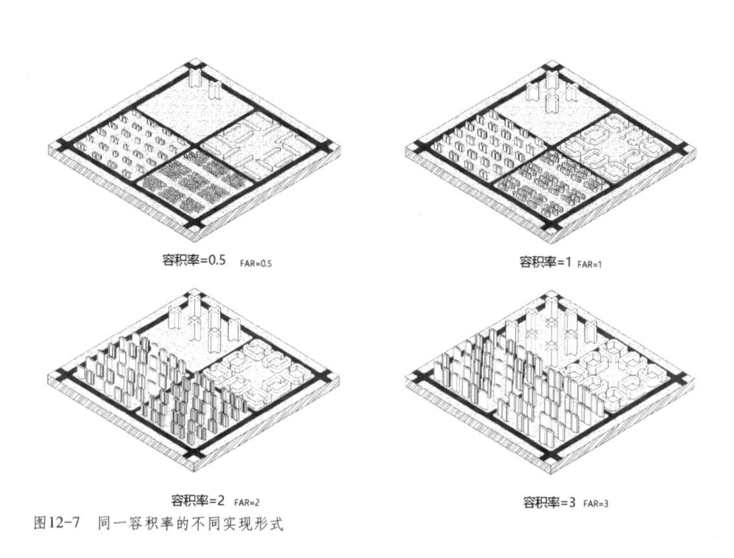

图12-7 同一容积率的不同实现形式

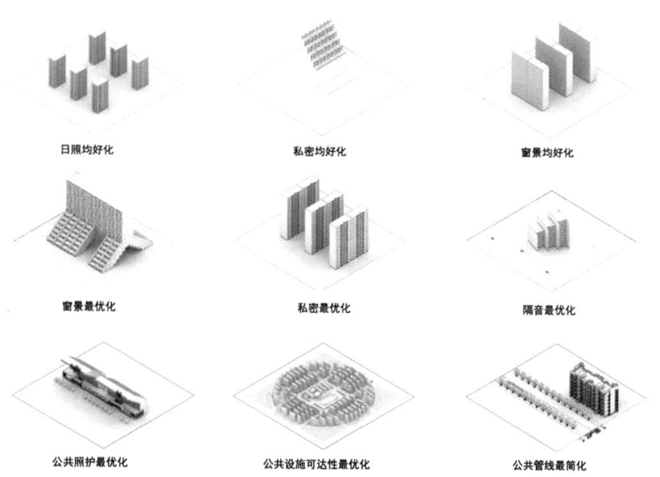

图12-8 不同的极端化“指标”要求下所呈现出的不同的建筑形态

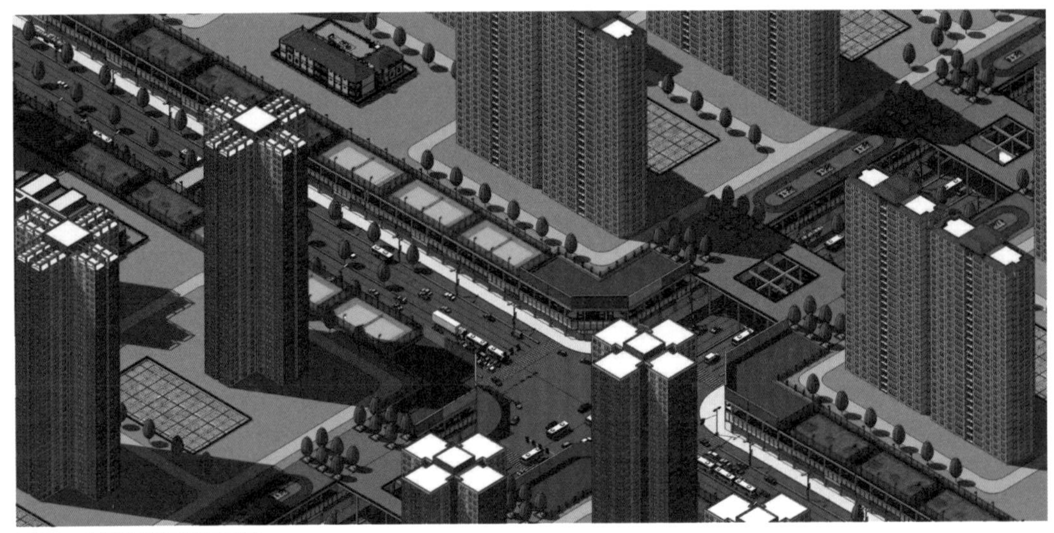

图12-9 “理想”指标下的社区形态

(1) 容积率与其城市形态

容积率是最常见的数值指标，建筑师对容积率普遍具有一定的直观理解，但是在惯常的地块“强排”中，由于过多的变量介入体量的穷举式研究，决策者并不能清晰地认知到容积率数值与具体城市形态的关联性。该组同学从基本建筑单元类型出发对不同容积率的地块进行策略性设计，并且将两种建筑史上经典的建筑案例所构成的相应容积率的的城市形态纳入对比，与我国常见板式塔楼类型并置。这两种建筑案例分别是柯布西耶伏瓦生城市计划中的十字塔楼与塞尔达的巴塞罗那规划中的院落式住宅。这一并置批判了在所谓均好性的预设下，板式塔楼对城市空间的极大破坏，同时暗示了建筑类型在相同容积率下对城市形态的巨大影响。

(2) 极端化指标诉求下的城市形态

在现实的城市规划与建筑设计操作中，业主方往往会对某一类别的参数指标有最大化的要求，比如要求各个住宅单元的私密性最大化，日照均好化，窗景最优化等。这些诉求并非苛刻，而是过去一段时间产品思维下的造城模式的必然结果。该组同学将多种类似的指标诉求翻译为具体的地块内建筑形态，以此批判对某一类数值指标的极端化操作所带来的戏剧化结果，也展示了这些所谓诉求间的不可兼容性。

2016年的“指标城市”教学偏重对指标体系的内在“矛盾”的揭示，最终呈现的结果具有极大的展示性，但由于没有具体的基地，无法体现城市真实运作中的状态。随后，在2017年的第二轮“指标城市”教学实践中，教学团队将上海的郊区新城（新开发区）设定为基地，要求同学详细地考察给定新城的控制性详细规划与起决定作用的设计导则，并分析规划文件中的各类指标与最终呈现的城市形象间的关系。最终通过修正一些指标的内在矛盾，来解决由于空间的不合理配置所带来的问题（图12-10、图12-11）。

以其中一组同学对“新浦江城”的研究为例，该方案对新浦江的南北两个区块各自所存在的社区归属感与社区公共服务的可达性进行分析，最终发现土地用途的低混合配置与低容积率是各自区块所面临问题的根源。方案探索了通过填充功能抬升容积率上限的方法，并且在尊重现有的规范与居住文化的前提下，增加社区功能的混合度，提升社区公共服务配置的充足度与多样性。为了实现容积率的倍增，同学们对建筑类型进行了合理规则下的想象，展示了城市在突破某些陈规后的形式潜力。

图12-10 2016与2017年的“指标城市”期终评图海报

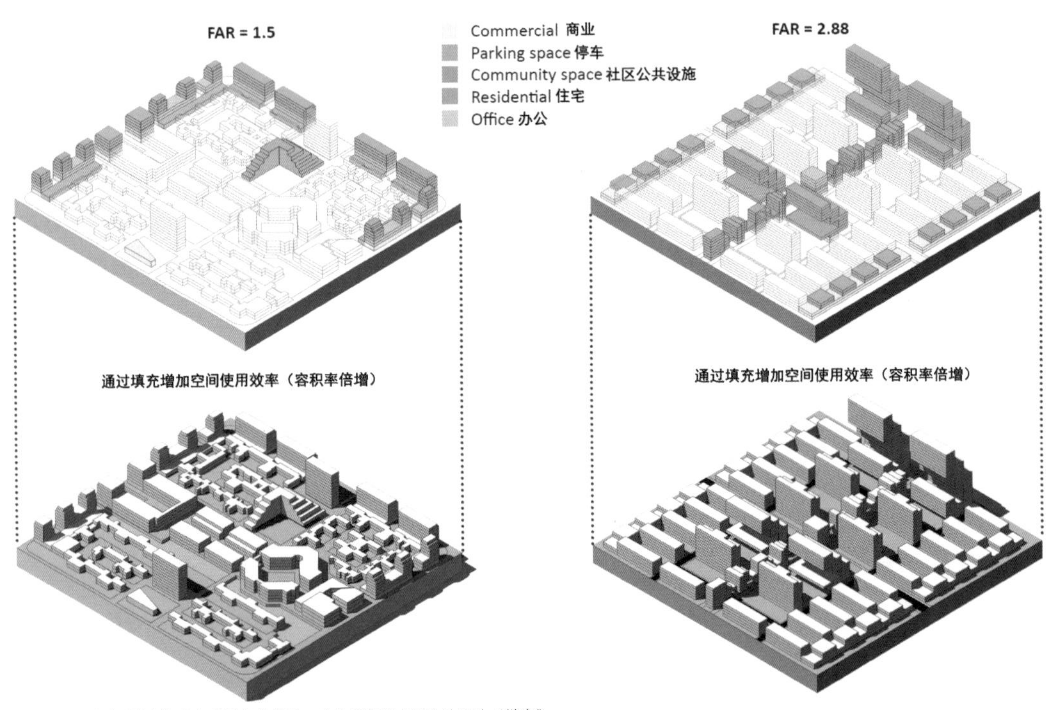

图12-11　通过“填充”的方式增加容积率，在合理规则中想象社区的“增容”

6　反思与结语

2017 年 9 月 1 日，受首尔设计基金会邀请，2016 年“指标城市”研究计划的部分成果在首尔首届“建筑与城市主义双年展”展出。整个展览由 4 个三棱柱形的灯箱式展架构成，展架底部安装有滚轮轴承，可以自由转动，分别展示 4 个研究小组根据不同的视角对“指标”的不同解读。在展位的四周墙上是 14 个问答盒，以索引形式分别解答了与“指标”这一概念密切相关的城市区划法及城市控制性指标的 14 个基本问题。展览开幕后，首尔的市民与专业人士踊跃观展，不少市民驻足于展场并对展览的内容进行激烈讨论（图 12-12）。

经历过两次教学实践的“指标城市”教案是通过图解来揭示城市塑形机制之内在矛盾的一次尝试。它同时反映了这一课程所依据的方法论的潜力与在分析具体情景时的局限性。所有研究报告都能够正确地指出各类指标及其重叠对于城市及建筑形态的控制作用。在虚拟地块（800 米见方的平整场地）中，由于场地各种条件的均一化，对指标的操作能够激发更大的形式回应，这有助于理解单一指标对城市形

图12-12 首尔建筑与城市主义双年展之“指标城市”展览现场

态的影响机制。而在现实的地块中，由于具体环境约束条件的限制，指标修正所能产生的形式变化更加微妙复杂，各个小组也很难对多种约束条件同时变化后产生的后果进行合理的推演。

“指标城市”的参与对象是一年级研究生，相比于针对高年级本科生的“邻里空间修复”课程，本课程所提出的问题的技术性更强，能够更自然地对接城市设计与城市更新实践中的普遍性问题。作为一次研究型的设计实验，“指标城市”也必须达到研究深度与表达冲击力之间的平衡，而这两方面的要求在不同的课程环节的侧重是不同的。“指标城市”是一次相对自由的探索，它可能会触及包括建筑学、城市规划、城市设计等多学科多领域的问题，但尚需提出条件与边界足够清晰的问题以便进一步的讨论。它最重要的意义在于鼓励建筑学专业同学主动地介入对城市问题的思考，与此同时坚持建筑学对形式运作方式的敏感，通过形式本身的操作来理解形式背后的深层动因。

图片来源

图 1-1　https://www.cnu.org
图 1-2　http://issuu.com/anycerda/docs/el_nom_dels_carrers
图 1-3　http://formbasedcodes.org/definition
图 1-4　“中国语境的新城市主义”课题小组提供
图 1-5　https://averyreview.com
图 1-6　作者自绘

图 2-1　TALLON A J. The Portuguese Precedent for Pierre Patte’s street section. Journal of the Society of Architectural Historians, 2004, 63(03): 370-377.
图 2-2　FERRISS H. The metropolis of tomorrow. New York: Dover Publications, 2005.
图 2-3　http://manueldesola-morales.com
图 2-4　https://www.cca.qc.ca
图 2-5　http://3.bp.blogspot.com/
图 2-6　https://humanscribbles.blogspot.com/
图 2-7　https://www.pinterest.com/pin/289708188520714277/visual-search/ ?x=16&y=9&w=530&h=298
图 2-8　https://www.spanishcontemporaryart.gallery/guggenheim-museumbilbao/
图 2-9　https://www.archdaily.com
图 2-10　https://www.archdaily.com

图 3-1　作者自绘

图 4-1　原素材来自 PERRY C. The neighborhood unit in regional survey of New York and its environs, vol.7. New York: Committee on Regional Plan of New York and Its Environs, 1929, 作者重新编辑
图 4-2　YEOMANS A B. City residential land development. Chicago: University of Chicago Press, 1916.
图 4-3　YEOMANS A B. City residential land development. Chicago: University of Chicago Press, 1916.
图 4-4　YEOMANS A B. City residential land development. Chicago: University of Chicago Press, 1916.
图 4-5　YEOMANS A B. City residential land development. Chicago: University of Chicago Press, 1916.
图 4-6　PERRY C. The neighborhood unit in regional survey of New York and its environs, vol.7. New York: Committee on Regional Plan of New York and Its Environs, 1929.
图 4-7　PERRY C. The neighborhood unit in regional survey of New York and its environs, vol.7. New York: Committee on Regional Plan of New York and Its Environs, 1929.
图 4-8　PERRY C. The neighborhood unit in regional survey of New York and its environs, vol.7. New York: Committee on Regional Plan of New York and Its Environs, 1929.
图 4-9　BRODY J S. Constructing professional knowledge: the neighborhood unit concept in the community builders handbook. Champaign: University of Illinois at Urbana-Champaign, 2009.
图 4-10　STEIN C S. Toward new towns for America. New York: Reinhold Publishing Corporation, 1957.
图 4-11　Congress for the New Urbanism. Charter of The New Urbanism. New York: McGraw-Hill Professional, 1999.
图 4-12　Congress for the New Urbanism. Charter of The New Urbanism. New York: McGraw-Hill Professional, 1999.
图 4-13　HAAS T. New urbanism and beyond. New York: Rizzoli, 2008.

图 5-1　LAWHON L L. The neighborhood unit: physical design or physical determinism. Journal of Planning History, 2009, 8(2): 111-132.
图 5-2　《住区》杂志提供
图 5-3　作者自绘
图 5-4　《国际市场》杂志提供
图 5-5　作者团队提供
图 5-6　作者团队提供
图 5-7　郑希平 . 跨世纪建筑的航母：古北新区 . 国际市场，1997(04): 22-23.
图 5-8　作者团队提供

图 5-9　作者团队提供
图 5-10　作者团队提供

图 6-1　http://thegreatestgrid.mcny.org/greatest-grid/regridding/314
图 6-2　http://socks-studio.com/2015/10/29/the-free-university-of-berlin-candilis-josic-woods-and-schiedhelm-1963/
图 6-3　https://estovadeobras.files.wordpress.com/2011/11/parque_imagen03.jpg
图 6-4　宋玮提供
图 6-5　https://pursuitist.com/inside-new-york-citys-hudson-yards/
图 6-6　纽约时报
图 6-7　https://chuckmanchicagonostalgia.files.wordpress.com
图 6-8　http://www.sasaki.com
图 6-9　http://www.archdaily.com
图 6-10　作者自绘
图 6-11　作者自绘
图 6-12　“基础设施 + 公共空间”设计小组提供
图 6-13　“基础设施 + 公共空间”设计小组提供
图 6-14　“基础设施 + 公共空间”设计小组提供
图 6-15　“基础设施 + 公共空间”设计小组提供
图 6-16　“基础设施 + 公共空间”设计小组提供
图 6-17　“基础设施 + 公共空间”设计小组提供
图 6-18　“基础设施 + 公共空间”设计小组提供

图 7-1　http://www.pcp.pt/karlmarx
图 7-2　https://www.familistere.com
图 7-3　http://upload.wikimedia.org https://www.pinterest.com/pin/337488565806918037/ ? lp=true
图 7-4　原素材来自 GEIST J F. Arcades: The history of a building type. Cambridge: MIT Press, 1983.，作者重新编辑
图 7-5　https://archpaper.com
图 7-6　https://www.pinterest.com/pin/337488565806918037/ ? lp=truehttps://www.pinterest.com/pin/337488565806918037/ ? lp=true https://www.pinterest.com/pin/337488565806918037/ ? lp=true https://www.pinterest.com/pin/337488565806918037/ ? lp=true https://www.pinterest.com/pin/337488565806918037/ ? lp=true https://www.pinterest.com/pin/337488565806918037/ ? lp=true https://www.pinterest.com/pin/337488565806918037/ ? lp=true
图 7-7　https://www.shorpy.comhttps://www.shorpy.com https://www.shorpy.com https://www.pinterest.com/pin/337488565806918037/ ? lp=true
图 7-8　https://www.pinterest.com/pin/337488565806918037/ ? lp=true
图 7-9　捷得建筑师务所提供
https://www.pinterest.com/pin/337488565806918037/ ? lp=true
图 8-1　Olmsted, Frederick Law. “Palos Verdes Estates.” Landscape Architecture 17, no. July (1927): 255-79. OLMSTED F L. Palos Verdes Estates. Landscape Architecture, 1927, 17 (7): 255-279.
图 8-2　https://waterandpower.org
图 8-3　作者跟据延斯开发公司图纸改绘
图 8-4　MCGROARTY J S. A year and a day: westwood village and westwood hills. Forgotten Books. London: Forgotten Books, 2015.
图 8-5　https://waterandpower.org
图 8-6　原素材来自 https://www.downtownsm.com，作者重新编辑改绘自 https://www.downtownsm.com
图 8-7　加州大学“城市实验室”
图 8-8　作者自摄
图 8-9　加州大学“城市实验室”
图 8-10　https://www.jerde.com/

图 9-1　左图来自 http://www2.ozp.tpb.gov.hk，右图来自 http://www.upr.cn/product-available-product-i_19266.htm
图 9-2　作者自绘
图 9-3　作者自绘
图 9-4　香港地政署
图 9-5　作者翻拍自香港历史档案馆
图 9-6　https://thesemaphoreline.wordpress.com/2013/05/21/the-abercrombie-plans/
图 9-7　作者翻拍自加州大学洛杉矶分校图书馆
图 9-8　作者翻拍自香港城市大学图书馆

图 9-9　新界拓展署
图 9-10　作者翻拍自香港城市大学图书馆
图 9-11　作者翻拍自香港城市大学图书馆
图 9-12　http://www.pland.gov.hk

图 10-1　作者自绘
图 10-2　作者自绘
图 10-3　“当代城市建筑学导论”教学团队
图 10-4　作者自绘
图 10-5　作者自绘
图 10-6　“当代城市建筑学导论”教学团队
图 10-7　“当代城市建筑学导论”教学团队
图 10-8　“当代城市建筑学导论”教学团队
图 10-9　刘家琨建筑师及“当代城市建筑学导论”教学团队
图 10-10 吕星洁等提供
图 10-11 安启源等提供
图 10-12 吴诗慧等提供
图 10-13 梁宇涵等提供
图 10-14 作者自绘

图 11-1　作者团队提供
图 11-2　作者团队提供
图 11-3　作者团队提供
图 11-4　作者团队提供
图 11-5　作者团队提供
图 11-6　作者团队提供
图 11-7　作者团队提供
图 11-8　作者团队提供

图 12-1　http://www.miami21.org
图 12-2　作者团队提供
图 12-3　休·菲利斯《明日都市》
图 12-4　http://www.375parkavenue.com/History
图 12-5　作者团队提供
图 12-6　作者团队提供
图 12-7　作者团队提供
图 12-8　作者团队提供
图 12-9　作者团队提供
图 12-10 作者团队提供
图 12-11 作者团队提供
图 12-12 作者自摄

图 S.-1　《时代建筑》杂志提供
图 S.-2　华侨城当代艺术中心（上海馆）提供
图 S.-3　华侨城当代艺术中心（上海馆）提供
图 S.-4　作者自摄

参考文献

[1] ADAMS T. The design of residential areas: basic considerations, principles, and methods. Massachusetts: Harvard University Press, 1934.
[2] ALLEN S. Infrastructural urbanism//Points + Lines: diagrams and projects for the city. New York: Princeton Architectural Press, 1999: 48–57.
[3] ALLEN S. Landscape infrastructures//Infrastructure as architecture: designing composite networks. Berlin: Jovis Verlag GmbH, 2010: 36-45.
[4] ALLEN S. Mat urbanism: the thick-2d//Le Corbusier's Venice Hospital and the revival of mat building, case #2. New York: Prestel, 2001: 118-126.
[5] ALLEN S. Mapping the unmappable: on notation//Practice: architecture, technique and representation. London: Routledge, 2000: 30-45.
[6] AMOROSO N. The exposed city: mapping the urban invisible. New York: Routledge, 2010.
[7] ANDERSON S. Architectural design as a system of research programmes. Design Studies, 1984, 5(3): 146-158.
[8] AUGÉ M. Non-Places: introduction to an anthropology of supermodernity. Translated by John Howe. London: Verso, 1995.
[9] AVERMAETE T. Stem and web: a different way of analysing, understanding and conceiving the city in the work of Candilis-Josic-Woods. (2014-12-17)[2015-12-19]. http://www.team10online.org/research/papers/delft2/avermaete.pdf.
[10] BANERJEE T. Beyond the neighborhood unit: residential environments and public policy. New York: Plenum Press, 1984.
[11] BANHAM R. Megastructure: urban futures of the recent past. London: Thames and Hudson, 1976.
[12] BEN-JOSEPH E. On standards//Regulating place: standards and the shaping of urban America. London: Routledge, 2005.
[13] BERMAN M. All that is solid melts into air: the experience of modernity. New York: Simon and Schuster, 1982.
[14] BIRCH E L. From CIAM to CNU: The roots and thinkers of modern urban design//Companion to urban design. London & New York: Routledge, 2011.
[15] BJERKESET S, ASPEN J. Private-public space in a Nordic context: the Tjuvholmen waterfront development in Oslo. Journal of Urban Design, 2017, 22(1): 116-132.
[16] BODDY T. New urbanism: the vancouver model (urban design revolution). Places, 2004, 16(2): 14-21.
[17] BODDY T. Underground and Overhead: Building the Analogous City//Variations on a Theme Park. New York: Hill and Wang, 1992.
[18] BOHL C C, PLATER-ZYBERK E. Building community across the rural-to-urban transect. Places, 2006, 18(1): 4-17.
[19] BRENNER N. New state spaces: urban governance and the rescaling of statehood. Oxford: Oxford University Press, 2004.
[20] BRISTOW R. Hong Kong's new towns: a selected review. Oxford: Oxford University Press, 1989.
[21] BRODY J S. Constructing professional knowledge: the neighborhood unit concept in the community builders handbook. Champaign: University of Illinois at Urbana-Champaign, 2009.
[22] CARMONA M. Design coding and the creative, market and regulatory tyrannies of practice. Urban Studies, 2009, 46(12), 2643–2667.
[23] CASTELLS M, GOH L, KWOK R Y W. Shek Kip Mei Syndrome: economic development and public housing in Hong Kong and Singapore. London: Pion, 1990.
[24] CASTELLS M. An Introduction to the Information Age//The information society reader. London: Routledge, 2004: 138–49.
[25] ÇELIK Z. Urban forms and colonial confrontations: Algiers under French rule. Berkeley: University of California Press, 1997.
[26] CNU, TALEN E. Charter of the new urbanism. 2nd Edition. Columbus, OH: McGraw-Hill Education, 2013.
[27] Congress for the New Urbanism. Charter of The New Urbanism. New York: McGraw-Hill Professional, 1999.
[28] COOLEY C H. Social organization: a study of the larger mind. New York: Charles Scribner's Sons, 1909.
[29] CORNER J. The agency of mapping: speculation, critique and invention//Mappings. London: Reaktion Books, 1999: 213-300.
[30] CRAWFORD M. The World as a Shopping Mall// Variations on a theme

park: scenes from the new American city. New York: Hill and Wang, 1992: 3-30.
[31] CRAWFORD M. Building the workingman's paradise: the design of American company towns. London: Verso, 1995.
[32] CUFF D, SHERMAN R. Fast-forward urbanism: rethinking architecture's engagement with the city. New York: Princeton Architectural Press, 2011.
[33] CUFF D. Architecture as public work//Infrastructure as architecture: designing composite networks. Berlin: Jovis Verlag GmbH, 2010: 18-25.
[34] DUANY A, PLATER-ZYBERK E, SPECK J. Suburban nation: the rise of sprawl and the decline of the American dream. New York: North Point Press, 2010.
[35] EASTERLING K. Zone: The spatial softwares of extrastatecraft. (2012-06-11) [2019-06-20]. http://places.designobserver.com/.
[36] EASTERLING K. Organization space: landscapes, highways, and houses in America. Cambridge, MA: MIT Press, 1999: 1-11.
[37] ELBOGHDADY D. UL interview: Peter Calthorpe. Urban Land Magazine, 2016-06-06.
[38] ESPING-ANDERSEN G. The three worlds of welfare capitalism. New Jersey: Princeton University Press, 1990.
[39] FERRISS H. The metropolis of tomorrow. New York: Dover Publications, 2005.
[40] FISHMAN R. Comment on Matthew Heins, 'Finding common ground between new urbanism and landscape urbanism' . Journal of Urban Design, 2015, 20(3): 308-310.
[41] FRAMPTON K. Megaform as urban landscape. 1993.
[42] FRISBY D. Cityscapes of modernity: critical explorations. Cambridge: Polity Press, 2001.
[43] GEIST J F. Arcades: The history of a building type. Cambridge: MIT Press, 1983.
[44] GIEDION S. Space, time and architecture: the growth of a new tradition. Cambridge: Harvard University Press, 1967.
[45] GLENDINNING M. From European welfare state to Asian capitalism: the transformation of "british public housing" in Hong Kong and Singapore// Architecture and the welfare state. London: Routledge, 2015: 299-318..
[46] GOONEWARDENA K. Critical urbanism: space, design, revolution// Companion to Urban Design. London: Routledge, 2011: 97-108.
[47] GRAHAM S, MARVIN S. Splintering urbanism: networked infrastructures, technological mobilities and the urban condition. London: Routledge, 2001.
[48] GRUEN V, SMITH L. Shopping towns USA: the planning of shopping centers. New York: Reinhold Publishing Corporation, 1960.
[49] HAAS T. New urbanism and beyond. New York: Rizzoli, 2008.
[50] HANKE B R. Planned unit development and land use intensity. University of Pennsylvania Law Review, 1965, 114(1): 15-46.
[51] HARVEY D. The new urbanism and the communitarian trap. Harvard Design Magazine, 1997 (1).
[52] HARVEY D. Paris, capital of modernity. New York: Routledge, 2005.
[53] HEATHCOTE E. Chicago' s riverwalk: complex, urbane and intriguing. Financial Times, 2017(6).
[54] HEINS M. Finding common ground between new urbanism and landscape urbanism. Journal of Urban Design, 2015, 20(3): 293-302.
[55] JACOBS J. The death and life of great American cities. New York: Vintage Book, 1961.
[56] JAMESON F. The Westin Bonaventure Hotel//The postmodern presence: readings on postmodernism in American culture and society. Walnut Creek: AltaMira Press, 1998.
[57] JOHNSON D L. Origin of the Neighbourhood Unit. Planning Perspectives, 2002 (17): 227-245.
[58] KELBAUGH D. Three urbanisms and the public realm// Proceedings of the 3rd international space syntax symposium. Atlanta: Georgia Institute of Technology, 2001.
[59] KRIEGER A. Arguing the 'against' position: new urbanism as a means of building and rebuilding our cities//The seaside debates: a critique of the new urbanism. New York: Rizzoli International Publications, 2002: 51-58.
[60] KWOK R Y-W. Last colonial spatial plans for Hong Kong: global economy and domestic politics. European Planning Studies, 1999, 7(2): 207-229.
[61] LAI L W C, BAKER M. The final colonial regional plan that lingers on:

Hong Kong's metroplan. Habitat International, 2014, 41(1): 216-228.
[62] LAI L W C. Planning by contract: foundation of a comprehensively planned capitalist market. Economic Affairs, 2005, 25(4): 16-18.
[63] LAWHON L L. The neighborhood unit: physical design or physical determinism. Journal of Planning History, 2009, 8(2): 111-132.
[64] LEFAIVRE L, TZONIS A. Why critical regionalism today//Theorizing a new agenda for architecture: an anthology of architectural theory 1965-1995. New York: Princeton Architectural Press, 1996: 483-493.
[65] LONGSTRETH R. City center to regional mall: architecture, the automobile, and retailing in Los Angeles, 1920-1950. Cambridge: MIT Press, 1998.
[66] LOW S. Behind the gates: life, security, and the pursuit of happiness in fortress America. New York: Routledge, 2003.
[67] LU D F. Remaking Chinese urban form: modernity, scarcity and space, 1949-2005. London: Routledge, 2006.
[68] MCGROARTY J S. A year and a day: westwood village and westwood hills. Forgotten Books. London: Forgotten Books, 2015.
[69] MOUDON A V. Proof of goodness: a substantive basis for new urbanism. Places, 2000, 13(2): 38-43.
[70] MUMFORD L. Regionalism and irregionalism. The Sociological Review, 1927, a19(4): 277–288.
[71] MUMFORD L. The city in history. New York: Harvest/HBJ Book, 1961.
[72] MUMFORD L. The culture of cities. 2nd ed. New York: Harvest/HBJ Book, 1970.
[73] MUMFORD L. The neighborhood and the neighborhood unit. Town Planning Review, 1954, 24(4): 256-270.
[74] MUMFORD L. The south in architecture. New York: Harcourt, Brace and Company, 1941.
[75] MUSCHAMP H. The miracle in Bilbao. New York Times, 1997-09-07.
[76] NG M K. Power and rationality: the politics of harbour reclamation in Hong Kong. Environment and Planning C- Government and Policy, 2011, 29(4): 677-692.
[77] NIEMANN B, WERNE T. Strategies for the sustainable urban waterfront// Proceedings of the 11 International the Conference on Urban Regeneration and Sustainability ,2016.
[78] OLMSTED F L. Palos Verdes Estates. Landscape Architecture, 1927, 17 (7): 255-279.
[79] PERRY C. City planning for neighborhood life. Social Forces, 1929, 8 (1): 98-100.
[80] PERRY C. The neighborhood unit in regional survey of New York and its environs, vol.7. New York: Committee on Regional Plan of New York and Its Environs, 1929.
[81] POW C-P. Constructing a new private order: gated communities and the privatization of urban life in post-reform Shanghai. Social & Cultural Geography, 2007, 8(6): 813-833.
[82] PRESCOTT J A. Hong Kong: the form and significance of a high-density urban development//Asian urbanization: a Hong Kong casebook. Hong Kong: Hong Kong University Press, 1971.
[83] PRESCOTT V, TRIGGS G D. International frontiers and boundaries: law, politics and geography. Leiden and Boston: Martinus Nijhoff Publishers, 2008.
[84] RIANO Q, REED C. Landscape optimism: an interview with Chris Reed. Places, 2011(9). https://placesjournal.org/article/landscape-optimism-an-interview-with-chris-reed.
[85] ROWE P G. Making a middle landscape. Cambridge: The MIT Press, 1991.
[86] RUBIO I D S-M. Terrain vague//Anyplace. Cambridge: MIT Press, 1995: 10-23.
[87] SCOTT F D. Architecture or techno-utopia: politics after modernism. Cambridge: MIT Press, 2010.
[88] SCOTT J C. Seeing like a state: how certain schemes to improve the human condition have failed. New Haven and London: Yale University Press, 1998.
[89] SENNETT R. The public realm. http://www.richardsennett.com.
[90] SENNETT R. The fall of public man. New York : W.W. Norton & Company, 2017.
[91] SHELTON B, KARAKIEWICZ J, KVAN T. The making of Hong Kong: from vertical to volumetric. London: Routledge, 2010.
[92] SIMMEL G. The metropolis and mental life (1903)//The Blackwell cityreader. Oxford: Wiley-Blackwell, 2002: 11-19.

[93] SMITHSON A. Team 10 primer. Cambridge: The MIT Press, 1968.
[94] SOJA E W. Postmetropolis. Cambridge: Blackwell, 2000.
[95] SOUTHWORTH M. Reinventing main street: from mall to townscape mall. Journal of Urban Design, 2015, 10(2): 151-170.
[96] STEIN C S. Toward new towns for America. New York: Reinhold Publishing Corporation, 1957.
[97] STEVENS Q. The design of urban waterfronts: a critique of two Australian 'Southbanks'. The Town Planning Review, 2006, 77(2): 173-203.
[98] TALEN E. Design by the rules: the historical underpinnings of form-based codes. Journal of the American Planning Association, 2009, 75(2): 144-160.
[99] TALEN E. New urbanism and American planning: the conflict of culture. New York: Routledge, 2005.
[100] TALLON A J. The Portuguese Precedent for Pierre Patte's street section. Journal of the Society of Architectural Historians, 2004, 63(03): 370-377.
[101] TAN Z, XUE C Q L. Walking as a planned activity: elevated pedestrian networks and urban design regulation in Hong Kong. Journal of Urban Design, 2014, 19(5): 722-744.
[102] TSCHUMI B. Architecture and disjunction. Cambridge: MIT Press, 1994.
[103] VIDLER A. The Third Typology//Oppositions reader. New York: Princeton Architectural Press, 1998: 13-16.
[104] VIDLER A. Warped space: art, architecture, and anxiety in modern culture. Cambridge: MIT Press, 2002: 65-80.
[105] WALL A. Programming the urban surface//Recovering landscape: essays in contemporary landscape architecture. New York: Princeton Architectural Press, 1999: 233-249.
[106] WANG J, LAU S Y S, Forming foreign enclaves in Shanghai: state action in globalization. Journal of Housing and the Built Environment, 2008, 23: 103-118.
[107] WHITTEN R. A Research into the economics of land subdivision: with particular reference to a complete neighborhood unit for low or medium cost housing. Syracuse: Syracuse University School of Citizenship and Public Affairs, 1927.
[108] XU M. Gated communities in China: urban design concerns. Cardiff: Cardiff University, 2009
[109] YEOMANS A B. City residential land development. Chicago: University of Chicago Press, 1916.
[110] YEP R, LUI T-L. Revisiting the golden era of MacLehose and the dynamics of social reforms. China Information, 2010, 24(3): 249-272.
[111] YIP N M. Walled without gates: gated communities in Shanghai. Urban Geography, 2012, 33(2), 221-236.
[112] ZHOU L. China’s gated communities: symbols of privilege reflect a history of exclusivity. South China Morning Post, 2016-03-15.
[113] 曹杰勇．理想社区的现实性运作分析：从理论与实践的关系角度讨论新城市主义理论对我国社区建设的影响 // 中国建筑学会学术年会论文集．中国建筑学会：中国建筑学会，2007: 270-275.
[114] 陈钊，陆铭．首位城市该多大？——国家规模、全球化和城市化的影响．学术月刊，2014(5): 5-16.
[115] 单皓．美国新城市主义．建筑师，2003(3): 4-19.
[116] 范亚树，邵峰．上海港国际客运中心城市与交通流线设计．建筑技艺，2009(5): 74-81.
[117] 高彩霞，丁沃沃．南京城市街廓界面形态特征与建筑退让道路规定的关联性．现代城市研究，2018(12): 37-46.
[118] 顾大庆．中国的“鲍扎”建筑教育之历史沿革——移植、本土化和抵抗．建筑师，2007(4).
[119] 顾大庆．中国建筑教育的历史沿革及基本特点 // 朱剑飞．中国建筑 60 年（1949—2009）历史理论研究．北京：中国建筑工业出版社，2009: 192-200.
[120] 顾相贤．两级挡墙式防汛墙的思考．上海水务，2008(1): 11-13.
[121] 关肇邺．重要的是得体 不是豪华与新奇．建筑学报，1992(1): 10-13.
[122] 桂丹，毛其智．美国新城市主义思潮的发展及其对中国城市设计的借鉴．世界建筑，2000(10): 26-30.
[123] 郭恒，杨桦．评《城市建筑学》——阿尔多 · 罗西审视城市价值．城市建设理论研究（电子版），2013 (36).
[124] 郭思佳．历史语境下关于“旷地率”的再思 // 新常态：传承与变革——2015 中国城市规划年会论文集（06 城市设计与详细规划）．中国城市规划学会、贵阳市人民政府：中国城市规划学会，2015.
[125] 胡四晓．Duany & Platerzyberk 与“新城市主义”．建筑学报，1999(1): 67-72.
[126] 江嘉玮，陈迪佳．战后“建筑类型学”的演变及其模糊普遍性．时代建筑，2016(3): 52-57.

[127] 蒋诚赞．上海北外滩地区的规划和开发．上海房地， 1997（1）： 26-28.
[128] 敬东．阿尔多 · 罗西的城市建筑理论与城市特色建设 [J]. 规划师，1999, 15(2): 102-106.
[129] 匡晓明，徐伟．基于规划管理的城市街道界面控制方法探索．规划师，2012, 28(6):70-75.
[130] 雷姆 · 库哈斯，王群．广普城市．世界建筑，2003(2): 64-69.
[131] 李百浩，邹涵．艾伯克隆比与香港战后城市规划．城市规划学刊，2013(1): 108-113.
[132] 李强．从邻里单位到新城市主义社区：美国社区规划模式变迁探究．世界建筑，2006(7): 92-94.
[133] 李庆符．广州市五羊新城在兴建中．住宅科技，1986(6): 12-14.
[134] 李颖春．平行世界的形状："西方"的"非西方"现代建筑研究．时代建筑，2016(1): 32-36.
[135] 林强，兰帆．"有限理性"与"完全理性"：香港与深圳的法定图则比较研究．规划师，2014, 30(3): 77-82.
[136] 林中杰，时匡．新城市主义运动的城市设计方法论．建筑学报， 2006(1): 6-9.
[137] 刘东洋．王澍的一个思想性项目：他从阿尔多 · 罗西的《城市建筑学》中学到了什么．新美术，2013, 34(8): 105-115.
[138] 马强，徐循初．"精明增长"策略与我国的城市空间扩展．城市规划汇刊，2004(3): 16-22+95.
[139] 马清运．类型概念及建筑类型学．建筑师，1990 (38): 14.
[140] 玛丽 · 麦克劳德，刘嘉纬．现代主义、现代性与建筑：若干历史性与批判性反思．时代建筑，2015(5): 24-33.
[141] 缪朴．城市生活的癌症：封闭式小区的问题及对策．时代建筑，2004(5): 46-49.
[142] 钱学森．关于建立城市学的设想．城市规划，1985(4): 26-28.
[143] 申凤，李亮，翟辉．"密路网，小街区"规划模式的土地利用与城市设计研究：以昆明呈贡新区核心区规划为例．城市规划，2016(5): 43-53.
[144] 沈克宁．"DPZ"与城市设计类型学．华中建筑，1994(2): 50-54.
[145] 沈克宁．意大利建筑师阿尔多 · 罗西．世界建筑，1988(6): 50-57.
[146] 沈克宁．重温类型学．建筑师，2006 (6): 5-19.
[147] 沈克宁．建筑类型学与城市形态学．北京：中国建筑工业出版社，2010.
[148] 沈清基．新城市主义的生态思想及其分析．城市规划，2001(11): 33-38.
[149] 宋博，陈晨．情景规划方法的理论探源、行动框架及其应用意义：探索超越"工具理性"的战略规划决策平台．城市规划学刊，2013(5): 69-79.
[150] 谭峥，薛求理．专业杂志与城市自觉：创建关于香港的当代都市主义 (1965—1984). 建筑学报，2013(11): 14-19.
[151] 谭峥．都市多层步行网络之"地形系数"探析．建筑学报，2017(5): 104-109.
[152] 谭峥．拱廊及其变体：大众的建筑学．新建筑，2014(1): 40-44.
[153] 谭峥．街区制、邻里单位与古北模式．住区，2016(4): 72-81.
[154] 谭峥．青年建筑学者的话语与工具转向：立场、方法与学科．时代建筑，2016(1): 10-15.
[155] 童明．罗西与《城市建筑》．建筑师，2007 (5): 26-41.
[156] 托马斯 · 豪克，雷吉娜 · 凯勒，沃尔克 · 克莱因科特．基础设施城市化．朱蓉，徐怡丽，陈宇（译）．武汉：华中科技大学出版社，2016.
[157] 汪丽君，彭一刚．以类型从事建构：类型学设计方法与建筑形态的构成．建筑学报，2001 (8): 42-46.
[158] 王建国，吕志鹏．世界城市滨水区开发建设的历史进程及其经验．城市规划，2001(7): 41-46.
[159] 王一，卢济威．城市更新与特色活力区建构：以上海北外滩地区城市设计研究为例．建筑技艺，2016(1): 37-41.
[160] 吴良镛．芒福德的学术思想及其对人居环境学建设的启示．城市规划，1996(1): 35-41+48.
[161] 吴真平．北外滩滨江公共空间论坛"问症"上海滨江贯通难点．建筑时报，2016-10-24(6).
[162] 吴志强，陈秉钊，唐子来．21 世纪的城市建筑：走向三大和谐．城市规划，1999 (10): 20-22+64.
[163] 夏玮．城市设计和大型居住区规划．住宅科技，2002(6): 5-8.
[164] 项秉仁．语言，符号及建筑．建筑学报，1984(8): 56-61.
[165] 项秉仁．再谈符号学与建筑创作．时代建筑，1988(2): 13-14.
[166] 许占权．西方博雅教育思想的演变与发展．现代教育科学，2012(3): 47-51.
[167] 薛求理，翟海林，陈贝盈．地铁站上的漂浮城岛：香港九龙站发展案例研究．建筑学报，2010(7): 82-86.
[168] 薛求理．营山造海：香港建筑 1945—2015. 上海：同济大学出版社，2015.
[169] 杨春侠．促进城市滨水地区要素的综合组织．同济大学学报（社会科学版），2009, 20(2): 30-36.
[170] 杨健，戴志中．还原到型：阿尔多 · 罗西《城市建筑》读解．新建筑，2009(1): 119-123.
[171] 杨旭，郑颖．近代历史街区中街廊及产权地块的形态与规划机制研究：以天津原法租界

为例 . 南方建筑 , 2018(1): 4-8.
[172] 姚秀利 , 王红扬 . 新城市主义的逻辑结构与实践性 . 城市研究, 2007(2): 83-88.
[173] 周钰 , 赵建波 , 张玉坤 . 街道界面密度与城市形态的规划控制 . 城市规划 , 2012, 36(6): 28-32.
[174] 朱锫 . 类型学与阿尔多 · 罗西 . 建筑学报 , 1992(5): 32-38.
[175] 邹钧文 . 黄浦江滨江公共空间贯通策略研究 : 以黄浦区为例 . 城市建筑 , 2015(11): 55-56.

附录 “集体认知中的基础设施”对谈实录

2017年夏，华侨城当代艺术中心上海馆（OCAT）邀请作者主持一项以前端城市空间研究趋势为导向的展览，以延续OCAT多年来对建筑学的关注传统，作者惶恐接受后，通过与联合策展人王翊加，以及与上海、北京、香港、纽约等地多位同仁历时1年的酝酿、策划与制作，遂于2018年推出以“基建江山：共同体话语的空间根基”为题的群展，也主持了多次以基础设施与建成环境研究为题的公共讲座。展览相关介绍已经被《澎湃新闻》《雅昌艺术网》《文汇学人》（《文汇报》副刊）等多家媒体报道。

建筑学对基础设施的关注由来已久。较早的案例有18世纪法国建筑师帕特对街道断面的分析，而近期则以景观城市主义阵营对景观基础设施的探索最为耀眼。横滨国际客运中心的建成标志着基础设施、景观设计学与建筑学的当代结盟。景观城市主义影响力已经持续20年之久，各领域专业认识在普遍接受其空间干预策略之余，也尝试反思基础设施建构规律中所反映的建筑学本体问题。恰巧，景观城市主义是一个与新城市主义存在观点对抗的学派，而分析这两大流派对相同建筑学对象的分析方法的异同，则可以更全面地理解当代建筑学前沿理论的热点。

自2015年秋季始，作者开始在同济大学高年级与研究生的自选主题设计教学中试验以“基础设施建筑学”为题的研究型设计教学，与前文所述的“邻里空间修复”与“新型图则探索”互为犄角，共同构成对当代城市空间现象的全局观察。在历年研究的推动下，部分成果首先编入2016年的《时代建筑》专刊“基础设施建筑学”，随后一部分成果参加了2017年的上海城市空间艺术季的展览，最近一次的新成果构成了2018年的“基建江山”展览中的展品——“桥舍”。

2018年6月30日，“基建江山”借助展览开幕的机会，举办了第一次公共学术论坛，该次公共学术讨论以“地景与乡土——集体认知中的基础设施”为题，邀请了同济大学建筑与城市规划学院教授田宝江、南京大学建筑与城市规划学院客座教授冯路、建筑师张佳晶等活跃的学者，与当时在座的学者同仁一道讨论公众与专业人士认知中的“基础设施”。

谭峥：欢迎大家来到OCAT上海馆，我是“基建江山：共同体话语的空间根基”建筑设计群展的策展人谭峥，这位是我的联合策展人王翊加。

大家如果到了 A 厅的那个小角落里面，可以发现有一段我录的视频，我大概把那一段讲话的内容复述一下。那段视频解释了为什么要办这个展。大概是 1 年前，我当时还在首尔参加“建筑与城市主义双年展”中的城市主题展，我接到了来自华侨城当代艺术中心的邀请，问我要不要在 OCAT 办一个大的建筑学群展。我当时还处在头脑发热的状态，就欣然接受了。但是没有想到这是个坑。为什么说是坑呢？因为在接这个展的时候根本没有想到应该讨论怎样的主题，于是在主题的推敲与选择上花费了大量的时间。但是我觉得主题一定是自己最关切的东西，基础设施相关的城市形态问题一直是我的关注领域，我在 2016 年曾经作为客座编辑组稿过《时代建筑》的“基础设施建筑学”专辑（图 S.-1）。那么，“基础设施”这个词大众能理解吗？我想，

图S.-1　《时代建筑》之“基础设施建筑学”主题专刊封面

只要有充分的讨论，大家就都能明白，更何况这个概念本来就存在于城市学讨论中，只是可能它不一定在我们日常的语言里面。但是，作为一个展览，它本身具有公众教育的功能与一点点实验的功能，在这样一种复合功能下面，提出一个概念未尝不可。

两年之前冯路老师在这里（指华侨城当代艺术中心上海馆）策划的展，叫“格物”，格物的意思就是一个穷尽事物的事理，把事物的事理搞清楚。建筑学的一个首要任务就是要穷尽事物的事理，延续冯路老师提出的任务，我做的展览也是在格物，那么格的东西可能不是一个物了，而是一个系统、一个网络。我是这么理解基础设施的：基础设施是分配公共资源的系统，是使一个区域、城市或国家正常运作的最基本的系统。这个是韦氏字典上面的解释。那么系统有什么特征呢，系统是一个无形的东西。比如说我们的城市发展史中留下了很多习惯，很多技术性、社会性的制度，这些制度可能是跟空间有关系的，我们也可以把它认为是一种设施，是一种软性的基础设施。那么它有形吗？它可能没有形状，它可能在局部有一些表现会表征出来，但是它不会有形状。

那么我们怎么把握住它呢，我们有几种方式：我们或观察它的局部，或用图解描绘它，或介入它的日常运作。这就变成我办这个展的一个初衷，即做一种将无形的东西显形的尝试。我们这个展览具体分为 2 个馆，我这个是 A 馆，即“基建景观——身体与系统的寓言”。基建往往会构成一种奇观（spectacle，或译为景观），它非常庞大，要么就是尺度非常庞大，要么就是影响域特别广大。这种奇观只有在跟我们身体发生关系的时候，我们才能发现它，我们去触摸它、去体验它、去行走它、去踩躏它，这时候我们就能理解它了。除此以外我们很难有构建关于基础设施的日常知识的可能。如果我要把基础设施描绘出来，往往会形成一种奇观。

王翊加老师负责的 B 馆以“准现代化协议”为主题，更多的是落在人类学、社会学的遗产这些方面，是关于乡土世界在现代化过程中的尴尬与矛盾。前现代的基础设施可能不像当代的，比如说我们有一个自来水的水管网络，比如说互联网、交通的网络，前现代没有这种东西，但是前现代的基础设施是以文化制度的形式表现的。比如，如何使用水，如何进行集体的气候调节，如何使用土地，如何组织有限的空间资源。基础设施在乡土中国以仪式、习俗、制度的面貌出现，它以各种各样的有形或者无形的、文化上的、符号上的、文化景观上的形式表达。

我就简单地开题一下，我很希望几位嘉宾把我的意思重新演绎一下，田宝江老师来自城市规划领域，是基础设施系统的真正操作者，我们就请田老师接下来给我们说两句（图 S.-2、图 S.-3）。

田宝江：很高兴来到现场，前段时间我也参与了谭老师的一个研究生课程，他们的研究生去调研指标对城市形态的影响，然后被我骂得挺厉害的，我说你们这帮人研究指标，指标提都没提啊，要把它变成一个根基性的东西，才能保证城市能够运转。包括你们说的习俗、人的各种关系、各种习惯，也是一种基础。对我们规划师来讲基础设施是非常熟悉的一件事，但是我们通常对基础设施的理解是市政，给水排水、电力电线对吧，我们叫市政基础设施，包括道路桥梁。但是我们后来发现了谭老师他们把这个内涵都拓展了，把它变成一个根基性的东西，保证这个城市能够运转的东西。

我后来想想有道理，就是说一个人或者一件事物的定位，跟他所处的网络关系是密切相关的。我发现了展览里面有隐隐约约让我感兴

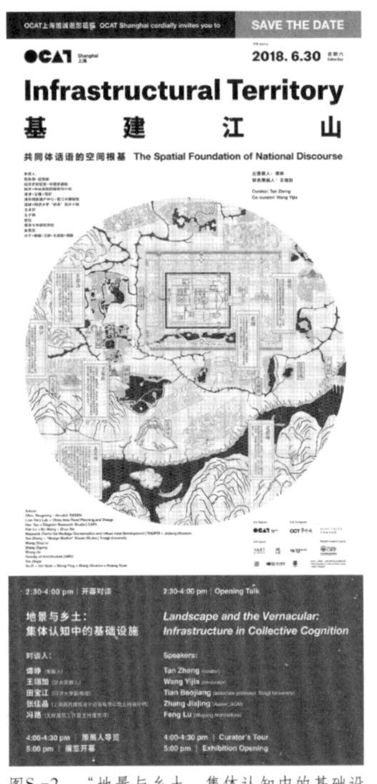

图S.-2 “地景与乡土：集体认知中的基础设施”对谈海报

展场图 **Exhibition Floorplan**

1 香港大学建筑学院 Faculty of Architecture | HKU
2 翁佳 Weng Jia
3 谭峥+同济大学“桥舍”设计小组 Tan Zheng + "Bridge Shelter" Thesis Studio | Tongji University
4 王子耕 Wang Zigeng
5 韩涛+中央美院图解研究小组 Han Tao + Diagram Research Studio | CAFA
6 徐子+秦缅+王颖+王楚霄+黄轩 Xu Zi + Qin Mian + Wang Ying + Wang Chuxiao + Huang Xuan
7 王卓尔 Wang Zhuo'er
8 陈永明+田恒德 Chen Yongming + Hendrik TIEBEN
9 清华同衡遗产中心+晋江市博物馆 HCURD | THUPDI + Jinjiang Museum
10 谢菁思 Xie Jingsi
11 潘律+王博+周昕 Pan Lu + Bo Wang + Zhou Xin
12 低技术实验室+中国乡建院 Low-Tech Lab + China New Rural Planning and Design

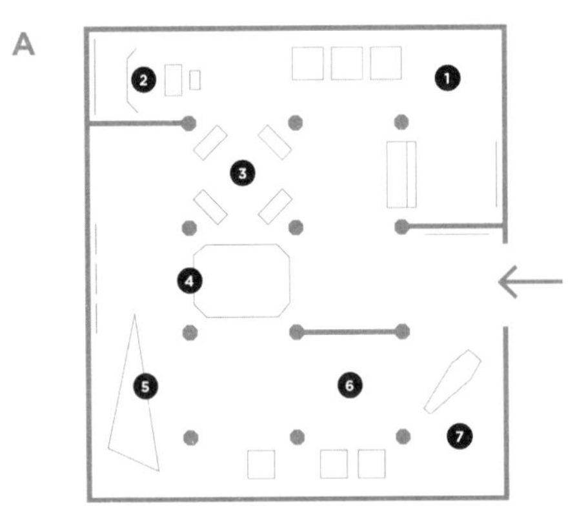

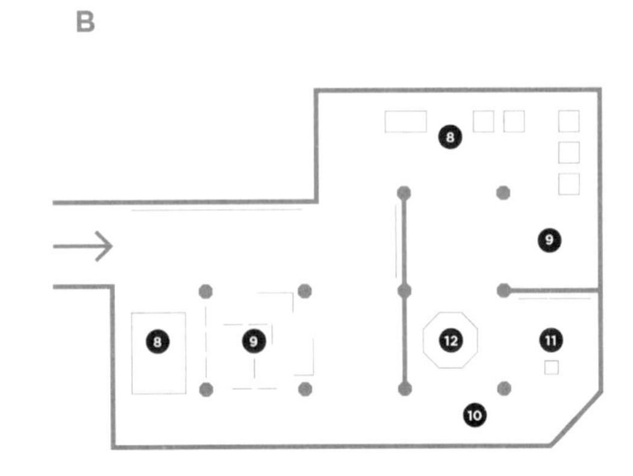

图S.-3 “基建江山：共同体话语的空间根基”展览导览图

趣的几个点。一个就是说基础设施跟我们所谓的地理环境的关系是怎样的。我们可能先去研究规范，去研究各个管道的距离（安全距离、隔离距离）等等，这是第一位的，因为我们认为这是基础设施必须要遵从的一个东西。但是我后来发现，恰恰是这样可能会带来很多问题，所以我们会看到很多变电站、变电箱，很丑陋地矗立在那里。然后景观师、建筑师就想办法了，包一个什么外壳把它给掩藏起来，这个就说明其实基础设施跟景观、跟我们的生活可能是一体的，是我们这个专业把它人为地给割裂开了。最近大家也在聊城市设计到底应该干什么，我后来发现它其实就是起到了一个整合的作用。我认为我们的专业划分是有问题的，凭什么这个是建筑学的事，这个是规划的事，这个是景观的事，是吧？城市本身就是一个综合体，我们专业给它人为地分为这是建筑学、这是规划、这是景观，我在想我们的城市设计或者是基础性的景观可不可以起到一个整合的作用？就是一开始上来先不要分专业，先要分这件事应该要干什么，为谁服务，提供什么样的功能，然后大家来说，规划先干什么，建筑怎么配，景观怎么配，它应该是一个整合的机制。所以今天看到这个展览，我觉得很兴奋的一点就是说它模糊了专业的界限。

所以一开始一定是一个整合在一起的事情，因此谭老师跟王老师他们做了一件非常好的事，就是说通过这个展，把很多不同专业的人给揉在一起，大家共同来看这一件事情，这样就给我们提供一个特别新的视角。可能大家在看的时候也会有这种感受。就提提我个人的感想，第一个就是我们对基础设施的理解要更广泛，它不是一个市政的概念，可能是一个涉及整个城市系统的概念，它跟人、环境都是密切相关的。第二个就是我们通过这件事情把专业的壁垒打破，也通过这样一个展览把我们各个专业的优势给发挥出来，使得我们的生活除了那个硬邦邦的设施管道以外，它还有景观，它还有文化，还有思想，还有艺术，就像罗马那个几千年前的输水道，你说它是一个市政设施吗，肯定是的，输水的，但是它又是最伟大的一个建筑设计或者是景观工程。我觉得我们的老祖宗几千年前就开始做这个事了，我们现在反而把这些东西都丢掉了。今天这个展览我觉得是一个契机，帮助我们把这些东西找回来。

张佳晶：我是比较了解谭老师研究的重点的，刚刚田老师讲的专业划分的事情确实在我们各个高校里都是一个问题，原来是为了方便，比如说本来都是盖房子，却分成了建筑学、城市规划、风景园林，专业细分是为了让研究学科更方便。但是线划了之后呢，其实就代表了新的壁垒，到了现在，我们这样的建筑师现在在实践中做的事情和现在大学里教的相比较，其实已经基本上没有关系了，真正的实践不受这些专业壁垒的约束。我在实践中已经分不清楚建筑、规划、景观和市政了。

比如说我们现在做的事情是上海黄浦江滨江贯通，政府在我们的心目中应该是保守的代名词，结果反倒先让上海最一线的建筑师开始做市政桥梁设计，这个桥梁做完之后非常成功。甲方、政府、开发商已经开始模糊学科划分的边界了，但是我们大学教育可能还在固守着学科的边界。建筑学和规划学看同一件事情，可能看的视角不一样，然后再看否能跨界，能否牵扯到其他专业的领域。比如说我们今天开会，我们做一个夏令营，就是跟社会学合作，其实也就是不同的视角看一个整体。

建筑学要跳出一个新的高度，然后重新审视本来就在一块的唯一的那个事物，这样的话建筑学才可能深刻地或者是永久地发展下去，学院派确实要向实践建筑师学习，我倒不是说是学院建筑不对，但是真的实践跟学院的差距是非常非常大的。所以每次回学校教课的时候，其实我都是感触很深的。我现在理解的基础设施是一种系统，这个系统里面的核心是算法，城市的建筑师可能在做一个小区，或者在做一个商业综合体，这些东西登不了建筑学的大雅之堂，但是它背后却承载着这个城市里的复杂的算法，而支撑这个算法的可能和基础设施有关，算法主导的时代已经来临。

谭峥：刚刚田老师跟张佳晶老师其实是从学科角度来讲的，各类构筑物都是空间的类型，只不过是因为学科的存在，使得 A 的事不是 B 的事。但是这个空间对象还是在这里，并不因 A 或 B 的区别而改变，两位老师是从这个角度去看的。我们再请著名建筑评论家与策展人冯路老师说两句。

冯路：展览一定要有一个学术性的诉求或者一个思考的框架在后面。所以我觉得这个是非常不容易的事。谭老师跟王老师的展览“基建江山”，说前沿吧，它确实是挺新的，脱离传统建筑学的那种框架嘛；但是你说它很新吧，真的很新吗？它其实也并不新，就是说其实是建筑学也好、城市规划也好，一直在讨论的范畴。

看到这个题目，我首先想起来了一个事情，我可能会说 2 组关键词，第一组关键词就是“固定”和“流动”，森佩尔（Gottfried Semper）说的建筑 4 元素（火炉、屋顶、墙体和高台），其中有一个就是土基工程（高台），所以基础设施是一个非常古老的概念，到现在依然存在。因为现在所有的房子也都是有基础的，那么这种东西它是一种固定的东西，它是为了获得一种永恒性。我说这个永恒性，是因为我们盖个房子起来，大部分的情况都是为了使用 50 年、100 年以上。但是到后面就开始会有一点点向灵活机动的转向，这个灵活机动我觉得是一种现代化的结果，就是我们说的建筑的基础设施开始出现了，比如说水和电，给排水管道、电线这些东西，跟固定的设施有点不一样。因为它的载体形式依然是固定的，就是它的管道是固定的，但是它的内容是流动的，水为了流动，电也是为了流动，这个是建筑学上的一个转向。

所以我的第二组关键词就是“固定”和“流动”，建筑师都知道有一个词叫隐蔽工程，这些容纳流动物质的设施通常被称为隐蔽工程，因为它是属于我们说的建筑形式之外的事情，是要被遮起来的。也就是说，它没有表达建筑学范式的权力。之所以是这样，我觉得是因为建筑所谓的形式、美学，是文艺复兴与新古典主义时期所形成的一个强有力的概念。在那个时代人文主义是最强大的主导性的东西。我们后来说的水电基础设施，其实是 19 世纪的科学技术的产物，但是在人文主义的时代，科学技术是一个很不上台面的。虽然那个时代大的艺术家，如达·芬奇等，其实也都号称自己在做科学研究，画人体结构等，就是利用纯技术性的手段来探索客观事实。但是由于达·芬奇没有接受过系统的艺术教育，是通过实践自学成才的，没有太多展现他的技术能力的机会。

回到城市学的讨论，我们就发现基础设施是以组织各种公共资源的流动为主要功能的，真正意义上的基础设施是一种系统。系统重要的是关联，要关联就一定不是一个固化的东西，它一定是流动性的。但是我觉得很有趣的是，本来城市流动的东西，我们很容易理解的，就是管道，就像前面田宝江老师说的，你会想到市政设施，包括道路体制，是为了车开、为了人走，都是为了流动的。但是有趣的是到了今天，其实也不是从当下开始，比如说从新千年之后，流动的系统重新又向固定的东西转向。比如张佳晶老师做了很多桥，你为什么要建筑师去做一座桥呢，那肯定不是为了要建筑师去设计那个流动性，因为建筑师并不懂得如何设计一个交通系统，你要设计桥本身，就是桥的模样，桥本来是过人过车的，这时交通反而变得不重要了，只有它长什么样子很重要，这个是有趣的一个转向。

接下来，可能我会说，基础设施是从一个“不可见”的状态变成一个“可见”的状态（第三组关键词）。通常意义上的基础设施也好，隐蔽工程也好，都是不可见的，埋在地下的，至少它是被隐藏的，就是它被排除在通常的城市的空间经验之外，它是被动的、不可见的。那么现在变得可见，就是因为它的力量太强大了，这个力量不是技术本身带来的力量，而是技术跟资本已经被强力地绑在一起了。所以它变得你没有办法回避。比如高速公路从 20 世纪五六十年代开始大量地出现，高速公路实际上主导了北美的国家景观。在城市里面我们可以看到，城市道路越来越主导你对这个城市的理解。今天我们刚刚开车从嘉定到市区，你可以选择不拥堵的道路，因为你看得到堵车的道路，你可以提前选好。包括高铁，高铁变成一种国家景观了，它从一个不可见的东西变成一个可见的东西，这个是一个很大的事件。

最后一个转向，我觉得基础设施显然是一个从物质到空间的转变，这个跟建筑学密切相关。其实包括电也好，它通过电子的传递，非常微小地，你看不见，但是它还是物质。但是到了当代，空间变得最重要，空间不仅仅是形式，它的样子是一个整体视觉的图案。基础设施还有生产的功能，比如说前几年开始非常时髦的 TOD（公交主导式发展）的概念，就是基于交通设施的地产开发。地铁站周边的地产开发跟交通设施关系紧密，它直接带来的是一个空间的价值。它从物质性的东西上升到一个空间性的东西，我觉得这个可能对于建筑学的影响是非常大的。

那么很有趣的是，我知道有一部分参展的作品是关于乡村的，我觉得这个挺有意思的，因为现在乡村建设是一个热点，但是必不可少地它会带来一种基础设施，因为建筑师进入到乡村，必然也会带来一些所谓的现代的基础设施的模式。原先农村的排水都是相对自然随意的，建筑师一旦开始干预乡村，就要组织基础设施，其实这就反映了现代的、科学的、理性的技术进入到乡村，进入到（相对的）自然系统的过程，这个过程实际上是很危险的，我简单地说到这儿，我想把话筒交给联合策展人王翊加，讲讲乡村的情况。

王翊加：刚才谭老师讲他掉进这个坑的过程，让我觉得特别似曾相识。我们那个展厅的主要内容跟乡村有关，然后我刚才也在想，怎么能像谭老师说的，用很简单的方式，用一种很浅显的语言，把我们这么多内容简单说清楚。刚才听了张佳晶老师的话，我突然有一点灵感，就是可以简单解释一下我们的主题。其实展览上很多东西都是我们观察到那些前现代的一些东西，然后它和现代的碰撞之后发生了一些什么。如果用张佳晶老师的算法来说，可能简单总结一下，我们整个世界是由算法组成的，但是其实是有很多套不同算法，2 套算法碰到一起的时候谁说了算？那么一套算法占上风了，但是另一套的算法跟绝大多数人不一样，怎么处理？它就妥协吗？也不一定。所以我们展览的内容，说得更具象一点，就是在乡村快速城市化的过程中，乡村的一些人，他们是怎么来处理 2 套系统之间的矛盾的？他们的世界观和我们的城市化形成的这种观念，其实是不能融洽相处的，他们是怎么来协调这些矛盾的？

另外一种情境就是，我们刚才说 2 种算法在 2 组不同的人身上发生，他们怎么对抗，如果 2 种算法发生在同一个人身上，这个人可能就分裂了或者是“拧巴”了，那么这种情况下他自己怎么来协调这件事？所以我们主题里面还有一个内容，关于建造者本身，2 种不同的造物逻辑落在一个人身上的时候，他怎么自己来做调和？他在原来的基础上接受新的东西，然后把那些新东西内化，也是我们主要展示的一个内容，可能这个里面就涉及刚才冯路老师说的那个乡村建设的问题。乡村建设其实都要处理这些问题，我们会自问：作为一个介入者，和当地的那些人，比如传统的工匠，跟他们合作了什么？或者发生了什么情况？如果观察到那些人对这种新知识的接纳，这个过程其实是特别有趣的，就是双方是互相影响的过程，比如孙久强老师的项目，我觉得他们本身就是一个研究对象，所以我们希望把他们放在这儿，然后让大家来观察一下，基本上也是按照这个思路去组织展览的内容吧。

谭峥：其实几位老师把我想说的话解释得都比我好太多了。那么再来说地景与乡土，为什么会选择这个“地景与乡土”这个标题，其实就像刚刚王翊加老师说的，2 套做法、2 个系统碰撞，最显著的 2 个场景，一个是地景，一个是乡土，为什么在前现代不会有这种矛盾，因为历史非常漫长的发展中，已经把这些矛盾都消解了，或者说都达到一种和谐了。我在那个导览介绍里面提了几个关键词，为什么在古代我们的基础设施和我们日常的景观没有那么多冲突，为什么我们不会像今天这样，在城市里面突然看见一个变电站，我们会说：哎呀真丑。“野渡无人舟自横”，野渡就是一个基础设施，我不会觉得野渡很难看，野渡很美，为什么我不觉得它难看呢？因为它在我们的话语和认知里面都已经被调和了。那么在现代化里头这种调和没有那么快地发生，我们还不适应，一个飞机场建造在一个城市里面，大家可能都不知道，可能一个浦东机场的跑道比整个老城厢大很多，飞机一下来，滑动到停下的这段距离就已经超过了老城厢地区。这种不和谐与冲突，我们还没有适应。

其实我们的初衷，第一个是张佳晶老师提到的学科整合的问题，规划、景观，甚至其他的一些学科，跟工程、跟空间相关的一些学科都应该整合。第二个就是我们想一下，我们的文化结构，我们的日常化里面，我们的认知里面，这种不和谐是怎么造成的。由于历史的不同步，我们很多的认知还停留在前现代时期，但时代已经进步到一个我们没有办法想象的程度，不和谐还是会继续发生下去。那么我们作为空间的干预者应该对此有一个什么样的态度，我觉得可能是我们办这个展的初心。

在座的还有很多参展人，我先邀请王博老师来讲几句，因为王博老师是一个跨界的人。

王博：我自己是艺术家，主要做一些影像方面的工作，大概今年上半年的时候谭峥老师跟我联系，我之前做过一些跟基础设施、跟社会学等等有关系的项目，还有基础设施美学的一些东西，所以我们当时见了一面，聊了一下，后来发现我们的兴趣其实有非常非常多的重叠的地方。我的实践之前又是跟景观生产有关系的。慢慢地我的兴趣就转到景观和社会与空间的关系上来，然后就误入建筑圈了。我觉得很好玩儿的一点是，基础设施是一个可见与不可见的双重概念，它作为一个景观，既是假设被看到，也是假设看不到的东西。我觉得基础设施的这种可视性或者不可视性，其实是反映了一种暧昧的关系在里面。

王卓尔：其实我对于基础设施这个话题的关注比较久了，大概是从 4 年前回国开始。那个时候刚刚从荷兰回到上海，一下子感觉 2 个地区之间的差异。在荷兰，它的基础设施基本都是由政府来主导的（各个地方的基础设施建设水平都很相似），但是在上海，不同地区的设施的质量差别还是相对比较明显的。就是这样一个原因，我在大概在4年前开始做一个新的研究，其中在上海做了3年，之后又想把那一套思维放到一个关于河道的研究里面，就是“舟游上海”，观察上海的河道环境。也是因为这个课题的原因，谭峥老师就邀请了我参加这个展览。

我抛开具体的展览内容，谈一下我对基础设施的认识吧。谭老师在基础设施这一方面拓得比较宽，不单单局限于我们通常意义上认识的基础设施，还拓展到其他意义上，更加区域的一些概念。就我个人而言，我认为基础设施非常重要的原因是它能够用来调剂整个社会公平，然后去应用于资源的合理化分配。所以我认为这个展览本身的话题本身非常有意义、有价值。尤其在过去的10年或者20年，其实大家很少讨论基础设施这个问题，那么更多讨论的，或者说是建筑师更多关注的是什么呢，是造更多的房子，如何快速地扩张一个城市，等等。但是在未来10年到20年，大家会发现这样的一个快速扩张的时代不见了。如何在现有的基础设施上进行更新，可能是未来我们一直要研究的话题。

韩涛：我简单地说2点，第一点其实和刚才讨论的话题有关系，其实中国以前是存在社会基础设施的。比如说我们可以粗线条地把儒家这套思想理解为社会组织蓝图，然后这个规范变成了中国城市中的基础设施的大概雏形，涉及方位、分区等议题。我们看到中国每一个城市或者每一个乡村，大概是用宇宙论这种道家思想或者五行观念来完成跟自然对接的基础设施，而且是以利用为主。基础设施本来是接在一个可循环的自然系统中的，但是一旦到了现代化的进程之中，发生了主动变成被动的转换。原来我们是主动地去营造一种关系，但是到了19世纪之后，民族国家成了一种主流的力量，开始自上而下地去塑造一种大逻辑，在这种大逻辑下，基础设施的建设就跟地方生活没有关系了，它变成一个自上而下的顶层策略。在这个顶层策略里，由于把西方的现代性技术裹挟了进来，我们的基础设施系统就脱离了跟自然循环有关的状态，进入跟西方很接近的（人文与自然）断裂的状态，这是今天主题的一个背景。

第二点，我想介绍一下个人的研究。我比较自然地关心长安街，但是直到最近的两三年，我突然发现长安街最早的一个形态就是一个广场，没有长安街这件事，我头脑中长期已经有了一些概念，后来发现是被塑造的。长安街在明清的时候就是一个内院式的、广场式的空间，然后到了民国和社会主义时期，也就是中国现代性转型时期，它才开始变成了一条街道。到了建国之后，长安街一步一步地扩散。直到改革开放之后，街道就被一条宽大的马路所取代了。但是我在梳理这段历史的时候突然发现，在早期北京建城的自然地理系统中，一些景观元素决定了空间的走向。比如说西边的定都峰，实际是建构了长安街的一个重要的文化地理要素。它向东的延伸，就是今天的山海关。如果我们把这样的历史通过一个空间政治的历史角度去理解，就从一条街道的历史看到一个民族国家的断代史，然后在这个大背景中看到建筑学在其中的性质的转变，以及类型的转变，我的课题就是在做这样的一件事情。

孙久强：感谢谭老师和王老师的邀请，我来自北京的中国乡建院，我想说 2 件事，一个是我对基础设施的理解。我觉得这个概念可能有一个相对的关系，比如对建筑师来说，可能结构的改变就是基础设施，要把它们藏起来；而对于生活来说，对于使用建筑的人来说，可能建筑本身就是一个基础设施，我们有时候觉得某个房子或者某个场地做得好，只是因为它首先是一个合格的基础设施，有的时候我们觉得这个建筑做得有点突兀，可能是它忽视了自己作为基础设施的一个属性，这是我对今天这个主题总的一个理解。

另外我再说一下我对乡村建设的理解，因为我在村里干的活比较多，我反而觉得可能乡村和城市在我心目中没有那么大的区别。作为所谓的专业从业者，我们的工作逻辑都是收集需求、分析现状，然后提出问题、给出策略，所以我觉得我们做的 3 个小案例，其实是我们在主体业务之中找到一些小的机会来做一些尝试，这里面有回应开发商的需求，也有回应政府的需求，也有回应村民的需求，只是一个尝试。刚才王老师也说了，今天我们把我们 3 个案例作为一个靶子立在这，希望大家在这个展览里面能多多地拍砖和提意见，谢谢大家。

谢竞思：今天参展的各位有很多都是我的老师，我是来自于中央美术学院的谢竞思，我的这个作品是跟我之前的研究有关。这个作品是跟北京“城市象限”——一个大数据的研究团队——合作的，主要研究方向是这个团队和我同时都做过很多的，对城市的一些社区、一些城市街道的数据研究。在做数据研究的过程中，其实得出了很多跟城市有关的结论。我的作品集中于 2 个区域，一个是深圳的城中村叫作赤尾村，一个是北京的社区叫作鸭子桥。在研究这 2 个区的时候，我发现了许多问题，包括城市的一些老人，他们的习惯空间，还有城市更新中，因为政府以及一些基础设施和规划，导致城中村和村民的生活的不便利。基于这些原因我用动画把这些数据反馈出来。

我对基础设施的理解是这样的，我觉得基础设施其实在以前的意义上是对城市中的生活空间和人的行为的一种构建。但是现在的基础设施，如果是作为一个社区和小户群体来说，基础设施其实会引导周围的生活氛围，包括他们的文化内涵和他们的行为和组织方式。我觉得未来的城市和城市规划其实更需要从一种非常人文主义的角度去考虑和思索的。所以我们研究的数据，其实很多是基于人的行为，他们的生活动态，还有他们的行动轨迹去考虑的，这就是这次参展的作品，谢谢大家（图 S.–4）。

图S.–4　“基建江山”展览现场实录

后记

2006年，在大洋彼岸的密歇根大学，我第一次接受了城市主义的启蒙。在城市史学家罗伯特·费舍曼（Robert Fishman）教授的美国城市史课上，我对美国社区的物质与思想发展史有了初步的认知。后来，我赴洛杉矶开始新的学术旅程，在导师丹娜·卡夫教授的指引下，我以基础设施空间史为研究领域，撰写了以香港城市空间与其制度驱动力为题的博士研究论文。

5年前在同济大学开始正式任教后，我一直在张永和教授的指导与支持下开展教学与研究工作，张老师始终将我定义为一个"城市主义者"（urbanist），不仅向我介绍各种学术资源，也督促我在日常事务中坚持自己的研究方向，在多变的学术风向中把握具有长期探索价值的问题，由此，我开始关注良好社区的制度与技术基础设施，并通过研究性的设计实验来探索当代中国社区形态的深层决定机制，并以新城市主义的规范性理论为分析框架，对关注的许多城市空间现象一一清点。最终，我将多年关于城市主义的研究整理成书，并先于我的博士论文发表。

本书的主要内容完成于2013—2017年间，在本书的写作过程中，我组织了多次海内外的合作教学与研究实践，带领学生深度调研城市空间，邀请大量业内知名的建筑师、规划师、政府决策人员、策展人与学者参与教学与研究、踏勘海内外的各类城市。此间，在各位师长的提携下，我发表了十余篇城市研究论文，参编了多部中英文著作，参与并主持了多项以城市空间生产机制研究为主题的大型展览，完成了多个城市更新类的设计项目。这些阶段性的成果都融入了本书的最终呈现。

在过去的很长一段时间，我辗转于太平洋两岸的高等院校与设计公司进行研究与实践，几番在设计与学术这两条各自独立的路径间切换。由于经常切换"频道"，不免处在各种学术流派冲突的最前线。终日在各种思想与观点的激流中浮沉，必须通过写作来整理思想、调整身位，逐渐养成了周期性撰写随笔的习惯。久而久之，零散的学术写作变成了我的生活方式。

在网络化的时代，书是一种非常尴尬的物品。年轻读者的阅读习惯早已发生改变，书对他们是一种"累赘"。在纸媒时代成长起来的较年长读者也往往在信息的海洋里无所适从，书只是众声喧哗的媒介之一种。书必须在承载信息的同时成为一个可供把玩的艺术品，在收集思想的同时成为一纸探讨学术的邀约。书既满足他人，也取悦自己。书也是思想存在的高级状态，论文与评论可以致力于一点而不及其余，而书的写作要求在大众的视野下叙说一个专业问题的来龙去脉，追求的是构建常识，其难度远远过于以专业读者为对象的论文与评论。以往我的写作以文章为主，成书不多，所以，本书的写作历程也是对自己长期的工作惰性的一次手术。

本书得以面世是无数师长友人协力帮助的结果。除了以上提到的张永和教授的持续鼓励，江嘉玮博士撰写了第四章，不仅长期配合我执行教学研究工作，辅助指导本硕学生，也为本书贡献了大量内容与资料。其他研究生也对本书有贡献，陈迪佳撰写了第三章的部分内容，于云龙博士候选人虽然没有直接参与本书的写作，但是担任团队研究工作的协调人，另有大量的本硕同学参与了基础资料收集与图纸绘制工作。在此对这些同学表示感谢。

香港城市大学的薛求理教授是将我带入华语建筑学术圈的引路人，香港的研究经历是我博士论文写作的重要阶段，在香港，我从一个知识的消费者转变为一个知识建构的参与者。我的硕士导师项秉仁先生虽然已经不在教学与实践的一线，但是持续地关心我的工作与学习，本书的写作动机也部分因他的博士论文《城镇建筑学》的“再”发现而起。“城市笔记人”刘东洋老师扮演了我的网上导师角色，亦对我的人类学色彩浓重的研究方法有深远影响。

多位同事对我的学术成长有深远影响，2015 年，我参加了由李麟学教授主持的“设计应对雾霾”夏令营活动，在夏令营的工作成果基础上，配合李麟学教授完成了《热力学建筑视野下的空气提案——设计应对雾霾》。这一次经历充实了我对城市建成环境的理解。多位同济大学的同事曾经对我的研究工作提供帮助，李振宇、章明、徐磊青、姚栋、刘刚等老师持续对我的研究方向进行指导，孙澄宇、王桢栋、李彦伯、王衍、李颖春、田唯佳、叶宇都与我有过切磋合作，在此一并对他们表示感谢。许多友人也在不同阶段对我提供帮助，这包括俞挺、张佳晶、徐燊、杨扬、克里斯·福特（Chris Ford），玛利亚·皮亚左尼（Maria Francesca Piazzoni）等。

许多机构与媒体都是我的长期合作者，《时代建筑》《新建筑》《城市中国》杂志社对我的提携帮助十分巨大，也是我长期进行学术发声的平台。2018 年，应华侨城当代艺术中心上海馆之邀，我与王翊加博士联合策划组织了名为“基建江山——共同体话语的空间根基”的展览，展览联合了北京、上海、香港与海外的多位十分活跃的青年空间实践者，并通过公共教育活动明晰了城市学研究的背景、方法、对象与意义。

由于数据挖掘与分析技术手段的极大发展，规范性研究后继无力已经是既成事实，但是，在日益复杂的城市设计实践中，专业人士对规范性理论研究的需求又十分迫切。为了应对这一矛盾，本书尝试提供理论研究者与专业实践人士对话的桥梁，各个章节都完成于特定时期，都有各自对话的语境与对象，比如《西木村与商业街区模式》来自《城市中国》所组织的一次公共论坛的讨论内容。《古北新区与开放街区模式》是对“街区制”倡议所引发的专业内外的大讨论的集中回应，也是我在长宁区图书馆公共讲座讲稿的改写。在成文之后，我根据近年的经验研究素材，对相关内容做了最新修订，以求符合当下的讨论环境。书不同于杂志乃至博文，虽然舆论环境与公共话语不停地发生改变，我希望书中讨论的内容具有持久的研究价值，且在复杂动荡的学科嬗变中保持一定的自主性。

谭峥

2019 年 6 月于上海